普通高等院校计算机基础教育规划教材·精品系列

Office

高级应用

Office GAOJI YINGYONG

于玉海　吕大穷　王　鹏　辛慧杰◎主编

中国铁道出版社有限公司
CHINA RAILWAY PUBLISHING HOUSE CO., LTD.

内 容 简 介

本书从综合类高校非计算机专业实际需求出发，紧扣全国计算机等级考试二级 MS Office 高级应用考试大纲要求编写而成。涉及信息的正确获取、评价和使用，涵盖计算机系统的操作和应用，注重网络生存能力的培养和提高，关注计算机公共基础知识的认知和理解，重视应用办公软件进行专业问题求解能力的培养。

全书共分 5 章，内容包括计算机基础知识、文字处理、电子表格、演示文稿和公共基础知识。在讲解过程中采用理论和案例、真题链接相结合的方式，可促进学生熟练掌握 Office 办公软件的基本操作和高级技巧，以及相关的计算机基础知识，从而提高学生的信息素养和计算机核心应用能力。

本书适合作为高等院校一年级公共基础必修课程教材，也适合作为全国计算机等级考试二级（MS Office 高级应用）的参考用书。

图书在版编目（CIP）数据

Office 高级应用/于玉海等主编. —北京：中国铁道
出版社有限公司，2020.8（2022.7 重印）
普通高等院校计算机基础教育规划教材·精品系列
ISBN 978-7-113-27199-2

Ⅰ.①O… Ⅱ.①于…Ⅲ.①办公自动化-应用软件-
高等学校-教材 Ⅳ.①TP317.1

中国版本图书馆 CIP 数据核字(2020)第 155689 号

书　　名：Office 高级应用
作　　者：于玉海　吕大穷　王　鹏　辛慧杰

策　　划：汪　敏　　　　　　　　　　编辑部电话：（010）51873628
责任编辑：汪　敏　彭立辉
封面设计：MX DESIGN STUDIO
封面制作：刘　颖
责任校对：张玉华
责任印制：樊启鹏

出版发行：中国铁道出版社有限公司（100054，北京市西城区右安门西街 8 号）
网　　址：http://www.tdpress.com/51eds/
印　　刷：北京铭成印刷有限公司
版　　次：2020 年 8 月第 1 版　　2022 年 7 月第 3 次印刷
开　　本：787 mm×1 092 mm　1/16　印张：16.25　字数：396 千
书　　号：ISBN 978-7-113-27199-2
定　　价：46.00 元

前 言

本书是全国高等院校计算机基础教育研究会立项支持的计算机基础教育教学研究项目主要成果之一。

为培养学生的计算思维能力，激发学生的学习主动性，本书通过解决实际问题，巧妙地衔接相关的计算机概念和实用技能。本书在讲解过程中除了理论知识教学案例和真题链接，还增加了"拓展"和"高级技巧"内容，通过介绍软件操作的注意事项和工具的使用技巧，提高大学生的信息素养和计算机核心应用能力。

本书从综合类高校非计算机专业的实际需求出发，参考教育部计算机等级考试 MS Office 二级大纲要求，着重介绍计算机的基本概念、基本原理和基本应用，以及公共基础知识。通过本书的学习，可使学生对计算机基础知识、多媒体技术、网络安全、数据结构与算法、软件工程和数据库等有清楚地了解和认识。本书针对文字处理、电子表格和演示文稿 3 个办公软件，分别设计一个综合教学案例，巧妙地渗透多种应用场景的实际需求。通过对教学案例的学习，再结合真题链接的提示，可促进大学生熟练掌握常用 Office 办公软件的基本操作和高级技巧。另外，本书涉及的相关素材可到 http://www.tdpress.com/51eds/下载。

本书由于玉海、吕大穷、王鹏、辛慧杰主编。其中：第 1 章由辛慧杰编写，第 2 章和第 3 章由于玉海编写，第 4 章由吕大穷编写，第 5 章由王鹏编写。全书由于玉海统稿。

在本书的编写过程中，对于本书的编写方案，焉德军提供了十分重要的建议和指导。大连民族大学裴新凯、吴诗函、吕品、朱续、楚旭和郑志坤等同学，认真地进行了校稿工作，并提出许多重要的修改建议，在此表示感谢。

由于时间仓促，编者水平有限，书中难免存在疏漏和不足之处，恳请专家和广大读者不吝赐教。

编者
2020 年 4 月

目　录

第1章

计算机基础知识

计算机是 20 世纪最重大的科学技术发明之一，对人类的生产活动和社会活动产生了极其重要的影响，并以强大的生命力飞速发展。它的应用领域从最初的军事科研应用扩展到社会的各个领域，已形成了规模巨大的计算机产业，带动了全球范围的技术进步，由此引发了深刻的社会变革。计算机已遍及学校、企事业单位，进入寻常百姓家，成为信息社会中必不可少的工具。

本章介绍计算机的发展历史、计算基础和计算机系统、计算机病毒、Internet 基础及应用等知识。

1.1　计算机概述

1.1.1　计算机发展历史

1946 年 2 月 14 日，由美国军方定制的世界上第一台电子计算机 ENIAC（Electronic Numerical Integrator And Calculator，电子数字积分计算机）在美国宾夕法尼亚大学问世。ENIAC 是美国奥伯丁武器试验场为了满足计算弹道需要而研制的。ENIAC 的问世具有划时代的意义，表明电子计算机时代的到来。

1952 年正式投入运行第一台具有内部存储程序功能的计算机 EDVAC（Electronic Discrete Variable Automatic Computer，离散变量自动电子计算机），实现了冯•诺依曼（John von Neumann）的计算机构想。EDVAC 采用了二进制和存储器，其硬件系统由运算器、控制器、存储器、输入和输出设备 5 部分组成，这就是人们通常所说的冯•诺依曼型计算机。其主要特点是采用"二进制"代码表示数据和指令，并提出了"程序存储"的概念，从而奠定了现代计算机的基础。现代计算机基本上仍然采用的是存储程序结构，即冯•诺依曼结构，所以冯•诺依曼也被誉为"现代电子计算机之父"。

从第一台电子计算机诞生至今，计算机技术迅猛发展。一般根据计算机所采用的物理器件，将计算机的发展划分为 4 个阶段。

1. 电子管计算机（1946—1958 年）

硬件方面，逻辑元件采用的是真空电子管，主存储器采用汞延迟线、阴极射线示波管静电存储器、磁鼓、磁芯；外存储器采用的是磁带；程序设计语言主要为机器语言；应用领域以军事和科学计算为主。

特点是体积大、功耗高、可靠性差、速度慢（一般为每秒数千次至数万次）、价格昂贵，但为以后的计算机发展奠定了基础。典型的计算机有 ENIAC 和 EDVAC。

2. 晶体管计算机（1958—1964 年）

硬件方面，逻辑元件采用晶体管，相比电子管，晶体管具有体积小、重量轻、发热少、速度快、寿命长等优点。主存储器采用磁芯存储器；外存采用磁盘和磁带。提出了操作系统的概念，程序设计更多采用汇编语言，出现 COBOL、FORTRAN 等高级计算机语言。应用领域以科学计算和事务处理为主，并开始进入工业控制领域。

特点是体积缩小、能耗降低、可靠性提高、运算速度提高（一般为每秒数十万次，最高可达 300 万次），性能比第 1 代计算机有很大的提高。

典型的计算机有 TRADIC、IBM 1401 等，TRADIC 是 IBM 公司制造的第一台使用晶体管的计算机，增加了浮点运算，使计算能力有了很大提高。

3. 中、小规模集成电路计算机（1964—1970 年）

硬件方面，逻辑元件采用中、小规模集成电路，主存储器仍采用磁芯；外存采用半导体存储器，容量进一步提高。出现分时操作系统，高级语言进一步发展，出现结构化、模块化程序设计方法。

特点是速度更快（一般为每秒数百万次至数千万次），而且可靠性有了显著提高，价格进一步下降，产品走向通用化、系列化和标准化。应用领域开始广泛进入文字处理、图形图像处理、企业管理、辅助设计等各个领域。

4. 大规模和超大规模集成电路计算机（1970 年至今）

硬件方面，逻辑元件采用大规模和超大规模集成电路，出现了微处理器，引入光盘后存储容量进一步扩大，出现了数据库管理系统、网络管理系统和面向对象语言等。计算机在办公自动化、数据库管理、图像处理、语音识别和专家系统等领域发展很快，应用领域从科学计算、事务管理、过程控制逐步走向家庭。

1971 年世界上第一台微处理器在美国硅谷诞生，开创了微型计算机的新时代。

真题链接

1. 世界上公认的第一台电子计算机诞生在（　　　）。

    A）英国　　　　　　　B）日本　　　　　　　C）中国　　　　　　　D）美国

答案：D。

2. 1946 年诞生的世界上公认的第一台电子计算机是（　　　）。

    A）EDVAC　　　B）UNIVAC-1　　　C）IBM560　　　D）ENIAC

答案：D。

3. 冯·诺依曼型体系结构的计算机中引进了两个重要概念，一个是二进制，另一个是（　　　）。

  A）内存储器   B）机器语言   C）程序存储   D）ASCII 码

答案：C。

4. 按电子计算机传统的分代方法，第一代至第四代计算机依次是（ ）。

  A）手摇机械计算机、电动机械计算机、电子管计算机、晶体管计算机

  B）晶体管计算机、集成电路计算机、大规模集成电路计算机、光器件计算机

  C）电子管计算机、晶体管计算机、小、中规模集成电路计算机，大规模和超大规模集成电路计算机

  D）机械计算机、电子管计算机、晶体管计算机、集成电路计算机

答案：C。

1.1.2 计算机的定义及分类

  计算机是一种能按照事先存储的程序，自动、高速地进行大量数值计算和各种信息处理的现代化智能电子装置。计算机在处理信息上，具有运算速度快、计算精度高、存储容量大、逻辑运算能力强、自动化程度高、通用性强、可靠性高等特点。

  计算机种类很多，可以从不同的角度对计算机进行分类。

1. 按信息的表示分类

（1）模拟计算机

  模拟计算机用连续变化的模拟量即电压来表示信息，其基本运算部件由运算放大器构成的微分器、积分器、通用函数运算器等运算电路组成。模拟计算机计算速度极快，但精度不高、信息不易存储、通用性差，一般用于解微分方程或自动控制系统设计中的参数模拟。

（2）数字计算机

  数字计算机用 "0" 和 "1" 来表示信息，其基本运算部件是数字逻辑电路。数字计算机运算精度高、存储量大、通用性强，能胜任科学计算、信息处理、实时控制、智能模拟等方面的工作。人们常说的计算机，就是指数字计算机。

（3）数模混合计算机

  数模混合计算机是综合了数字和模拟计算机的优点设计出来的，它既能处理数字量又能处理模拟量，但这种计算机结构复杂、设计困难。

2. 按应用范围分类

（1）专用计算机

  专用计算机是为解决一个或一类特定问题而设计的计算机，硬件和软件配置依据特定问题的需要而定，并不求全。专用计算机功能单一，配有解决特定问题的固定程序，能高速、可靠地解决特定问题。一般在过程控制（如智能仪表、飞机的自动控制、导弹的导航系统等）中使用此类计算机。

（2）通用计算机

  通用计算机能解决各种问题，具有较强的通用性。它具有一定的运算速度和存储容量，带有通用的外围设备，配有各种系统软件和应用软件。数字计算机多属于此类，一般适用于科学

计算、工程设计和数据处理等方面。

3. 按规模和处理能力分类

（1）巨型机

巨型机（Super Computer）通常都是最大、最快、最贵的计算机，一般应用在国防和尖端科学领域。目前，巨型机主要应用在战略武器（例如核武器和反导弹武器）的设计、空间技术、石油勘探以及天气预报等领域。世界上只有少数几个国家能生产巨型机。著名的巨型机如美国的克雷系列（Gray-1、Gray-2、Gray-3、Cray-4 等）、我国自行研制的银河系列（银河-I、银河-II、银河-III 等）。

（2）大型机

大型机（Mainframe）包括通常所说的大、中型计算机。它是在微机出现之前最主要的计算模式，即把大型主机放在计算中心的玻璃房中，用户要上机就必须去计算中心的"端"上工作。大型机经历了批处理阶段、分时处理阶段、分散处理和集中管理阶段等过程。IBM 公司一直在大型主机市场上处于霸主地位，DEC、富士通、日立、NEC 也生产大型机。随着微机和网络的迅速发展，大型机正在走下坡路，计算中心的大型机正在被高档微机群取代。

（3）小型机

大型机价格昂贵、操作复杂，只有大型企事业单位才能买得起。在集成电路推动下，20 世纪 60 年代 DEC 推出一系列小型机（Mini Computer），如 PDP-11 系列、VAX-11 系列。另外，HP 的 1000 和 3000 系列、IBM 的 AS/400、我国的太极系列都是小型机的代表。小型计算机一般为中小企事业单位或某个部门使用，例如高等院校的计算机中心以一台或多台小型机为主机，配以几十台甚至上百台终端机，满足学生学习程序设计课程或从事科学研究的需要。当然，其运算速度和存储容量都比不上大型机。

（4）微机

微机（Personal Computer，PC）是目前发展最快的领域，根据其使用的微处理器芯片不同而分为若干类型：Intel 芯片 386、486、奔腾系列、酷睿系列等，IBM PC 及兼容机，PowerPC 芯片的 Macintosh，DEC 公司的 Alpha 芯片的计算机等。

PC 的特点是轻、小、价廉、易用，不需要共享其他计算机的处理器、磁盘和打印机等资源也可以独立工作。从台式机（或称台式计算机、桌面计算机）、笔记本计算机到上网本和平板计算机以及超级本等都属于个人计算机的范畴。随着智能手机和平板计算机的普及，绝大多数人可能已经更青睐那种触动手指即可完成的办公娱乐方式。

（5）智能手机

智能手机是指像微机一样，具有独立的操作系统、独立的存储空间，可以由用户自行安装应用软件，并可以通过移动通信网络接入 Internet，因此，运算能力及功能均优于传统手机。智能手机常用的移动操作系统包括谷歌（Google）公司的 Android 系统和苹果（Apple）公司的 iOS 系统等。

（6）工作站

工作站（Work Station）是介于 PC 和小型机之间的一种高档微型机。一般用于专门处理某类特殊事物，工作站通常配有高端 CPU、高分辨率大屏幕显示器、大容量内外存储器，具有较强的数据处理能力和高性能图形功能。它主要用于图像处理、计算机辅助设计（CAD）等领域。例如，图形工作站一般包括主机、数字化仪、扫描仪、鼠标器、图形显示器、绘图仪和图形处理软件等。它可以完成对各种图形与图像的输入、存储、处理和输出等操作。

（7）服务器

随着计算机网络的发展，一种可供网络用户共享的、高性能的计算机应运而生，即服务器（Server）。

服务器的构成包括高性能处理器、大容量硬盘和内存、高速系统总线和丰富的外围设备等，和通用的计算机架构类似，但是由于需要提供高可靠的服务，因此在处理能力、稳定性、可靠性、安全性、可扩展性、可管理性等方面要求较高。

在网络环境下，根据服务器提供的服务不同，分为文件服务器、数据库服务器、应用程序服务器、Web 服务器等类型。

目前，微型计算机与工作站、小型计算机乃至大型机之间的界限已经越来越模糊。无论按哪一种方法分类，各类计算机之间的主要区别都是运算速度、存储容量及计算机体积等。

真题链接

某企业需要为普通员工每人配置一台计算机，专门用于日常办公，通常选购的机型是（　　　）。

A）小型计算机　　　　　　　　　B）大型计算机
C）微型计算机　　　　　　　　　D）超级计算机

答案：C。

1.1.3　计算机主要应用

计算机在各行各业都得到了广泛的应用。

1. 科学计算（或称为数值计算）

早期的计算机主要用于科学计算。科学计算仍然是计算机应用的一个重要领域，如高能物理、工程设计、地震预测、气象预报、航天技术、火箭轨道计算等。由于计算机具有高运算速度和精度以及逻辑判断能力，因此出现了计算力学、计算物理、计算化学、生物控制论等新的学科。

2. 过程监控

利用计算机对工业生产过程中的某些信号自动进行检测，并把检测到的数据存入计算机，再根据需要对这些数据进行处理，这样的系统称为计算机检测系统。特别是仪器仪表引进计算机技术后所构成的智能化仪器仪表，将工业自动化推向了一个更高的水平。

3. 信息管理（或称数据处理）

信息管理是目前计算机应用最广泛的一个领域。利用计算机来加工、管理与操作任何形式的数据资料，如企业管理、物资管理、报表统计、账目计算、信息情报检索、办公自动化等。国内许多机构纷纷建设自己的管理信息系统（MIS），生产企业也开始采用制造资源规划软件

（MRP），商业流通领域则逐步使用电子信息交换系统（EDI），即所谓的无纸贸易。

4. 辅助系统

计算机辅助（或称为计算机辅助工程）是计算机应用的一个非常广泛的领域。几乎所有过去需由人工进行的具有设计性质的过程都可以通过计算机实现部分或全部工作。计算机辅助系统主要有计算机辅助设计（Computer Aided Design，CAD）系统、计算机辅助制造（Computer Aided Manufacturing，CAM）系统、计算机辅助教育（Computer Aided Instruction，CAI）系统、计算机集成制造（Computer Integrated Manufacturing，CIM）系统等。

5. 人工智能

人工智能是开发具有人类智能的应用系统，用计算机来模拟人的思维判断、推理等智能活动，使计算机具有自学习适应和逻辑推理的功能。例如，计算机视觉、指纹识别、人脸识别、视网膜识别、虹膜识别、掌纹识别、专家系统、自动规划、智能搜索、定理证明、博弈、自动程序设计、智能控制、语言和图像理解等都属于人工智能的范畴，可帮助人们学习和完成某些推理工作。

6. 云计算

云计算是一种基于互联网的计算方式，它将大量用网络连接的计算资源统一管理和调度，构成一个计算资源池向用户提供按需服务。提供资源的网络被称为"云"。云计算的服务类型有SaaS、PaaS、IaaS 三类。SaaS（Software as a Service，软件即服务）通过互联网提供按需软件付费应用程序，云计算提供商托管和管理软件应用程序，并允许其用户连接到应用程序通过互联网访问应用程序。PaaS（Platform as a Service，平台即服务）为开发人员提供通过互联网构建应用程序和服务的平台，用户把自己开发的应用程序部署到供应商的云计算基础设施上，客户能控制部署的应用程序或配置运行环境。IaaS（Infrastructure as a Service，基础设施即服务）提供虚拟化计算资源，如虚拟机、存储、网络和操作系统等，用户能够部署和运行任意软件，包括操作系统和应用程序。

云计算技术已经融入现今的社会生活。大家所熟知的谷歌、微软等大型网络公司均有云存储的服务，在国内，百度云和微云是市场占有量最大的存储云。金融与云计算的结合形成了金融云，现在只需要在手机上简单操作，就可以完成银行存款、保险购买和基金买卖。教育云可以将所需要的任何教育硬件资源虚拟化，然后将其传入互联网中，以向教育机构和学生老师提供一个方便快捷的平台。现在流行的慕课就是教育云的一种应用。

7. 电子商务

电子商务是指以信息网络技术为手段，以商品交换为中心的商务活动，是传统商业活动各环节的电子化、网络化、信息化。电子商务涵盖的范围很广，一般可分为：B2B（Business-to-Business，企业对企业），即企业与企业之间通过互联网进行产品、服务及信息的交换；B2C（Business-to-Consumer，企业对消费者），即商对客，企业针对个人开展的电子商务活动，如直接面向消费者销售产品；O2O（Online To Offline，线上对线下），即将线下的商务与互联网结合，让互联网成为线下交易的平台；C2B（Consumer-to-Business，消费者对企业），以消费者为中心、消费者当家做主、消费者平等，如同型号产品无论通过什么渠道购买价格都一样。

![真题链接]

1. 计算机最早的应用领域是（　　　）。

　　A）辅助工程　　　　　　B）数据处理　　　　　　C）数值计算　　　　　D）过程控制

答案：C。

2. 下列的英文缩写和中文名字的对照中，正确的是（　　　）。

　　A）CIMS——计算机集成管理　　　　　　　　B）CAM——计算机辅助教育

　　C）CAD——计算机辅助设计　　　　　　　　D）CAI——计算机辅助制造

答案：C。

3. 下列不属于计算机人工智能应用领域的是（　　　）。

　　A）智能机器人　　　　　B）医疗诊断　　　　　C）机器翻译　　　　　D）在线订票

答案：D。

4. 企业与企业之间通过互联网进行产品、服务及信息交换的电子商务模式是（　　　）。

　　A）C2B　　　　　　　　B）O2O　　　　　　　　C）B2C　　　　　　　D）B2B

答案：D。

1.1.4　未来的计算机

在未来社会中，计算机将把人从重复、枯燥的信息处理中解脱出来，从而改变人们的工作、生活和学习方式，给人类和社会拓展了更大的生存和发展空间。随着硅芯片技术的不断发展，未来的计算机将可能在器件、体系结构等方面出现颠覆性的变革。未来可能会出现以下新一代的计算机。

1. 超导计算机

1911 年，荷兰物理学家昂内斯发现超导现象。有一些材料，当它们冷却到接近-273.15 ℃时，会失去电阻，流入它们中的电流会畅通无阻，不会白白消耗掉。

可是，超导现象发现以后，超导研究进展缓慢，因为实现超导的温度太低，要制造出这种低温，消耗的电能远远超过超导节省的电能。在 20 世纪 80 年代后期，情况发生了逆转。科学家发现了一种陶瓷合金在-238 ℃时出现了超导现象。我国物理学家找到一种材料，在-141 ℃出现超导现象。目前，科学家还在为此奋斗，企图寻找出一种"高温"超导材料，甚至一种室温超导材料。一旦找到这些材料，人们便可以利用它制成超导开关器件和超导存储器，再利用这些器件制成超导计算机。

2. 激光计算机

激光计算机是利用激光作为载体进行信息处理的计算机，又称光脑，其运算速度将比普通的电子计算机至少快 1 000 倍。它依靠激光束进入由反射镜和透镜组成的阵列中来对信息进行处理。

光束在一般条件下的互不干扰性，使得激光计算机能够在极小的空间内开辟很多平行的信息通道，一块截面等于 5 分硬币大小的棱镜，其通过能力超过全球现有全部电缆的许多倍。

3. 量子计算机

研究量子计算机的目的是为了解决计算机中的能耗问题。传统计算机基于经典物理学规律，而量子计算机则基于量子动力学规律。量子计算机用粒子的量子力学状态表示传统计算机的二进制位。在理论方面，量子计算机的性能超过任何可以想象的标准计算机。

我国于 2016 年 8 月 16 日成功发射以"墨子号"命名的世界首颗量子科学实验卫星，它将结合地面已有的光纤量子通信网络，初步构建一个天地一体化的量子保密通信与实验体系，在世界上率先实现全球化的量子保密通信。

2019 年 1 月 10 日，IBM 宣布推出世界上第一台商用的集成量子计算系统：IBM Q System One。这台 20 量子比特的系统集成在一个棱长为 9 英尺（约 2.74 m）的立方体玻璃盒中，作为一台能独立工作的一体机展出。

4. 生物计算机

生物计算机也称仿生计算机，主要原材料是生物工程技术产生的蛋白质分子，并以此作为生物芯片来替代半导体硅片，利用有机化合物存储数据。信息以波的形式传播，当波沿着蛋白质分子链传播时，会引起蛋白质分子链中单键、双键结构顺序的变化。运算速度要比当今最新一代计算机快 10 万倍，它具有很强的抗电磁干扰能力，并能彻底消除电路间的干扰。能量消耗仅相当于普通计算机的十亿分之一，且具有巨大的存储能力。生物计算机模仿生物体，具有能发挥生物本身的调节机能，自动修复芯片上发生的故障，还能模仿人脑的机制等特点。

生物计算机是人类期望在 21 世纪完成的伟大工程，是计算机世界中最年轻的分支。目前的研究方向大致有两个：一是研制分子计算机，即制造有机分子元件去代替目前的半导体逻辑元件和存储元件；另一方面是深入研究人脑的结构、思维规律，再构想生物计算机的结构。

5. 模糊计算机

虽然有很多事情是清晰而精确的，但还有大量事情诸如"天气怎么样""近来有何打算"等，却只能用接近、几乎、差不多等模糊值来表示问题，而不能用 0，1 两种状态表示。要解决这种模糊性问题只能通过模糊推理才能得出结果，这种本领只有人类大脑具有。现有的计算机，甚至将来的神经元网络计算机都没有这种功能，只有模糊计算机才能实现。

1990 年，日本松下公司把模糊计算机装在洗衣机里，能根据衣服的肮脏程度、衣服的面料调节洗衣程序。我国有些品牌的洗衣机也装上了模糊逻辑芯片。人们又把模糊计算机装在吸尘器里，可以根据灰尘量以及地毯的厚实程度调整吸尘器功率。模糊计算机还能用于地震灾情判断、疾病医疗诊断、发酵工程控制、海空导航巡视等方面。

👉 **真题链接**

研究量子计算机的目的是为了解决计算机的（　　　　）。

A）能耗问题　　　　　B）存储容量问题　　　　　C）计算精度问题　　　　D）速度问题

答案：A。

1.2　计　算　基　础

数据（Data）是信息的表现形式和载体，可以是符号、文字、数字、语音、图像、视频等。在计算机系统中，每种类型的数据是以什么形式表示呢？这一节介绍计算机常用的数制、数值表示、字符编码、音频编码、图像编码、视频编码等知识。

1.2.1　数制

用一组固定的数字（数码符号）和一套统一的规则来表示数值的方法称为数制（Number System），也称为计数制。数制的种类很多，除了十进制数，还有二十四进制（24 小时为一天）、六十进制（60 秒为 1 分钟、60 分钟为 1 小时）、二进制（手套、筷子等两只为一双）等。

不论是哪一种数制，其计数和运算都有共同的规律和特点。

1. 逢 R 进一

R 是指数制中所需要的数字字符的总个数，称为基数（Radix）。例如，十进制数用 0、1、2、3、4、5、6、7、8、9 这 10 个不同的符号来表示数值。在十进制中基数是 10，表示逢十进一。

2. 位权表示法

位权（也称权）是指一个数字在某个位置上所代表的值，处在不同位置上的数字所代表的值不同，每个数字的位置决定了它的值或位权。例如，在十进制数 586 中，5 的位权是 100（即 10^2）。

位权与基数的关系是：各进位制中位权的值是基数的若干次幂。因此，用任何一种数制表示的数都可以写成按位权展开的多项式之和。例如，十进制数 256.07 可以用如下形式表示

$$(256.07)_{10} = 2 \times 10^2 + 5 \times 10^1 + 6 \times 10^0 + 0 \times 10^{-1} + 7 \times 10^{-2}$$

位权表示法的原则是数字的总个数等于基数，每个数字都要乘以基数的幂次，而该幂次是由每个数字所在的位置所决定的。排列方式是以小数点为界，整数自右向左依次为 0 次方、1 次方、2 次方……小数自左向右依次为负 1 次方、负 2 次方……

在用计算机解决实际问题时输入/输出使用的是十进制数，而计算机内部用二进制数。但是，在计算机应用中经常根据需要使用十六进制数或八进制数，因为二进制数与十六进制数和八进制数正好有倍数的关系，如 2^3 等于 8、2^4 等于 16，所以便于在计算机应用中表示。下面介绍计算机常用的几种数制。

3. 十进制数（Decimal）

按"逢十进一"的原则进行计数，称为十进制数，即每位计满 10 时向高位进 1。对于任意一个十进制数，可用小数点把数分成整数部分和小数部分。

十进制数的特点：数字的个数等于基数 10，逢十进一，借一当十；最大数字是 9，最小数字是 0，有 10 个数字字符 0、1、2、3、4、5、6、7、8、9；在数的表示中，每个数字都要乘以基数 10 的幂次。

十进制数的性质：小数点向右移动一位，数值扩大 10 倍；反之，小数点向左移动一位，

数值缩小 10 倍。

4. 二进制数（Binary）

按"逢二进一"的原则进行计数，称为二进制数，即每位计满 2 时向高位进 1。

（1）二进制数的特点

二进制数的特点：数字的个数等于基数 2；最大数字是 1，最小数字是 0，即只有两个数字字符 0、1；在数值的表示中，每个数字都要乘以 2 的幂次，这就是每一位的位权。第一位的位权是 2^0，第二位是 2^1，第三位是 2^2，后面依此类推。表 1.1 所示为二进制的位权与十进制数值的对应关系。

表 1.1　二进制的位权与十进制数值的对应关系

二进制位数	7	6	5	4	3	2	1	−1	−2	−3	−4
位权	2^6	2^5	2^4	2^3	2^2	2^1	2^0	2^{-1}	2^{-2}	2^{-3}	2^{-4}
（十进制表示）	64	32	16	8	4	2	1	0.5	0.25	0.125	0.062 5

任何一个二进制数，都可以按位权展开，得到等值的十进制数，如：

$$(1101.11)_2 = 1 \times 2^3 + 1 \times 2^2 + 0 \times 2^1 + 1 \times 2^0 + 1 \times 2^{-1} + 1 \times 2^{-2} = (13.75)_{10}$$

二进制数的性质：小数点向右移动一位，数值就扩大两倍；反之，小数点向左移动一位，数值就缩小一半。例如，把二进制数 110.101 的小数点向右移动一位，变为 1 101.01，比原来的数扩大了两倍；把 110.101 的小数点向左移动一位，变为 11.0101，比原来的数缩小一半。

（2）二进制算术运算

二进制算术运算与十进制运算类似，同样可以进行算术运算，其操作简单、直观，更容易实现。

① 二进制求和法则如下：

0+0=0

0+1=1

1+0=1

1+1=10（逢二进一）

② 二进制求差法则如下：

0-0=0

1-0=1

10-1=1（借一当二）

1-1=0

③ 二进制求积法则如下：

0×0=0

0×1=0

1×0=0

1×1=1

④ 二进制求商法则如下：

$0 \div 1 = 0$

$1 \div 1 = 1$

例如，在进行两数相加时，首先写出被加数和加数，这种方法曾用来计算两个十进制数的加法。然后按照由低位到高位的顺序，根据二进制求和法则把两个数字逐位相加即可。

【例 1.1】求 1101.01+1001.11=？

解：

$$
\begin{array}{r}
1101.01 \\
+\ 1001.11 \\
\hline
10111.00
\end{array}
$$

计算结果：1101.01+1001.11=10111.00

【例 1.2】求 1101.01-1001.11=？

解：

$$
\begin{array}{r}
1101.01 \\
-\ 1001.11 \\
\hline
0011.10
\end{array}
$$

计算结果：1101.01-1001.11=11.10

【例 1.3】求 1101×110=？

解：

$$
\begin{array}{r}
1101 \\
\times\ 110 \\
\hline
0000 \\
1101 \\
1101 \\
\hline
1001110
\end{array}
$$

计算结果： 1101×110=1001110

【例 1.4】求 100111÷1101=？

解：

$$
\begin{array}{r}
11 \\
1101\ \overline{)\ 100111} \\
1101 \\
\hline
1101 \\
1101 \\
\hline
0
\end{array}
$$

计算结果：100111÷1101=11

5. 八进制数（Octal）

八进制数的进位规则是"逢八进一"，其基数 $R=8$，采用的数码是 0、1、2、3、4、5、6、7，每位的位权是 8 的幂次。例如，对于八进制数 376.4 可表示为

$$(376.4)_8 = 3 \times 8^2 + 7 \times 8^1 + 6 \times 8^0 + 4 \times 8^{-1}$$
$$= 3 \times 64 + 7 \times 8 + 6 + 0.5$$
$$= (254.5)_{10}$$

6．十六进制数（Hexadecimal）

十六进制数的特点如下：

①采用的 16 个数码为 0、1、2、3、4、5、6、7、8、9、A、B、C、D、E、F。符号 A～F 分别代表十进制数的 10～15。

②进位规则是"逢十六进一"，基数 $R=16$，每位的位权是 16 的幂次。例如，对于十六进制数 3AB.11 可表示为

$$(3AB.11)_{16} = 3 \times 16^2 + 10 \times 16^1 + 11 \times 16^0 + 1 \times 16^{-1} + 1 \times 16^{-2} \approx (939.0664)_{10}$$

真题链接

1. 计算机中所有信息的存储都采用（　　　）。

    A）十进制　　　　　B）二进制　　　　　C）八进制　　　　　D）十六进制

答案：B。

2. 如删除一个非零无符号二进制偶数后的 2 个 0，则此数的值为原数的（　　　）。

    A）1/2　　　　　　B）2 倍　　　　　　C）4 倍　　　　　　D）1/4

答案：D。

1.2.2　数制转换

将数由一种数制转换成另一种数制称为数制间的转换。由于计算机采用二进制，而在日常生活中人们习惯使用十进制，所以在计算机进行数据处理时就必须把输入的十进制数换算成计算机所能接收的二进制数，计算机运行结束后，再把二进制数换算成人们习惯的十进制数输出。这两个换算过程完全由计算机系统自动完成。

1．二进制数与十进制数间的转换

（1）二进制数转换成十进制数

二进制数转换成十进制数，前面已经讲过了，只要将二进制数按位权展开，然后将各项数值按十进制数相加，便可得到等值的十进制数。例如：

$$(10110.11)_2 = 1 \times 2^4 + 1 \times 2^2 + 1 \times 2^1 + 1 \times 2^{-1} + 1 \times 2^{-2} = (22.75)_{10}$$

同理，若将任意进制数转换为十进制数，只需将数 $(N)_R$ 写成按位权展开的多项式表达式，并按十进制规则进行运算，便可求得相应的十进制数 $(N)_{10}$。

（2）十进制数转换成二进制数

十进制数转换成二进制数需要将整数部分和小数部分分别进行转换。

①整数转换：整数转换用除 2 取余法。

【例 1.5】将 $(57)_{10}$ 转换为二进制数。

解：用除 2 取余法得

```
2 ⌐  57          余数            ↑
  2 ⌐  28   ········1=a₀
    2 ⌐  14   ········0=a₁
      2 ⌐  7   ········0=a₂
        2 ⌐  3   ········1=a₃
          2 ⌐  1   ········1=a₄
             0   ········1=a₅
```

结果：$(57)_{10}=(111001)_2$

②小数转换：小数转换用乘 2 取整法。

【例 1.6】将$(0.834)_{10}$转换成二进制小数。

解：用乘 2 取整法得

```
        0.834
    ×     2          整数          ↑
    ─────────
        1.668   ········1=a₋₁
        0.668
    ×     2
    ─────────
        1.336   ········1=a₋₂
        0.336
    ×     2
    ─────────
        0.672   ········0=a₋₃
    ×     2
    ─────────
        1.344   ········1=a₋₄       ↓
```

结果：$(0.834)_{10} \approx (0.1101)_2$

由例 1.6 可见，在小数部分乘 2 取整的过程中，不一定能使最后的乘积为 0，因此转换值存在误差。通常在二进制小数的精度已达到预定的要求时，运算便可结束。

将一个既有整数又有小数的十进制数转换成二进制数时，必须将整数部分和小数部分分别按除 2 取余法和乘 2 取整法进行转换，然后再将两者的转换结果合并起来即可。

同理，若将十进制数转换成任意 R 进制数$(N)_R$，则整数部分转换采用除 R 取余法；小数部分转换采用乘 R 取整法。

2．二进制数与八进制数、十六进制数间的转换

八进制数和十六进制数的基数分别为 $8=2^3$，$16=2^4$，所以三位二进制数恰好相当于一位八进制数，四位二进制数相当于一位十六进制数，它们之间的相互转换是很方便的。

二进制数转换成八进制数的方法是从小数点开始，分别向左、向右，将二进制数按每三位一组分组（不足三位的补 0），然后写出每一组等值的八进制数。

【例 1.7】将二进制数 100110110111.00101 转换成八进制数。

解：

```
100   110   110   111   .   001   010
 ↓     ↓     ↓     ↓     ↓    ↓     ↓
 4     6     6     7     .    1     2
```

计算结果：$(100110110111.00101)_2=(4667.12)_8$

八进制数转换成二进制数的方法恰好和二进制数转换成八进制数相反，即从小数点开始分别向左、向右将八进制数的每一位数字转换成三位二进制数。例如，对例 1.7，按相反的过程转换，有：

$$(4667.12)_8 = (100110110111.00101)_2$$

二进制数转换成十六进制数的方法和二进制数与八进制数的转换相似，从小数点开始分别向左、向右将二进制数按每四位一组分组（不足四位补 0），然后写出每一组等值的十六进制数。

【例 1.8】将二进制数 1111000001011101.0111101 转换成十六进制数。

解：

1111	0000	0101	1101	.	0111	1010
↓	↓	↓	↓	↓	↓	↓
F	0	5	D	.	7	A

计算结果：$(1111000001011101.0111101)_2=(F05D.7A)_{16}$

类似地，将十六进制数转换成二进制数，可按例 1.8 的相反过程操作。

真题链接

十进制数 18 转换成二进制数是（   ）。

A）010010   B）001010   C）010101   D）101000

答案：A。

1.2.3 存储容量和存储单位

存储容量是指存储器可以容纳的二进制信息量，用存储器中存储地址寄存器的编址数与存储字位数的乘积表示。

1 个二进制位称为 1 "比特" 或 "位"（bit，简写 b），8 个二进制位称为 1 "字节"（Byte，简写 B）。"位" 常用于表示网络传输速率；"字节" 常用于表示存储容量或文件的大小。

随着网络传输速率的提高和存储信息量的增大，有更大的单位表示传输速率和存储容量，例如：千（K，kilo）、兆（M，mega）、吉（G，giga）、太（T，tera）、拍（P，peta）等。以字节为例，各单位数量级之间的换算关系如下：

1KB=1 024 B=2^{10} B

1MB=1 024 KB=2^{20} B

1GB=1 024 MB=2^{30} B

1TB=1 024 GB=2^{40} B

1PB=1 024 TB=2^{50} B

真题链接

1. 在计算机中，组成一个字节的二进制位位数是（   ）。

   A）4   B）2   C）8   D）1

答案：C。

2. 1GB 的准确值是（　　　）。

　A）1 024 MB
　　　　　　　　　　　　　　B）1 024×1 024 B

　C）1 024 KB
　　　　　　　　　　　　　　D）1 000×1 000 KB

答案：A。

3. 假设某台计算机的内存储器的容量为 256 MB，硬盘容量为 40 GB。硬盘容量是内存容量的（　　　）倍。

　A）120
　　　　　　B）100
　　　　　　C）160
　　　　　　D）200

答案：C。

解析：1 GB=1 024 MB，40×1 024/256=160 倍。

1.2.4　数值信息的表示方法

在计算机中处理的数据可分为数值型和非数值型两类。数值型的数据是指代数值，具有量的含义，可以使用算术的方法直接汇总和分析，例如分数（85 分）、收入（9 800 元）、文件大小（1 MB）等；非数值型数据包括字符、图形、图像、音频、视频等。

计算机中采用二进制，所有类型的数据在计算机内部都是以二进制编码的形式表示。也就是说，一切输入到计算机中的数据都是由 0 和 1 两个数字组合而成的。数值型数据有正有负，在数学中用符号"+"和"−"表示正数和负数，而在计算机中数的正、负号也要用 0 和 1 来表示。数值除了正负数以外，还可能包含小数点，计算机中也要解决小数点的问题。

1. 带符号数的表示方法

在数学中，任意数值的负数都在最前面加上"−"符号来表示。而在计算机硬件中，数字都以无符号的二进制形式表示，因此需要一种正负号编码的方法。有多种方法用于扩展二进制数制系统，来表示有符号数，其中常用的是补码，还包括原码和反码等。

（1）原码

为了区分符号及值，可以分配一个符号位来表示这个符号，即设置符号位（通常为最高有效位）为 0 表示正数，为 1 表示负数；数字中的其他位指示数值（或者绝对值）。

使用原码表示有符号数的优点是简单直观，便于输入、输出。

例如：

X=+76；Y=−76

则

$$(X)_{原} \qquad 0 \qquad 1001100$$
$$(Y)_{原} \qquad 1 \qquad 1001100$$
$$\qquad\qquad\quad \uparrow \qquad\quad \uparrow$$
$$\qquad\qquad 符号位 \qquad 数值$$

然而，原码不能直接参加运算，可能会出错。例如，数学上 1+（-1）= 0，然而二进制数的原码的加法运算为（00000001）$_2$+（10000001）$_2$=（10000010）$_2$，换算成十进制数为−2，显然出错了。所以原码的符号位不能直接参与运算，必须和其他位分开，这就增加了硬件的开销和复杂性。并且，0有两种表示：+0和−0，即（00000000）$_2$和（10000000）$_2$，大大增加了数字电路的复杂性和设计难度，CPU 也需要运行两次比较测试运算结果是否为零。

一些早期的二进制计算机（例如 IBM7090）使用这种表示法。

（2）反码

反码也可以表示有符号数，正数的反码与原码的形式相同，负数反码的符号位不变，其余各位按位取反。

例如：

$$(+76)_原=(+76)_反=(01001100)_2$$
$$(-76)_原=(11001100)_2$$
$$(-76)_反=(10110011)_2$$

对两个反码表示形式的数字做加法，首先需要进行常规的二进制加法，然后在和的基础上加上最高位的进位（循环进位），可以解决加法可能出错的问题。例如，数学上2+(−1)=1，二进制数的反码的加法运算为(00000010)$_2$+(11111110)$_2$=(00000000)$_2$（最高位进位为1），转换为十进制数为0，显然出错了。现在将最高位的进位与计算结果相加得(000000001)$_2$，转换为十进制数为 1。

反码的缺点是 0 依旧有两种表示：+0和−0。

反码这种有符号数表示方法通常出现在老式的计算机中。

（3）补码

在补码表示中，正数同原码的形式相同，负数为反码加 1。

例如：

$$(+76)_原=(+76)_反=(+76)_补=(01001100)_2$$
$$(-76)_原=(11001100)_2$$
$$(-76)_反=(10110011)_2$$
$$(-76)_补=(10110100)_2$$

补码回避了 0 有多种表示的问题以及循环进位的需要，因此，在现代计算机中，加法基本上都是采用补码进行运算。例如，前文的计算1+(−1)=0，二进制数的补码的加法运算为(00000001)$_2$+(11111111)$_2$=(00000000)$_2$，转换为十进制数是0，结果正确；前文的计算2+(−1)=1，二进制数的补码的加法运算为(00000010)$_2$+(11111111)$_2$=(00000001)$_2$，转换为十进制数是1，结果正确。

2. 定点数与浮点数

根据小数点的位置是否固定，数的表示方法可以分为定点整数、定点小数和浮点数 3 种类型。定点整数和定点小数统称为定点数，定点数是计算机中采用的一种数值的表示方法，参与运算的数值的小数点位置固定不变。

（1）定点整数

定点整数是指小数点隐含固定在整个数值的最后，符号位右边的所有位数表示的是一个整数。例如，用 4 位表示一个定点整数，则(1101)$_2$表示二进制数$(-101.0)_2$，即十进制数−5。

（2）定点小数

定点小数是指小数点隐含固定在某一个位置上的小数，通常将小数点固定在最高数位的左边。例如，用 4 位表示一个定点小数，则$(1101)_2$表示二进制数$(-0.101)_2$，即十进制数-0.625。

（3）浮点数

浮点数属于有理数中某特定子集的数值的数字表示，在计算机中用以近似表示任意某个实数。具体来说，这个实数由一个整数或定点数（即尾数）乘以某个基数（计算机中通常是 2）的整数次幂得到，这种表示方法类似于十进制的科学计数法。

一个浮点数a由两个数m和e来表示：$a = m \times b^e$。在任意一个这样的系统中，选择一个基数 b（数制系统的基，例如二进制数的基为 2）和精度 p（位数，位是衡量浮点数所需存储空间的单位，通常为 32 位或 64 位，分别称为单精度和双精度浮点数）；m（即尾数）是形如$\pm d.ddd...ddd$的 p 位数（每一位是一个介于$0 \sim b - 1$之间的整数，包括0和$b - 1$；e 是指数。

此外，浮点数表示法通常还包括一些特别的数值：$+\infty$ 和$-\infty$（正负无穷大）以及 NaN（Not a Number）。无穷大用于数太大而无法表示的数，NaN 则指示非法操作或者无法定义的值。

1.2.5　编码

1. 西文编码

字符编码（Character Encoding）是把字符集中的字符编码为指定集合中的某一对象（如自然数序列等），以便文本在计算机中存储和通过通信网络的传递。常见的例子包括将拉丁字母表编码成摩斯电码和 ASCII（American Standard Code for Information Interchange，美国信息交换标准码）。

目前使用最广泛的西文字符集及其编码是 ASCII 字符集和 ASCII 码，它同时也被国际标准化组织（International Organization for Standardization，ISO）批准为国际标准。ASCII 将字母、数字和其他符号使用 0~127 之间的整数编号，并用 7 个二进制位（bit，比特）表示这个整数。通常会额外使用一个扩充的二进制位，以便于以 1 个字节（Byte）的方式存储，而最高位通常用于奇偶校验。

基本的 ASCII 字符集共有 128 个字符，其中有 96 个可打印字符，包括常用的字母、数字、标点符号等，另外还有 32 个控制字符，如表 1.2 所示。

字母和数字的 ASCII 码记忆非常简单，只要记住一个字母或数字的 ASCII 码（例如 0 的 ASCII 码为 48，A 的 ASCII 码为 65，a 的 ASCII 码为 97），就可以推算出其余大小写字母、数字的 ASCII 码。

表 1.2　ASCII 码表

控制字符	ASCII 码	字符	ASCII 码	字符	ASCII 码	字符	ASCII 码
NUL 空字符	000	Space	032	@	064	`	096
SOH 标题开始	001	!	033	A	065	a	097
STX 正文开始	002	"	034	B	066	b	098
ETX 正文结束	003	#	035	C	067	c	099
EOT 传输结束	004	$	036	D	068	d	100
ENQ 请求	005	%	037	E	069	e	101
ACK 收到通知	006	&	038	F	070	f	102
BEL 响铃	007	'	039	G	071	g	103
BS 退格	008	(	040	H	072	h	104
HT 水平制表符	009	)	041	I	073	i	105
LF 换行键	010	*	042	J	074	j	106
VT 垂直制表符	011	+	043	K	075	k	107
FF 换页键	012	,	044	L	076	l	108
CR 回车键	013	-	045	M	077	m	109
SO 不用切换	014	.	046	N	078	n	110
SI 启用切换	015	/	047	O	079	o	111
DLE 数据链路转义	016	0	048	P	080	p	112
DC1 设备控制 1	017	1	049	Q	081	q	113
DC2 设备控制 2	018	2	050	R	082	r	114
DC3 设备控制 3	019	3	051	S	083	s	115
DC4 设备控制 4	020	4	052	T	084	t	116
NAK 拒绝接收	021	5	053	U	085	u	117
SYN 同步空闲	022	6	054	V	086	v	118
ETB 传输块结束	023	7	055	W	087	w	119
CAN 取消	024	8	056	X	088	x	120
EM 介质中断	025	9	057	Y	089	y	121
SUB 替补	026	:	058	Z	090	z	122
ESC 换码（溢出）	027	;	059	[	091	{	123
FS 文件分割符	028	<	060	\	092	|	124
GS 分组符	029	=	061	]	093	}	125
RS 记录分离符	030	>	062	^	094	~	126
US 单元分隔符	031	?	063	_	095	DEL	127

2．中文编码

为了满足我国在计算机中使用汉字的需要，中国国家标准总局发布了一系列汉字字符集国家标准编码，统称为 GB 码，或国标码。其中最有影响的是于 1980 年发布的《信息交换用汉字编码字符集　基本集》，标准号为 GB2312—1980，因其使用非常普遍，也常被通称为国标码。GB2312 编码通行于我国内地，几乎所有的中文系统和国际化的软件都支持 GB2312。

GB2312 是一个简体中文字符集，由 6 763 个常用汉字和 682 个全角的非汉字字符组成。其中汉字根据使用的频率分为两级：一级汉字（常用汉字）3 755 个，按汉语拼音字母排列；二级汉字（不常用汉字）3 008 个，按偏旁部首排列。

区位码是指每个汉字的 GB2312 编码的对应表示，以 4 位十进制数字表示，它的前两位称为"区码"，后两位称为"位码"，共分为 94 区和 94 位。例如，汉字"中"的区位码为"54 48"，转换为十六进制为 $(36)_{16}$ $(30)_{16}$，其中区码为"54"、位码为"48"。

为了与 ASCII 码相一致，避开 ASCII 前 32 个非图形字符，区位码的区码和位码分别加上十进制数 32[或 $(20)_{16}$]，便得到国标码。例如，汉字"中"的国标码为"86 80"，对应十六进制为 $(56)_{16}$ $(50)_{16}$，常表示为 56 ~ 50H（"H"在这里代表十六进制）。

汉字机内码采用 2 字节存储一个汉字，为了避免与 ASCII 码冲突而出现二义性，国标码转换为机内码时每个字节（8 个二进制位）"高位加 1"，等同于汉字国标码十六进制表示加 $(80)_{16}$，即 80H。所以，汉字的国际码与其内码存在的关系是：汉字的机内码=汉字的国际码+8080H。

另外，为了将汉字在显示器或打印机上输出，把汉字按图形符号设计成点阵图，就得到了相应的点阵代码（字形码）。显示一个汉字一般采用 16×16 点阵、24×24 点阵或 48×48 点阵等。已知汉字点阵的大小，可以计算出存储一个汉字所需占用的字节空间。例如，用 16×16 点阵表示一个汉字，就是将每个汉字用 16 行，每行 16 个点表示，一个点需要 1 位二进制代码，$\frac{16 \times 16}{8}$=32 字节，即 16×16 点阵表示一个汉字，字形码需用 32 字节。计算公式为：

$$字节数 = \frac{点阵行数 \times 点阵列数}{8}$$

汉字输入码（外码）是指用户从键盘上输入汉字时所使用的汉字编码。常用的输入码有：拼音编码（如全拼、双拼、微软拼音输入法、自然码、智能 ABC、搜狗等）、字形编码（五笔、表形码、郑码输入法等）。

3．图形

计算机图形指用计算机所创造的图形，是指由外部轮廓线条构成的矢量图，即由计算机绘制的点、直线、曲线、圆、圆弧、矩形、图表等。图形用一组指令集合来描述图形的内容，如描述构成该图的各种图元位置、尺寸、形状、颜色等，描述对象可任意缩放不会失真。适用于描述轮廓不是很复杂、色彩不是很丰富的对象，如几何图形、工程制图、3D 造型、美术字等。图形只保存算法和特征点，所以相对于位图（图像）的大量数据来说，它占用的存储空间也较小。

4．图像编码

图像是客观对象的一种相似性的、生动性的描述或写真，是人类社会活动中最常用的信息载体。广义上，图像就是所有具有视觉效果的画面，图像可以由光学设备获取，如照相机、镜子、望远镜及显微镜等；也可以人为创作，如手工绘画等。根据图像记录方式的不同可分为两大类：模拟图像和数字图像，模拟图像可以通过某种物理量（如光、电等）的强弱变化来记录图像亮度信息，如模拟电视图像；而数字图像则是用计算机存储的数据来记录图像上各点的亮度信息。图像数字化是将连续色调的模拟图像经采样量化后转换成数字图像的过程，通过采样、量化和编码 3 个步骤完成。

（1）采样

按照某种时间间隔或空间间隔，采集模拟信号的过程（空间离散化）。单位时间或单位长度内的采样次数称为采样频率，它决定了采样后的图像能真实地反映原图像的程度，一般来说，原图像中的画面越复杂、色彩越丰富，则采样间隔应越小。

采样的实质就是要用多少点来描述一幅图像，采样结果质量的高低采用图像分辨率来衡量。简单来讲，对二维空间上连续的图像在水平和垂直方向上等间距地分割成矩形网状结构，所形成的微小方格称为像素点（Pixel）。一副图像被采样成有限个像素点构成的集合，例如，一副640×480像素分辨率的图像，表示这幅图像是由640×480=307 200个像素点组成。

（2）量化

将采集到的模拟信号归到有限个信号等级上（信号值等级有限化）。模拟信号值划分的等级数称为量化位数，量化位数决定了图像色调层次级数的多少。

量化是指要使用多大范围的数值来表示图像采样之后的每一个点。量化的结果是图像能够容纳的颜色总数，它反映了采样的质量。例如，如果以 1 位存储一个点，就表示图像只能有 2 种颜色；若采用 16 位存储一个点，则有2^{16}=65 536种颜色。所以，量化位数越大，表示图像可以拥有更多的颜色，自然可以产生更为细致的图像效果，但也会占用更大的存储空间。

（3）编码

将量化的离散信号转换成用二进制数码 0 和 1 表示的形式。

量化后得到的图像数据量十分巨大，必须采用编码技术来压缩其信息量。在一定意义上讲，编码压缩技术是实现图像传输与存储的关键。已有许多成熟的编码算法应用于图像压缩。常见的有图像的预测编码、变换编码、分形编码、小波变换图像压缩编码等。

目前比较流行的图像格式包括 BMP、GIF、JPEG、PNG 等，其中，经常使用 BMP 保存高保真图像，使用 GIF 格式制作动态图像，使用 JPEG 格式压缩图像，使用 PNG 等格式存储具有透明背景效果的图像。

5. 音频编码

自然界中的声音波形极其复杂，通常通过采样、量化、编码 3 个步骤将连续变化的模拟信号转换为数字编码（A/D 转换）。

（1）采样

声音其实是一种能量波，因此也有频率和振幅的特征，频率对应于时间轴线，振幅对应于电平轴线。波是光滑的，弦线可以看成由无数点组成，由于存储空间是相对有限的，数字编码过程中，必须对弦线的点进行采样。

采样频率是指录音设备每秒从连续信号中提取并组成离散信号的采样个数，它用赫兹（Hz）来表示。采样频率越高，声音还原就越真实、越自然。采样频率与声音频率之间有一定的关系，根据奈奎斯特理论，只有采样频率高于声音信号最高频率的两倍时，才能把数字信号表示的声音还原成为原始声音。人耳能够感觉到的最高频率为 20 kHz，CD 音质的采样频率为 44.1 kHz，因此 CD 音质属于高保真格式，能够还原成原始声音。

（2）量化

音频采集过程中，仅仅有频率信息是不够的，还要获得该频率的幅度值并量化，即将信号的连续取值（或者大量可能的离散取值）近似为有限多个（或较少的）离散值的过程。连续信号经过采样成为离散信号，离散信号经过量化即成为数字信号。采样值的二进制位数决定了量化的精度，量化的过程是先将整个幅度划分成有限个小幅度（量化阶距）的集合，把落入某个量化阶距内的值归为一类，并赋予相同的量化值。例如，CD 音频信号就是按照 44.1 kHz 的频率采样，按 16 位量化，有 65 536（2^{16}）个可能取值的数字信号。

量化在有损数据压缩中起着相当重要的作用。很多情况下，量化可以被当作将有损数据压缩同无损数据压缩相区别的标志之一。量化的目的通常是为了减少数据量，例如，MP3 音频格式，以有选择性地丢弃部分数据作为压缩的一种方法，这种手段可以被认为是量化的过程，也可以被看作是一种有损压缩的形式。

（3）编码

数字化过程中采取不同的采样和量化指标，会产生不同音质的音频文件格式，例如，PCM（Pulse Code Modulation，脉冲编码调制）编码是常用的编码之一，CD 音频就是采用 PCM 编码。

常见的音频格式如下：

① CD 格式：CD（Compact Disc）是承载媒体记录的一种媒介，表示激光唱片或光盘。CD 激光唱片最初由 Sony 和 Philip 作为音乐传播的一个形式来介绍的，因为音频 CD 的巨大成功，这种媒介的用途已经扩大。CD 可以存储多种形式的数据，但是，随着互联网的快速发展，依附在某种实物介质（如 CD）的传统音乐形式慢慢退出历史舞台，无线音乐平台终将成为数字音乐的重要传播渠道。

② MP3 格式：MP3 是一种有损音频压缩技术，其全称是动态影像专家压缩标准音频层面 3（Moving Picture Experts Group Audio Layer Ⅲ），简称为 MP3。利用 MP3 技术，将音乐以 1:10 甚至 1:12 的压缩率，压缩成容量较小的文件，而对于大多数用户来说，重放的音质与最初的不压缩音频相比没有明显的下降，因此，MP3 格式的音频文件成为网络广泛使用的一种音频格式。

③ WMA 格式：WMA（Windows Media Audio）是微软推出的有损压缩格式，压缩比率比 MP3 更高，甚至达到 1:18 左右，目标是在相同音质的条件下文件体积更小，这使得 WMA 也成为网络流行音乐格式之一。

④ WAV/APE/FLAC/TTA/TAK 格式：WAV/APE/FLAC/TTA/TAK 属于常见的无损音频压缩格式，能够在 100% 保存原音频信息的前提下，使体积压缩得更小，而且可以将压缩后的音频文件完全还原。其中，WAV 是微软和 IBM 公司联合开发的一种音频文件格式，它符合 RIFF（Resource Interchange File Format）文件规范，用于保存 Windows 平台的音频信息资源，在 Windows 平台及其应用程序中被广泛支持。

6. 视频编码

视频又称影片、录影、录像、影音等，泛指将一系列静态影像以电信号方式加以捕捉、纪录、处理、存储、发送与重现。

视频格式每秒播放的静态画面数量称为帧率，单位为 fps（Frame Per Second）。连续的图像变化每秒超过 24 帧画面时，根据视觉暂留原理，人眼无法辨别单幅的静态画面，看上去是平滑连续的视觉效果，形成连续的画面，即视频。例如，PAL（欧洲、亚洲、大洋洲等地的电视广播格式）与 SECAM（法国、俄罗斯、部分非洲等地的电视广播格式）规定其帧率为 25 fps，而 NTSC（美国、加拿大、日本等地的电视广播格式）则规定其更新率为 29.97 fps。

长宽比是用来描述视频画面与画面元素的比例。例如，传统的电视屏幕长宽比为 4:3（1.33:1），HDTV 的长宽比为 16:9（1.78:1）。

常见的视频格式包括 MPEG（MPG）、AVI、RM、ASF、WMV、RMVB、MKV 等。

真题链接

1. 若对音频信号以 10 kHz 采样率、16 位量化精度进行数字化，则每分钟的双声道数字化声音信号产生的数据量约为（　　　）。

    A）1.2 MB　　　　　　B）1.6 MB　　　　　　C）4.8 MB　　　　　　D）2.4 MB

答案：D。

解析：音频数据量（字节 B）=采样时间（s）×采样频率（Hz）×量化位数（二进制位 b）×声道数/8=60×10 000×16×2/8=2 400 000≈2.4 MB。

2. JPEG 是一个用于数字信号压缩的国际标准，其压缩对象是（　　　）。

    A）视频信号　　　　　B）文本　　　　　　　C）静态图像　　　　　D）音频信号

答案：C。

解析：直接存储图像像素数据，所得数据量往往非常庞大。为节省存储空间，通常还可以将数据经过压缩后再进行存储，仅当使用这些数据时，才把数据解压缩还原。压缩又分为无损压缩（如 PNG、GIF）和有损压缩（如 JPEG/JPG），都可以大大减少图片文件的大小。例如，3 200×2 400 分辨率的真彩色图像用 BMP 格式存储需要 24 MB 的存储空间，而若采用 JPEG 压缩后，图片大小一般只有 2 MB 左右。

3. 在微机中，西文字符所采用的编码是（　　　）。

    A）BCD 码　　　　　　B）国际码　　　　　　C）EBCDIC 码　　　　　D）ASCII 码

答案：D。

4. 汉字的国际码与其内码存在的关系是：汉字的内码=汉字的国际码+（　　　）。

    A）8080H　　　　　　B）1010H　　　　　　C）8081H　　　　　　D）8180H

答案：A。

1.3　计算机系统

计算机系统由硬件系统和软件系统组成，如图 1.1 所示。前者是借助电、磁、光、机械等原理构成的各种物理部件的有机组合，是系统赖以工作的实体。后者是各种程序和文件，用于控制全系统按指定的要求进行工作。

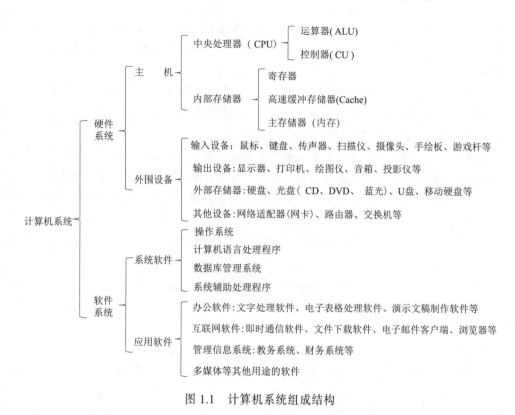

图 1.1　计算机系统组成结构

1.3.1　软件系统

软件（Software）是一系列按照特定顺序组织的计算机数据和指令的集合，包括计算机程序及相关文档。一般来讲软件系统划分为系统软件、应用软件。

1. 系统软件

系统软件是在硬件基础上对硬件功能的扩充与完善，其功能主要是控制和管理计算机的硬件资源、软件资源和数据资源，提高计算机的使用效率，发挥和扩大计算机的功能，为用户使用计算机系统提供方便。系统软件有两个主要特点：一是通用性，无论是哪个应用领域的用户都要用到它；二是基础性，它是应用软件运行的基础，应用软件的开发和运行要有系统软件的支持。

（1）操作系统

在计算机软件中，最重要且最基本的就是操作系统（Operating System，OS）。它是最底层的软件，控制所有在计算机上运行的程序并管理整个计算机的资源，是在计算机裸机与应用程序及用户之间架起的沟通桥梁。没有它，用户就无法自如地应用各种软件或程序。

目前常见的操作系统有 Windows、Linux、Mac 等。

（2）计算机语言处理程序

计算机解题的一般过程是：用户编写程序，输入计算机，然后由计算机将其翻译成机器语言，在计算机上运行后输出结果。计算机语言大致分为机器语言、汇编语言和高级语言。

①机器语言：机器语言是二进制代码表示的指令集合，它是计算机能直接识别和执行的计算机语言。优点是执行效率高、速度快；缺点是其直观性差、可读性不强，给计算机的推广和使用带来极大的困难。

②汇编语言：汇编语言是符号化的机器语言，它用助记符来表示指令中的操作码和操作数的指令系统。它比机器语言前进了一步，助记符比较容易记忆，可读性也好，但编写程序的效率不高、难度较大、维护较困难，属于低级语言。

③高级语言：高级语言是接近人类自然语言和数学语言的计算机语言，是第三代计算机语言。高级语言的特点是与计算机的指令系统无关。它从根本上摆脱了语言对机器的依赖，使之独立于机器，面向过程，进而面向用户。由于易学易记、便于书写和维护，提高了程序设计的效率和可靠性。目前广泛使用的高级语言有 C、C++、Python、R 和 Java 等。

将计算机不能直接执行的非机器语言编写的程序翻译成能直接执行的机器语言的翻译程序称为语言处理程序。

用各种程序设计语言编写的程序称为源程序，计算机不能直接识别和执行。把计算机本身不能直接读懂的源程序翻译成机器能够识别的机器指令代码后，计算机才能执行，这种翻译后的程序称为目标程序。

计算机将源程序翻译成机器指令时，有编译方式和解释方式两种。编译方式与解释方式的工作过程如图 1.2 所示。

（a）编译过程　　　　　　　　　　　　　（b）解释过程

图 1.2　源程序翻译成机器指令的过程

由图 1.2 可以看出，编译方式是把源程序用相应的编译程序翻译成机器语言的目标程序，然后再连接成可执行程序，运行可执行程序后得到结果。目标程序和可执行程序都是以文件方式存放在磁盘上，再次运行该程序，只需直接运行可执行程序，不必重新编译和连接。

解释方式就是将源程序输入计算机后，用该语言的解释程序将其逐条解释、逐条执行，执行完后只能得到结果，而不能保存解释后的机器代码，下次运行该程序时还要重新解释执行。

（3）数据库管理系统

数据库管理系统是位于用户与操作系统之间的一层数据管理软件。数据库管理系统同操作系统一样是计算机的基础软件，也是一个大型复杂的系统软件。主要功能包括数据定义，数据组织、存储和管理，数据操纵，数据库的事务管理和运行管理，数据库的建立和维护，与其他软件系统通信等。

（4）系统辅助处理程序

系统辅助处理程序也称"软件研制开发工具"、"支持软件"或"工具软件"，主要有编辑程序、调试程序、装配和连接程序以及测试程序等。

2. 应用软件

应用软件是用户利用计算机及其提供的系统软件，为解决实际问题所开发的软件的总称。应用软件一般分为两大类：通用软件和专用软件。

通用软件支持最基本的应用，如文字处理软件（Word）、表格处理软件（Excel）等。

专用软件是专门为某一专业领域而开发的软件，如财务管理系统、计算机辅助设计（CAD）软件和本部门的应用数据库管理系统等。

真题链接

1. 计算机硬件能直接识别、执行的语言是（　　　）。

　A）C++语言　　　　　B）高级程序语言　　　　　C）汇编语言　　　　　D）机器语言

答案：D。

2. 计算机系统软件中，最基本、最核心的软件是（　　　）。

　A）程序语言处理系统　　　　　　　　　　B）系统维护工具

　C）据库管理系统　　　　　　　　　　　　D）操作系统

答案：D。

解析：系统软件主要包括操作系统、数据库管理系统、语言处理系统等，其中最主要的就是操作系统。操作系统是最底层的软件，提供了其他所有应用软件运行的环境。常见的操作系统如 Windows 操作系统、UNIX、Linux、Android、iOS 等。其他众多计算机软件，大多都属于应用软件，从办公软件、多媒体处理软件到 Internet 工具软件等都属于应用软件。例如，Microsoft Office（MS office）、WPS、QQ、Photoshop、Flash、Web 浏览器、各种信息系统等。

1.3.2　硬件系统

硬件（Hardware）是计算机系统中所有实体部件和设备的统称。不同类型的计算机，其硬件组成是不一样的，但是所有类型的计算机都是基于冯·诺依曼思想而设计的。

1. 中央处理器

中央处理器（Central Processing Unit，CPU）是一块超大规模的集成电路，是一台计算机的运算核心和控制核心。它的功能主要是解释计算机指令以及处理计算机软件中的数据。

中央处理器主要包括运算器（Arithmetic Logic Unit，ALU）、控制器（Control Unit，CU）、高速缓冲存储器（Cache）。

2. 运算器

运算器是指计算机中执行各种算术和逻辑运算操作的部件。运算器的基本操作包括加、减、乘、除四则运算，与、或、非、异或等逻辑运算，以及移位、比较和传送等运算，亦称算术逻辑运算单元。与运算器相关的性能指标有字长和运算速度。

（1）字长

字长是计算机一次能同时处理的二进制数据的位数。字长越长，所能处理的数的范围越大，运算精度越高、处理速度越快。目前，微处理器大多支持 32 位或 64 位字长，可并行处理 32

位或 64 位的二进制算术运算和逻辑运算。

（2）运算速度

运算速度是计算机的另一个重要指标。计算机执行不同的运算和操作所需的时间可能不同，因而对运算速度存在不同的计算方法，可以使用平均速度表示，即在单位时间内平均能执行的指令条数表示，常用单位是百万次/秒（Million Instructions Per Second，MIPS）。这个指标能更直观地反映计算机的运算速度。例如，某计算机运算速度为 100 万次/秒，就是指该计算机在一秒内能平均执行 100 万条指令（即 1 MIPS）。计算机一般采用主频（MHz 或 GHz）来描述运算速度，主频越高，运算速度就越快。

3. 控制器

控制器是指挥计算机的各个部件按照指令的功能要求协调工作的部件，是计算机的神经中枢和指挥中心。控制器由指令寄存器、程序计数器、指令译码器、时序控制电路和操作控制器等部件组成，对协调整个计算机进行有序工作极为重要。

为了让计算机按照人的要求正确运行，必须设计一系列计算机可以识别和执行的命令——机器指令。机器指令是按照一定格式构成的二进制代码串，用来描述计算机可以理解并执行的一个基本操作。一条条指令的序列就组成了程序。

机器指令通常由操作码和操作数两部分组成。

①操作码：指明指令所要完成操作的性质和功能。

②操作数：指明指令执行时的操作对象（某些指令的操作数部分可以省略）。操作数可以是数据本身，也可以是存放数据的内存单元的地址或寄存器的名称。

4. 高速缓冲存储器

高速缓冲存储器简称缓存，属于内部存储器，一般集成到 CPU 中。缓存大小也是 CPU 的重要指标之一，而且缓存的结构和大小对 CPU 速度的影响非常大。CPU 内缓存的运行频率极高，一般是和处理器同频运作，工作效率远远大于内存和硬盘。

L1-Cache（一级缓存）是 CPU 第一层高速缓存，分为数据缓存和指令缓存。内置的 L1 高速缓存的容量和结构对 CPU 的性能影响较大，不过高速缓冲存储器结构较复杂，且受限于 CPU 管芯面积，L1 级高速缓存的容量目前不能做得太大。

L2-Cache（二级缓存）是 CPU 的第二层高速缓存，分内部和外部两种芯片。内部的芯片二级缓存运行速度与主频相同，而外部的二级缓存则只有主频的一半。

L3-Cache（三级缓存）可以进一步降低内存延迟，同时提升大数据量计算时处理器的性能。具有较大 L3 缓存的处理器提供更有效的文件系统缓存机制及较短消息和处理器队列长度。

5. 存储器

存储器（Memory）是现代信息技术中用于保存信息的记忆设备。

计算机中的存储器按用途可分外部存储器和内部存储器。外部存储器通常是磁性介质或光盘等，例如磁带、硬盘、光盘、闪存、移动硬盘等，能长期保存信息而不受电源约束。主存（内存）指主板上的存储部件，属于内部存储器，用来暂时存放当前正在执行的数据和程序，关闭电源或断电，数据会丢失。另外，中央处理器和内部存储器组成主机，输入和输出是相对于主机而言的。

按读写功能分为只读存储器和随机存储器，其中只读存储器（Read-Only Memory，ROM）存储的内容是固定不变的，是只能读出而不能写入的半导体存储器；随机访问存储器（Random-Access Memory，RAM）既能读出又能写入的内部存储器，通常是指主存（内存），其作用是与CPU 直接交换数据，以及与硬盘等外部存储器交换数据。

云盘是互联网存储工具，是互联网云计算技术的产物，它通过互联网为企业和个人提供信息的存储、上传、下载等服务，具有安全稳定、海量存储等特点。

6. 总线

总线（Bus）是计算机各种功能部件之间传送信息的公共通信干线，它是由导线组成的传输线束，按照计算机所传输的信息种类，计算机的总线可以划分为数据总线、地址总线和控制总线，分别用来传输数据、数据地址和控制信号。总线是一种内部结构，它是 CPU、存储器以及输入、输出设备传递信息的公用通道。

7. 键盘

键盘是用于操作计算机运行的一种指令和数据输入装置。键盘作为最主要的输入设备，可以将中英文字符、数字、标点符号或控制字符等输入到计算机中，从而向计算机发出命令或输入数据等。目前最常用的键盘是 104 键盘，主要分为功能键区（Function Keys Section）、主键盘区（Central Section）、编辑区（Edit Section）和辅助键盘区（Number-aided Section）。

8. 显示器

显示器（Display）通常也称为监视器（Monitor），属于计算机输出设备。它将文本、图形、图像、动画、音频、视频等各种信息通过特定的传输设备显示到屏幕上，实现人机交互。

根据制造材料的不同，可分为：阴极射线管显示器（CRT），等离子显示器（PDP），液晶显示器（LCD），发光二极管显示器（LED）等。

屏幕尺寸按屏幕对角线长度计算，通常以英寸（inch）作为单位，一般主流尺寸有 17"、19"、21"、23"、27"等。常用的显示屏又有窄屏与宽屏，前者长宽比为 4:3（还有少量比例为 5:4），后者长宽比为 16:10 或 16:9，宽屏比较符合人眼视野区域。

9. 电源

计算机属于弱电设备，工作电压比较低，一般是正负 12 V 以内的直流电。而普通的市电为220 V（有些国家为 110 V）交流电，不能直接在计算机设备上使用。因此，计算机和很多家用电器一样需要一个变压器，负责将普通市电转换为计算机可以使用的电压，一般安装在计算机机箱的内部。

真题链接

1. 当电源关闭后，下列关于存储器的说法中，正确的是（　　　）。

A）存储在 ROM 中的数据不会丢失

B）存储在 U 盘中的数据会全部丢失

C）存储在 RAM 中的数据不会丢失

D）存储在硬盘中的数据会丢失

答案：A。

解析：内存储器分为随机存储器（RAM）和只读存储器（ROM），用来存储当前正在运行的应用程序，其相应数据的存储器是 RAM。ROM 中存放的信息只读不写，里面一般存放由计算机制造厂商写入并经固化处理的系统程序，如开机自检程序、基本输入/输出系统模块 BIOS 等；即使断电，ROM 中的信息也不会丢失。

2. 能直接与 CPU 交换信息的存储器是（　　）。

    A）CD-ROM　　　　　　B）U 盘存储器　　　　　C）硬盘存储器　　　　　D）内存储器

答案：D。

解析：内存才能直接与 CPU 交换信息，外存中的数据应先被调入内存，然后再从内存读取。

3. 下列设备中，完全属于计算机输出设备的是（　　）。

    A）键盘、鼠标器、扫描仪

    B）激光打印机、键盘、鼠标

    C）打印机、绘图仪、显示器

    D）喷墨打印机、显示器、键盘

答案：C。

解析：输入设备用来向计算机内输入信息，如键盘、鼠标、摄像头、扫描仪、光笔、手写输入板、游戏杆、语音输入装置等。输出设备将各种内容从计算机内表现出来，表现形式可以是数字、字符、图像、声音等，例如显示器、打印机、绘图仪、影像输出设备、语音输出设备、磁记录设备等。有些设备同时集成了输入/输出两种功能，既可被当作输入设备，也可被当作输出设备，如调制解调器（Modem）、光盘刻录机、磁盘驱动器等。

4. 计算机的系统总线是计算机各部件间传递信息的公共通道，它分为（　　）。

    A）数据总线和控制总线　　　　　　　　B）数据总线和地址总线

    C）地址总线和控制总线　　　　　　　　D）数据总线、控制总线和地址总线

答案：D。

解析：计算机的系统总线是计算机各部件间传递信息的公共通道，它由数据总线、控制总线和地址总线组成。

1.4　计算机病毒

计算机病毒（Computer Virus）并不是生物的细菌、病毒，它实质上是一种特殊的计算机程序，是人为制造的，既有破坏性，又有传染性和潜伏性的，对计算机信息或系统起破坏作用的特殊程序。它不是独立存在的，而是隐蔽在其他可执行的程序之中。计算机中病毒后，轻则影响机器运行速度，重则死机或系统遭到破坏，因此，病毒给用户带来很大的损失。

真题链接

计算机病毒是指能够侵入计算机系统并在计算机系统中潜伏、传播，破坏系统正常工作的一种具有繁殖能力的（　　）。

    A）源程序　　　　　B）流行性感冒病毒　　　　C）特殊程序　　　D）特殊微生物

答案：C。

1.4.1　计算机病毒的特征

计算机病毒种类繁多、特征各异，但一般具有以下一些共同特征：

1. 隐蔽性

计算机病毒不易被发现，这是由于计算机病毒具有较强的隐蔽性，其往往以隐藏文件或程序代码的方式存在，不容易与正常程序区别，发作前难以察觉。

2. 破坏性

病毒入侵计算机，往往具有极大的破坏性，能够破坏数据信息，甚至造成大面积的计算机瘫痪，对计算机用户造成较大损失。例如，常见的木马、蠕虫等计算机病毒，可以大范围入侵计算机，为计算机带来安全隐患。

3. 传染性

计算机病毒具有传染性，能够通过 U 盘、网络等途径入侵计算机。在入侵之后，往往可以实现病毒扩散，感染未感染计算机，进而造成大面积瘫痪等事故。随着网络信息技术的不断发展，在短时间之内，病毒能够实现较大范围的恶意入侵。因此，在计算机病毒的安全防御中，如何面对快速的病毒传染，成为有效防御病毒的重要基础，也是构建防御体系的关键。

4. 寄生性

计算机病毒还具有寄生性。计算机病毒需要在宿主中寄生才能更好地发挥其功能，破坏宿主的正常机能。通常情况下，计算机病毒都是在其他正常程序或数据中寄生，在此基础上利用一定媒介实现传播。在宿主计算机实际运行过程中，一旦达到某种设置条件，计算机病毒就会被激活，随着程序的启动，计算机病毒会对宿主计算机文件进行不断修改，使其破坏作用得以发挥。

5. 潜伏性

很多病毒并不是一侵入计算机就开始发作，它可能隐藏在合法文件中，静静地等待，一旦时机成熟就会迅速繁殖、扩散。

真题链接

1. 计算机染上病毒后可能出现的现象是（　　　）。

A）程序或数据突然丢失

B）磁盘空间突然变小

C）系统出现异常启动或经常"死机"

D）以上都是

答案：D。

2. 下列关于计算机病毒的叙述中，错误的是（　　　）。

A）计算机病毒具有传染性

B）感染过计算机病毒的计算机具有对该病毒的免疫性

C）计算机病毒具有潜伏性

D）计算机病毒是一个特殊的寄生程序

答案：B。

解析：感染过病毒的计算机不能具有免疫性，因为病毒程序再次运行时，计算机仍会感染病毒发作。

1.4.2 计算机病毒的分类

计算机病毒的分类方法很多，按照计算机病毒的感染方式分为以下五类：

1. 引导区型病毒

引导区型病毒指寄生在磁盘引导区或主引导区的计算机病毒。此种病毒利用系统引导时不对主引导区的内容正确与否进行判别的缺点，在引导系统的过程中侵入系统，驻留内存，监视系统运行，待机传染和破坏。

2. 文件型病毒

文件型病毒主要通过感染扩展名为.com、.exe、.drv、.bin、.sys 等可执行文件对病毒进行传播。通常寄生在文件的首部或尾部，并修改程序的第一条指令。一旦计算机运行该文件就会被感染，从而达到传播的目的。

3. 混合型病毒

混合型病毒指具有引导区型病毒和文件型病毒寄生方式的计算机病毒，所以它的破坏性更大，传染的机会更多，查杀也更困难。这种病毒扩大了病毒程序的传染途径，它既感染磁盘的引导记录，又感染可执行文件。

4. 宏病毒

宏病毒是一种寄存在 Microsoft Office 文档或模板的宏中的计算机病毒。一旦打开这样的文档，其中的宏就会被执行，于是宏病毒就会被激活，转移到计算机上，并驻留在 Normal 模板上。从此以后，所有自动保存的文档都会"感染"上这种宏病毒，而且如果其他用户打开了感染病毒的文档，宏病毒又会转移到他的计算机上。

5. 网络病毒

网络病毒大多通过 E-mail 传播，如果不小心打开了来历不明的 E-mail，就可能会执行其中附带的"黑客程序"，从而破坏计算机系统并驻留在计算机系统内。

真题链接

先于或随着操作系统的系统文件装入内存储器，从而获得计算机特定控制权并进行传染和破坏的病毒是（　　　）。

A）文件型病毒　　　　B）引导区型病毒　　　　C）宏病毒　　　　D）网络病毒

答案：B。

1.4.3 木马病毒

"特洛伊木马"（Trojan Horse）简称"木马"，据说这个名称来源于希腊神话《木马屠城记》。

古希腊有大军围攻特洛伊城，久久无法攻下。于是有人献计制造一匹高两丈的大木马，假装作战马神，让士兵藏匿于巨大的木马中，大部队假装撤退而将木马摒弃于特洛伊城下。城中得知解围的消息后，遂将"木马"作为战利品拖入城内，全城饮酒狂欢。到午夜时分，全城军民尽入梦乡，匿于木马中的将士开秘门游绳而下，开启城门并四处纵火，城外伏兵涌入，里应外合，焚屠特洛伊城。后世称这匹大木马为"特洛伊木马"。如今黑客程序借用其名，有"一经潜入，后患无穷"之意。

木马病毒本身没有复制能力，主要是通过伪装成一个实用工具、一个可爱的游戏、一个图片文件等，诱使用户将其安装在计算机上。然后，病毒便向木马施种者打开该计算机门户，使施种者可以任意远程控制，破坏该计算机系统，或窃取该计算机中的私密数据。特洛伊木马病毒按照功能可分为如下几类：

1. 网游木马

随着网络在线游戏的普及和升温，中国拥有规模庞大的网游玩家。网络游戏中的金钱、装备等虚拟财富与现实财富之间的界限越来越模糊。与此同时，以盗取网游账号密码为目的的木马病毒也随之发展泛滥起来。

网络游戏木马通常采用记录用户键盘输入、Hook 游戏进程的 API 函数等方法获取用户的密码和账号。窃取到的信息一般通过发送电子邮件或向远程脚本程序提交的方式发送给木马施种者。网络游戏木马的种类和数量，在国产木马病毒中都首屈一指。流行的网络游戏无一不受网游木马的威胁。一款新游戏正式发布后，往往在一到两个星期内，就会有相应的木马程序被制作出来。大量的木马生成器和黑客网站的公开销售也是网游木马泛滥的原因之一。

2. 网银木马

网银木马是针对网上交易系统编写的木马病毒，其目的是盗取用户的卡号、密码，甚至安全证书。此类木马种类数量虽然比不上网游木马，但它的危害更加直接，受害用户的损失更加惨重。随着中国网上交易的普及，受到网银木马威胁的用户也在不断增加。

3. 下载类

这种木马程序的体积一般很小，其功能是从网络上下载其他病毒程序或安装广告软件。由于体积很小，下载类木马更容易传播，传播速度也更快。通常功能强大、体积也很大的后门类病毒，如"灰鸽子""黑洞"等，传播时都单独编写一个小巧的下载型木马，用户中毒后会把后门主程序下载到本机运行。

4. 代理类

用户感染代理类木马后，会在本机开启 HTTP、SOCKS 等代理服务功能。黑客把受感染的计算机作为跳板，以被感染用户的身份进行黑客活动，达到隐藏自己的目的。

5. FTP 木马

FTP 木马打开被控制计算机的 21 号端口（FTP 所使用的默认端口），使每一个人都可以用一个 FTP 客户端程序不用密码连接到受控制端计算机，并且可以进行最高权限的上传和下载，窃取受害者的机密文件。新 FTP 木马还加上了密码功能，这样，只有攻击者本人才知道正确的密码，从而进入对方计算机。

6. 网页点击木马

恶意模拟用户点击广告等动作，在短时间内产生数以万计的点击量。这种病毒的施种者一般是为了赚取高额的广告推广费用。

7. 摆渡木马

不需要网络连接，通过 U 盘等移动存储介质间接窃取信息。它一旦发现有 U 盘连接到计算机上，就感染此 U 盘并隐藏自己的踪迹。然后唯一的动作就是扫描计算机中的文件，并将感兴趣的文件悄悄写入 U 盘。一旦这个 U 盘今后被插到连接互联网的计算机上，木马就会将其中的这些文件通过互联网发送给木马施种者，以窃取信息。

8. 通信软件类木马

常见的即时通信类木马一般有 3 种：

（1）发送消息型

通过即时通信软件自动发送含有恶意网址的消息，目的在于让收到消息的用户点击网址中毒，用户中毒后又会向更多好友发送病毒消息。此类病毒常用的技术是搜索聊天窗口，进而控制该窗口自动发送文本内容。

（2）盗号型木马

主要目标在于盗取通信软件的登录账号和密码，工作原理和网游木马类似。病毒作者盗得他人账号后，可能偷窥聊天记录等隐私内容，在各种通信软件内向好友发送不良信息、广告推销等语句，或将账号卖掉赚取利润。

（3）传播自身型木马

主要通过聊天软件发送自身进行传播。采用的基本技术都是搜寻到聊天窗口后，对聊天窗口进行控制，来达到发送文件或消息的目的。只不过发送文件的操作比发送消息复杂很多。

真题链接

有一种木马程序，其感染机制与 U 盘病毒的传播机制完全一样，只是感染目标计算机后它会尽量隐藏自己的踪迹，它唯一的动作是扫描系统的文件，发现对其可能有用的敏感文件，就将其悄悄复制到 U 盘，一旦这个 U 盘插入到连接互联网的计算机，就会将这些敏感文件自动发送到互联网上指定的计算机中，从而达到窃取的目的。该木马叫作（　　　）。

A）网游木马　　　　　B）代理木马　　　　　C）网银木马　　　　　D）摆渡木马

答案：D。

1.4.4　计算机病毒的防治

计算机病毒无时无刻不在准备发出攻击，但计算机病毒也不是不可控制的，可以通过以下几方面来减少计算机病毒对计算机带来的破坏：

①安装最新的杀毒软件并定期升级，启用实时监控功能，经常全盘查毒。

②安装防火墙，对内部网络实行安全保护。

③扫描系统漏洞，及时更新补丁。

④可移动存储介质（如 U 盘、移动硬盘）中的文件，先经过杀毒软件检测后再使用。

⑤尽量使用有杀毒功能的电子邮箱，尽量不要打开来路不明的电子邮件。

⑥浏览网页、下载文件时要选择正规的网站，不下载来路不明的软件或程序。

⑦经常备份系统中重要的数据和文件。

⑧在 Word、Excel 和 PowerPoint 中将"宏病毒防护"选项打开。

⑨修改计算机安全的相关设置，如管理系统账户、创建密码、权限管理、禁用 Guest 账户、禁用远程功能、关闭不需要的系统服务、修改 IE 浏览器的相关设置等。

⑩关注流行病毒的感染途径及防范方法，做到预先防范。

真题链接

1. 下列关于计算机病毒的叙述中，正确的是（　　　）。

　　A）反病毒软件必须随着新病毒的出现而升级，提高查杀病毒的功能

　　B）反病毒软件可以查任何种类的病毒

　　C）感染过计算机病毒的计算机具有对该病毒的免疫性

　　D）计算机病毒是一种被破坏了的程序

答案：A。

2. 为防止计算机病毒传染，应该做到（　　　）。

　　A）长时间不用的 U 盘要经常格式化

　　B）不要复制来历不明的 U 盘中的程序

　　C）无病毒的 U 盘不要与来历不明的 U 盘放在一起

　　D）U 盘中不要存放任何可执行程序

答案：B。

解析：计算机病毒是程序，不是由于不卫生造成的，也不能自己产生。计算机病毒不能通过空气和接触传播，只能在计算机中进行复制和传播。因此，不复制来历不明 U 盘中的程序。

1.5　Internet 基础及应用

1.5.1　计算机网络

计算机网络就是利用通信设备和线路将地理位置不同的、功能独立的多个计算机系统互联起来，以功能完善的网络软件（即网络通信协议、信息交换方式和网络操作系统等）实现网络资源共享和信息传递的系统。计算机网络最突出的特点是资源共享和快速传递信息。计算机网络的主要功能有：信息交换和通信、资源共享、提高系统的可靠性、均衡负荷、分布处理、综合信息服务。

真题链接

1. 计算机网络最突出的特点是（　　　）。

　　A）实现资源共享和快速通信

　　B）提高可靠性

　　C）运算速度快

　　D）提高计算机的存储容量

答案：A。

2．以下不属于计算机网络主要功能的是（　　　　）。

　　A）数据通信

　　B）分布式信息处理

　　C）资源共享

　　D）专家系统

答案：D。

1．计算机网络的分类

　　按网络覆盖的地理范围分类是最常用的分类方法，能较好地反映出网络的本质特征。根据这个标准，可将计算机网络分为 3 类：局域网、城域网和广域网。

　　（1）局域网

　　局域网（Local Area Network，LAN）是指覆盖较小地理区域的网络，其分布范围局限在一个办公室、一栋大楼或一个校园内，一般在几十米到几千米之内。它传输距离短，因此传输延迟小、传输速率高，而且传输可靠。以太网（Ethernet）就是常见的一种局域网。

　　（2）城域网

　　城域网（Metropolitan Area Network，MAN）是介于局域网和广域网之间的一种高速网络，可以满足几十千米范围内的大量企业、机关、公司的多个局域网互联的需求，其目的是在一个较大的地理区域内实现资源共享。

　　（3）广域网

　　广域网（Wide Area Network，WAN）也称为远程网，覆盖范围通常为几十千米至几千千米，可覆盖一个地区、一个国家或几个州，形成国际性的远程网络。其目的是实现不同地区的不同网络的互联，其传输速率比较低。

真题链接

　　某企业需要在一个办公室构建适用于 20 多人的小型办公网络环境，这样的网络环境属于（　　　　）。

　　A）广域网　　　　　　B）城域网　　　　　　C）局域网　　　　　　D 互联网

答案：C。

2．网络拓扑结构

　　拓扑（Topology）学是几何学的一个分支，从图论演变而来，是研究与大小、形状无关的点、线和面构成的图形特征的方法。为了简单明了地反映计算机网络中各实体的结构分类，将构成网络的节点和连接节点的线路抽象成点和线，用几何关系表示网络结构，称为计算机网络的拓扑结构。常见的网络拓扑结构有星状、环状、总线、树状、网状等，如图 1.3 所示。

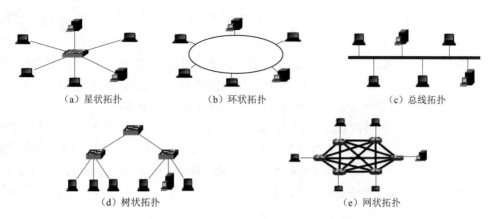

图 1.3 常见的网络拓扑结构

（1）星状拓扑

星状拓扑结构有一个中心，多个分节点，任何两个节点之间的通信都要经过中心节点。它结构简单，连接方便，成本低，但要求中心节点可靠性较高，一旦中心节点出现故障，就会造成全网瘫痪。

（2）环状拓扑

环状拓扑结构中各节点形成一个闭合环，环中的数据沿着一个方向传输。环状拓扑结构简单，成本低，但环中任何一个节点出现故障，都会造成网络瘫痪。

（3）总线拓扑

总线拓扑结构将所有的节点都连接到一条电缆上，把这条电缆称为总线。总线网络是最为普及的网络拓扑结构之一。它的连接形式简单、易于安装、成本低，增加和撤销网络设备都比较灵活。但任意的节点发生故障，都会导致网络阻塞，同时，这种拓扑结构还难以查找故障。

（4）树状拓扑

树状拓扑结构的网络节点呈树状排列，整体看来就像一棵倒置的树，因而得名。信息交换主要在上下节点之间进行。这种拓扑结构的网络一般采用光纤作为网络主干，用于军事单位、政府单位等上下界限相对严格和层次分明的网络结构。

（5）网状拓扑

网状拓扑结构没有上述 4 种拓扑结构那样明显的规则，节点连接是任意的。网状拓扑结构可靠性高，但由于结构复杂，必须采用路由协议、流量控制等方法。

3．网络硬件

与计算机系统类似，计算机网络也由网络硬件和网络软件组成。常用的网络硬件有网络传输介质和网络设备。

（1）网络传输介质

传输介质是连接网络上各个节点的物理通道。局域网中所采用的传输介质主要有同轴电缆、双绞线、光纤以及无线传输介质。无线传输介质传输的电磁波形式有微波、红外线和激光。下面介绍几种有线传输介质。

①同轴电缆：通常由铜或铝制成。有线电视公司和卫星通信系统都会使用这种电缆，如图 1.4（a）所示。

同轴电缆以电信号的形式承载数据，其屏蔽能力强于非屏蔽双绞线（UTP），因此信噪比相对较高，可以承载更多的数据。实际上，LAN 中采用双绞线布线来取代同轴电缆，因为与 UTP 相比，同轴电缆实际上更难安装，更加昂贵，而且更难以实施故障排除。

②双绞线：可分为非屏蔽双绞线（Unshielded Twisted Pair，UTP）和屏蔽双绞线（Shielded Twisted Pair，STP）两种类型。在物理结构上，屏蔽双绞线比非屏蔽双绞线多了全屏蔽层和线对屏蔽层，通过屏蔽的方式，减少了衰减和噪声，从而提供了更加洁净的电子信号和更长的电缆长度，但是屏蔽双绞线价格更加昂贵，重量更重并且不易安装。图 1.4（b）所示为屏蔽双绞线。

③光纤：由两种类型的玻璃（芯和涂层）和一个起保护作用的外层屏蔽套（表皮）组成，如图 1.4（c）所示。由于光纤使用光来传输信号，因此它不受电磁干扰（EMI）或射频干扰（RFI）的影响。所有信号会在进入光缆时转换成光脉冲，并在离开光缆时重新转换为电信号。这意味着光缆比铜缆或其他金属制作的电缆传输信号更清晰、传输距离更远且带宽更高。虽然光纤极细易折，但其芯和涂层的属性使其变得坚硬。光纤非常耐用，可在全球网络的各种严酷环境中进行部署。

（a）同轴电缆　　　　　　　（b）双绞线　　　　　　　（c）光纤

图 1.4　有线传输介质

光纤通常分为两种类型：

● 单模光纤（SMF）：包含一个极小的芯，使用激光技术来发送单束光，普遍用于跨越数百千米的长距离传输，例如，应用于长途电话和有线电视中的光纤。

● 多模光纤（MMF）：包含一个更大的芯，使用 LED 发射器发送光脉冲。LED 发出的光从不同角度进入多模光纤，可通过长达 550 m 的链路提供高达 10 Gbit/s 的带宽。

（2）网络设备

常用的网络设备有网络接口卡（网卡）、交换机、路由器、网关和无线访问接入点（AP）。

①网卡（NIC）：它是构成网络必需的基本设备，用于将计算机和通信电缆连接起来。每一台想要连接到局域网的计算机都需要安装一块网卡，如图 1.5 所示。每一个网卡都有一个称为 MAC 地址的独一无二的 48 位串行号，写在卡上的一块 ROM 中。在网络上的每一台计算机都必须拥有一个独一无二的 MAC 地址。没有任何两块被生产出来的网卡拥有同样的地址。

图 1.5　网卡

②交换机（Switch）：用于维护一个交换表。交换表是包含网络上所有 MAC 地址的一个列表，以及一个交换机端口列表。交换机使用交换表将流量转发到目的

设备，流量只从一个端口发往目的地，因此其他端口不受影响。

目前，最常见的交换机是以太网交换机，如图 1.6 所示。它通常有几个到几十个端口，每个端口都直接与主机相连，各端口传输速率可以不同，工作方式也可以不同，如可以提供 100 Mbit/s 和 1 000 Mbit/s 等带宽。

③路由器（Router）：它是互联网的枢纽，是连接 Internet 中各局域网、广域网的设备（见图 1.7），会根据信道的情况自动选择和设定路由，以最佳路径、按前后顺序发送数据。交换机使用 MAC 地址在单个网络内转发流量，路由器使用 IP 地址将流量转发到其他网络。

图 1.6　交换机

图 1.7　路由器

④无线接入点（Wireless Access Point，AP）：是目前组建小型无线局域网最常用的设备。AP 的主要作用是将无线网络客户端连接到一起，然后将无线网络接入以太网，是有线网和无线网之间的桥梁。通过无线路由器可以实现家庭无线网络的 Internet 连接共享。图 1.8 所示为无线路由器。

图 1.8　无线路由器

真题链接

1. 千兆以太网通常是一种高速局域网，其网络数据传输速率大约为（　　　）。

　　A）1 000 B/s　　　　　　　　　　　B）10^9 B/s

　　C）1 000 bit/s　　　　　　　　　　　D）10^9 bit/s

答案：D。

解析：千兆为 1 000 Mbit/s=1 000×2^{20}bit/s≈1 000×10^6bit/s=10^9bit/s，其中 bit/s 表示每秒传输的比特数，该单位的数值除以 8 才是每秒传输的字节数。

2. 若要将计算机与局域网连接，至少需要具有的硬件是（　　　）。

　　A）集线器　　　　　B）路由器　　　　　C）网关　　　　　D）网卡

答案：D。

4. 网络软件

由于提供网络硬件设备的厂商很多，不同的硬件设备进行通信需要网络软件——通信协议来实现。通信协议就是通信双方都必须要遵守的通信规则，是一种约定。TCP/IP 是当前最流行的商业化协议，这一标准将计算机网络划分为 4 个层次：应用层、传输层、网络层和数据链路层。

真题链接

计算机网络是一个（　　　）。

A）在协议控制下的多机互联系统　　　　B）管理信息系统

C）编译系统　　　　　　　　　　　　　D）网上购物系统

答案：A。

1.5.2　Internet 基础

Internet 是全世界最大的计算机网络，它起源于美国国防部高级研究计划局（Advanced Research Project Agency，ARPA）于 1968 年主持研制的用于支持军事研究的计算机实验网 ARPANET。ARPANET 建网的初衷是帮助那些为美国军方工作的研究人员通过计算机交换信息。此后，大量的网络、主机与用户接入 ARPANET，并逐渐扩展到其他国家和地区。1994 年 3 月，中国获准加入 Internet，并在同年 5 月完成全部中国联网工作，从此我国的网络建设进入了大规模发展阶段。

1. IP 地址

IP 地址又译为网际协议地址。Internet 是一个虚拟的世界，每个设备连接到 Internet 均需要分配一个 IP 地址，相当于现实生活中的门牌号。目前 IP 地址有 IPv4 和 IPv6 两种，分别是网际协议第 4 版和第 6 版。

（1）IPv4 地址的组成

IPv4 地址是一个 32 位的二进制代码。为了提高可读性，常把 32 位 IP 地址中的每 8 位转换为对应的十进制，并在两个十进制数之间插入一个点，这种记法就是常用的点分十进制记法（每段十进制数范围 0~255）。例如，202.201.15.23、10.20.54.36 都是合法的 IP 地址。

IPv4 根据地址第一段的十进制数分为五类：0~127 为 A 类，128~191 为 B 类，192~223 为 C 类，224~239 为 D 类，240~255 为 E 类。

（2）IPv6 地址的组成

截至 2019 年 11 月 25 日，全球 43 亿个 IPv4 地址已全部分配完毕，这一情况也宣告 IPv6 时代的正式来临。IPv6 地址是 128 位的二进制代码，通常写成 8 组，每组为 16 位二进制数，通常写为四位十六进制数的形式。例如，AD80:0000:0000:0000:ABAA:0000:00C2:0002 是一个合法的 IPv6 地址。这个地址比较长，看起来不方便也不易于书写。零压缩法可以用来缩减其长度。如果几个连续段位的值都是 0，那么这些 0 就可以简单地以::来表示，上述地址就可写成 AD80::ABAA:0000:00C2:0002。这里要注意的是只能简化连续的段位的 0，其前后的 0 都要保留，如 AD80 最后的这个 0 不能被简化，而且这一规则只能用一次，如上例中的 ABAA 后面的 0000 就不能再次简化。当然也可以在 ABAA 后面使用::，这样前面的 12 个 0 就不能压缩。这个限制的目的是为了能够准确还原被压缩的 0，不然就无法确定每个::代表了多少个 0。例如，下面是一些合法的 IPv6 地址：

CDCD:910A:2222:5498:8475:1111:3900:2020

1030::C9B4:FF12:48AA:1A2B

2000:0:0:0:0:0:0:1

同时前导的零可以省略，因此 2001:0DB8:02de::0e13 等价于 2001:DB8:2de::e13。

👉 真题链接

正确的 IP 地址是（　　　　）。

A）202.202.1 　　　　　　　　　　　　B）202.2.2.2.2

C）202.112.111.1 　　　　　　　　　　D）202.257.14.13

答案：C。

解析：IP 地址用 32 个比特（4 个字节）标识，并被分为四段，每段 1 字节，用一个十进制数标识（每段十进制数范围为 0~255），段和段之间用"."隔开。

2. 域名

尽管 IP 地址能够唯一地标记网络上的计算机，但 IP 地址是一长串数字，不直观，而且用户记忆十分不方便，于是人们又发明了另一套字符型的地址方案，即域名地址。IP 地址和域名是一一对应的，这份域名地址的信息存放在一个域名服务器（Domain Name Server，DNS）的主机内，使用者只需了解易记的域名地址，其对应转换工作由域名服务器负责。域名服务器就是提供 IP 地址和域名之间的转换服务的服务器。

为了避免重名，域名采用层次结构，各层次的子域名之间用"."隔开。从右至左分别是第一级域名（或称顶级域名）、第二级域名……直至主机名。其结构为：

主机名.….第二级域名.第一级域名

国际上，第一级域名采用通用的标准代码，如表 1.3 所示。

表 1.3　常用一级域名的标准代码

域 名 代 码	意 义	域 名 代 码	意 义
gov	政府机构	ac	科研院及科技管理部门
edu	教育机构	int	国际组织
net	网络服务机构	cn	国家代码：中国
org	非营利性组织	jp	国家代码：日本
mil	军事部门	kr	国家代码：韩国
com	商业组织	uk	国家代码：英国

由于 Internet 诞生在美国，美国域名的第一级域名采用组织机构域名，其他国家或地区都采用主机所在国家或地区的代码为一级域名。我国一级域名是 cn，二级域名表示类别或省市地区。例如，pku.edu.cn 是北京大学的域名，pku 是北京大学的缩写，edu 为教育机构，cn 为中国；yale.edu 是美国耶鲁大学的缩写。

👉 真题链接

1. 在 Internet 中完成从域名到 IP 地址或从 IP 地址到域名转换服务的是（　　　　）。

A）WWW 　　　　　　B）FTP 　　　　　　C）DNS 　　　　　　D）ADSL

答案：C。

2. 有一域名为 bit.edu.cn，根据域名代码的规定，此域名表示（　　　）。

  A）军事部门　　　　　　B）商业部门　　　　　　C）政府部门　　　　D）教育机构

答案：D。

3. 接入 Internet

Internet 的接入方式主要有以下几种：

（1）ADSL 接入

ADSL（Asymmetric Digital Subscriber Line，非对称数字用户线路）是一种能够通过普通电话线提供宽带数据业务的技术，也是目前极具发展前景的一种接入技术，有"网络快车"之称。特点是下行速率高、频带宽、性能优、安装方便、不需要交纳电话费，成为继 Modem、ISDN（综合业务数字网，又称"一线通"）之后的又一种全新的高效接入方式。不需要改造信号传输线路，完全可以利用普通铜质电话线作为传输介质，配上专用的 Modem 即可实现数据高速传输。

ADSL 支持上行速率 640 kbit/s~1 Mbit/s，下行速率 1~8 Mbit/s，其有效的传输距离为 3~5 km。

（2）局域网连接

采用局域网接入方式的前提是用户所在单位或者社区已经架构了局域网并与 Internet 相连接，而且在用户的位置布置了接口。优点是避免了传统拨号上网后无法接听电话的缺点，且拥有高传输速率；缺点是受到所在单位或社区规划的制约。

（3）小区宽带接入

小区宽带接入方式是目前大中城市较普及的一种宽带接入方式，网络服务商采用光纤接入到小区或楼宇，再通过网线接入用户家，也有直接光纤入户的情况。常用的有联通、移动、电信等。初装费用较低，下载速度很快，远高于普通的 ADSL。

（4）无线连接

无线接入方式适合接入距离较近、布线难度大、布线成本较高的地区。常用的无线接入技术有蓝牙、红外线、GSM、GPRS、CDMA、WLAN 接入技术等。在小型办公室及家庭用户中常用到的是 WLAN（无线局域网）接入方式。其主要是利用 AP 将装有无线网卡的计算机和支持 Wi-Fi 功能的手机等设备组建成 WLAN，然后将 AP 与 ADSL 或有线局域网连接，从而接入 Internet。

 真题链接

用综合业务数字网接入因特网的优点是上网通话两不误，它的英文缩写是（　　　）。

A）ISP　　　　　　B）ISDN　　　　　　C）ADSL　　　　　　D）TCP

答案：B。

1.5.3　Internet 的应用

1. WWW 服务

WWW（World Wide Web）服务采用客户/服务器模式，以超文本传输协议（Hypertext Transfer Protocol，HTTP）与超文本标记语言（Hypertext Markup Language，HTML）为基础，

为用户提供界面一致的信息浏览系统。HTTP 是 WWW 服务使用的应用层协议，用于实现 WWW 客户机与 WWW 服务器之间的通信。HTML 是 WWW 服务的信息组织形式，用于定义在 WWW 服务器中存储的信息格式。

WWW 服务是目前应用最广的一种基本互联网应用，通过 WWW 服务，只要用鼠标进行本地操作，就可以到达世界上的任何地方。由于 WWW 服务使用的是超文本链接（HTML），所以可以很方便地从一个信息页转换到另一个信息页。它不仅能查看文字，还可以欣赏图片、音乐、动画。

2. FTP 服务

FTP（File Transfer Protocol，文件传输协议）是一种基于 TCP 的协议，采用客户/服务器模式。通过 FTP 协议，用户可以在 FTP 服务器中进行文件的上传或下载等操作。虽然现在通过 HTTP 协议下载的站点有很多，但是由于 FTP 协议可以很好地控制用户数量和宽带的分配，快速方便地上传、下载文件，因此 FTP 已成为网络中文件上传和下载的首选服务器。目前，大多数浏览器软件都支持 FTP 文件传输协议。用户只需在地址栏中输入 URL 就可以下载文件，也可以上载文件。

3. 电子邮件

电子邮件是一种用电子手段提供信息交换的通信方式，是互联网应用最广的服务。通过网络的电子邮件系统，用户可以以非常低廉的价格（不管发送到哪里，都只需负担网费）、非常快速的方式（几秒之内可以发送到世界上任何指定的目的地），与世界上任何一个角落的网络用户联系。

常见的电子邮件协议有简单邮件传输协议（SMTP）和邮局协议（POP3）。SMTP 用于电子邮件的发送服务，POP3 用于电子邮件接收服务。

电子邮件地址的格式由三部分组成。第一部分 USER 代表用户信箱的账号，对于同一个邮件接收服务器来说，这个账号必须是唯一的；第二部分"@"是分隔符；第三部分是用户信箱的邮件接收服务器域名，用以标志其所在的位置。例如，E-mail 地址 xqs@dlnu.edu.cn，其中 xqs 是用户名，dlnu.edu.cn 为大连民族大学的邮件服务器的域名。

真题链接

1. 下列各选项中，不属于 Internet 应用的是（　　）。
　　A）网络协议　　　　　　B）搜索引擎　　　　　C）远程登录　　　D）新闻组
答案：A。
解析：通信协议就是通信双方都必须要遵守的通信规则，是一种约定，不是 Internet 应用。

2. 下列各选项中，能保存网页地址的文件夹是（　　）。
　　A）公文包　　　　　　　B）我的文档　　　　　C）收藏夹　　　　D）收件箱
答案：C。
解析：在浏览网页时，很多浏览器提供的收藏夹功能可以保存 Web 地址，可让用户将喜爱的网页地址保存起来，以便下次访问。收入收藏夹的网页地址可起一个简单、便于记忆的名字，以后单击该名字就可以访问这个页面，省去了输入网页地址的麻烦。

3. 关于电子邮件，下列说法错误的是（　　　）。

　A）必须知道收件人的 E-mail 地址

　B）可以使用 Outlook 管理联系人信息

　C）发件人必须有自己的 E-mail 账户

　D）收件人必须有自己的邮政编码

答案：D。

解析：与通过邮局邮寄信件必须写明收件人地址一样，使用电子邮件，首先也要拥有一个电子邮箱和电子邮箱地址。要向他人发送电子邮件，也必须知道收件人的电子邮箱地址。电子邮件客户端软件有 Outlook、Foxmail 等。使用这些软件，设置好自己的电子邮箱账号、密码等，就可以收发电子邮件。

课 后 习 题

1. 世界上公认的第一台电子计算机诞生的年代是（　　　）。

　A）20 世纪 80 年代　　　　　　　　　B）20 世纪 40 年代

　C）20 世纪 90 年代　　　　　　　　　D）20 世纪 30 年代

2. 计算机技术应用广泛，以下属于科学计算方面的是（　　　）。

　A）火箭轨道计算　　　　　　　　　　B）信息检索

　C）视频信息处理　　　　　　　　　　D）图像信息处理

3. 利用计算机进行图书资料检索，所属的计算机应用领域是（　　　）。

　A）虚拟现实　　　　　　　　　　　　B）过程控制

　C）数据/信息处理　　　　　　　　　　D）科学计算

4. 冯·诺依曼结构计算机的五大基本构件包括控制器、存储器、输入设备、输出设备和
（　　　）。

　A）鼠标器　　　　　B）显示器　　　　　C）硬盘存储器　　　　D）运算器

5. "32 位微机"中的 32 位指的是（　　　）。

　A）微机型号　　　　B）内存容量　　　　C）存储单位　　　　D）机器字长

6. 1GB 的准确值是（　　　）。

　A）1 024×1 024 B　　　　　　　　　　B）1 024 KB

　C）1 024 MB　　　　　　　　　　　　D）1 000×1 000 KB

7. Cache 的中文译名是（　　　）。

　A）缓冲器　　　　　　　　　　　　　B）只读存储器

　C）高速缓冲存储器　　　　　　　　　D）可编程只读存储器

8. CPU 的中文名称是（　　　）。

　A）控制器　　　　　　　　　　　　　B）不间断电源

　C）算术逻辑部件　　　　　　　　　　D）中央处理器

9. 计算机指令由两部分组成, 分别是 ( )。

　A）数据和字符　　　　　　　　　　　　B）操作数和操作码

　C）运算符和运算数　　　　　　　　　　D）操作数和结果

10. 字长作为 CPU 的主要性能指标之一, 主要表现在 ( )。

　A）CPU 能表示的最长的十进制整数的位数

　B）CPU 一次能处理的二进制数据的位数

　C）CPU 能表示的最大的有效数字位数

　D）CPU 计算结果的有效数字长度

11. Windows 是计算机系统中的 ( )。

　A）主要硬件　　　　B）系统软件　　　　C）工具软件　　　　D）应用软件

12. 按照数制概念, 下列各个数中正确的八进制数是 ( )。

　A）1101　　　　　　B）7081　　　　　　C）1109　　　　　　D）B03A

13. 把用高级程序设计语言编写的源程序翻译成目标程序的程序称为 ( )。

　A）汇编程序　　　　B）编辑程序　　　　C）编译程序　　　　D）解释程序

14. 标准的 ASCII 码用 7 位二进制位表示, 可表示不同的编码个数是 ( )。

　A）127　　　　　　　B）128　　　　　　C）255　　　　　　D）256

15. 操作系统是 ( )。

　A）主机与外设的接口　　　　　　　　　B）用户与计算机的接口

　C）系统软件与应用软件的接口　　　　　D）高级语言与汇编语言的接口

16. 当电源关闭后, 下列关于存储器的说法中, 正确的是 ( )。

　A）存储在 RAM 中的数据不会丢失　　　B）存储在 ROM 中的数据不会丢失

　C）存储在 U 盘中的数据会全部丢失　　　D）存储在硬盘中的数据会丢失

17. 对声音波形采样时, 采样频率越高, 声音文件的数据量 ( )。

　A）越小　　　　　　B）越大　　　　　　C）不变　　　　　　D）无法确定

18. 高级程序设计语言的特点是 ( )。

　A）高级语言数据结构丰富

　B）高级语言与具体的机器结构密切

　C）高级语言接近机器语言不易掌握

　D）用高级语言编写的程序计算机可立即执行

19. 根据汉字国标 GB2312—1980 的规定, 一个汉字的机内码码长为 ( )。

　A）8 bit　　　　　　B）12 bit　　　　　C）16 bit　　　　　D）24 bit

20. 构成 CPU 的主要部件是 ( )。

　A）内存和控制器　　　　　　　　　　　B）内存和运算器

　C）控制器和运算器　　　　　　　　　　D）内存、控制器和运算器

21. 汉字国标码（GB2312—1980）把汉字分成 ( )。

　A）简化字和繁体字两个等级

　B）一级汉字、二级汉字和三级汉字 3 个等级

　C）一级常用汉字、二级常用汉字 2 个等级

　D）常用字、次常用字、罕见字 3 个等级

22. 汇编语言是一种（　　　）。

　　A）依赖于计算机的低级程序设计语言　　　　B）计算机能直接执行的程序设计语言

　　C）独立于计算机的高级程序设计语言　　　　D）执行效率较低的程序设计语言

23. 计算机的系统总线是计算机各部件间传递信息的公共通道，它分（　　　）。

　　A）数据总线和控制总线　　　　　　　　　　B）地址总线和数据总线

　　C）数据总线、控制总线和地址总线　　　　　D）地址总线和控制总线

24. 计算机网络中传输介质传输速率的单位是 bit/s，其含义是（　　　）。

　　A）字节/秒　　　　　　B）字/秒　　　　　　C）字段/秒　　　　　D）二进制位/秒

25. 目前有许多不同的音频文件格式，下列（　　　）不是数字音频的文件格式。

　　A）WAV　　　　　　　B）GIF　　　　　　　C）MP3　　　　　　D）MID

26. 十进制数 121 转换成无符号二进制整数是（　　　）。

　　A）1111001　　　　　B）1110011　　　　　C）1001111　　　　D）1110101

27. 已知 3 个字符为 a、Z 和 8，按它们的 ASCII 码值升序排序，结果是（　　　）。

　　A）8,a,Z　　　　　　　B）a,8,Z　　　　　　C）a,Z,8　　　　　D）8,Z,a

28. 已知英文字母的 m 的 ASCII 码值为 6DH，那么 ASCII 码值为 71H 的英文字母（　　　）。

　　A）M　　　　　　　　B）j　　　　　　　　C）p　　　　　　　D）q

29. 下列选项属于"计算机安全设置"的是（　　　）。

　　A）不下载来路不明的软件及程序　　　　　　B）停掉 Guest 账号

　　C）定期备份重要数据　　　　　　　　　　　D）安装杀（防）毒软件

30. Internet 为人们提供许多服务项目，最常用的是在各 Internet 站点之间漫游，浏览文本、图形和声音等各种信息，这项服务称为（　　　）。

　　A）电子邮件　　　　　　B）WWW　　　　　　C）网络新闻组　　　D）文件传输

答案：BACDD　　CCDBB　　BACBB　　BBACC　　CACDB　　ADDBB

第 2 章
文 字 处 理

"随时随地在所有设备上打造精美文档" —— 微软专业。

文字是人类用来记录语言的符号，也是文明社会产生的标志。文字利用视觉符号形式，突破口语的时间和空间限制。人类社会发展到今天，已经逐步过渡到计算机数字化时代，利用计算机文字处理软件可以高效处理每天产生的海量文字信息。

目前流行的文字处理软件包括微软公司的 Word、金山公司的 WPS 文字处理、苹果公司的 Pages 等。Word 属于微软公司推出的 Office 系列产品之一，用户不但可以使用 Word 创建文本文档并设置文本格式，而且可以使用 Word 实现更加方便的阅读体验，使用共享和审阅实现团队协作，利用图文混排和表格制作精美文档。本书以 Word 2016 为例，介绍文字处理相关的基本概念、基本操作以及高级技巧。

2.1　认　识　文　字

2.1.1　Word 工作界面

启动 Word 或打开 Word 文档，进入 Word 窗口，其工作区布局如图 2.1 所示。

图 2.1　Word 工作界面

1. 快速访问工具栏

快速访问工具栏包含常用的命令按钮，如保存（Ctrl+S）、撤销（Ctrl+Z）、恢复（Ctrl+Y）等。我们可以添加新的命令按钮到此工具栏中，如"打开""打印预览""打印"等，单击"自定义快速访问工具栏"按钮，在弹出的菜单中控制显示或隐藏某个命令按钮。

2. 标题栏

在标题栏上，显示当前编辑文档的名称，例如，利用 Word 打开文档后，标题栏显示"大连民族大学本科毕业设计说明书.docx–Word"，提示用户当前文档的名称为"大连民族大学本科毕业设计说明书.docx"。

3. 选项卡

在 Word 窗口的上方包含若干主选项卡，如"文件""开始""插入""设计""布局""引用""邮件""审阅"和"视图"等。当选择文档某些类型的对象后，会出现新的工具选项卡，如"格式"等。每个选项卡包含若干功能区，例如"开始"选项卡中的"字体""段落""样式"等。

4. 功能区

选项卡中分为若干功能区，每个功能区包含最常用相关命令按钮（有时称为图标），如"字体"功能区中的"字体""字形""字号"等。单击功能区右侧的"折叠功能区"按钮，可以仅显示选项卡名称；单击"固定功能区"按钮，可以在工作时显示功能区。

5. 编辑区

在编辑区域中，可以输入或编辑文字、图像和表格等对象。

6. 状态栏与工作视图

状态栏与工作视图用于显示 Word 文档基本信息、工作视图模式及缩放显示比例。

工作视图分为"阅读视图""页面视图""Web 版式视图""大纲视图""草稿"视图模式，状态栏上面只显示前 3 种视图模式切换按钮，在"视图"选项卡→"视图"功能区中，提供了更多的功能按钮。

默认情况下，在"页面视图"查看文档的打印外观；在"阅读视图"中，提供了一些专为阅读所设计的工具；在"Web 版式视图"中，查看网页形式的文档外观，适合查看包含宽表的文档；在"大纲视图"中，以大纲形式查看文档，适合创建标题和移动整个段落；在"草稿"视图中，仅查看文档文字，页眉页脚和某些对象不会显示，适用于快速编辑文档。

真题链接

以下不属于 Word 文档视图的是（　　　　）。

A）阅读视图　　　　　　　　　　B）放映视图

C）Web 版式视图　　　　　　　　D）大纲视图

答案：B。

2.1.2　文字的录入与编辑

1. 基本操作

Word、Excel 和 PowerPoint 等 Office 办公软件，提供几种基本功能，如"打开""保存""另存为"等，便于用户读写数据。

利用"打开"功能，选择存储路径和文件名称，将相关文档内容从外部存储器读入到内存，便于进一步编辑；利用"保存（Ctrl+S）"功能，及时地将内存中文档内容写到外部存储器，实现数据长期存储；利用"另存为"功能，选择存储路径和修改文档名称，进而改变文档存储位置和为当前文档重新命名。

2. 文字选择

编辑文字时，需要选择操作目标。将光标放置在文字上或编辑区左侧空白区域，通过单击、双击和拖动鼠标左键等事件，选择词组、句子或段落，详细操作方法如表 2.1 所示。

表 2.1　文字选择方法

鼠 标 事 件	光 标 位 置	
	文字上	编辑区左侧空白区域
单击	选择插入点	选择一行文字
双击	选择词组	选择一段文字
拖动	选择一组文字	选择若干行文字

3. 文字复制、剪切和移动

选择操作目标以后，可以使用右键菜单（又称上下文菜单）中提供的"复制（Ctrl+C）"或"剪切（Ctrl+X）"命令，将文字存放在 Windows 操作系统提供的剪贴板中，再使用"粘贴（Ctrl+V）"命令，将文字从剪贴板读入文档，实现重复使用文字或改变文字在文档中的位置。

4. 自动更正

编辑文档过程中，常常因为误操作导致输入内容不正确，使用"自动更正"功能，实现输入文字时自动更正。选择"文件"选项卡→"选项"命令，打开"Word 选项"对话框，单击"校对"→"自动更正选项"按钮，在弹出的"自动更正"对话框中，选中"键入时自动替换"复选框，添加或删除文字替换列表项。例如，添加替换列表项：替换"爱屋吉屋"，替换为"爱屋及乌"。输入文字"爱屋吉屋"时 Word 自动更正为"爱屋及乌"，如图 2.2 所示。

5. 中文版式

编辑文档过程中，有时需要自定义中文或混合文字的版式，在"开始"选项卡→"段落"功能区→中文版式"下拉列表中，提供了"纵横混排""合并字符""双行合一"等功能，如图 2.3 所示。

图 2.2 自动更正

图 2.3 中文版式

（1）纵横混排

将所选文字的方向更改为水平，同时保持剩余文字为垂直方向。

例如，将文字"东南西北"纵横混排，设置"适应行宽"，其余文字"春夏秋冬"保持垂直方向，从而制作出特殊的中文版式效果： 春夏秋冬。

（2）合并字符

将所选文字合并成一个整体，这些字符被压缩排列为两行，最多可以合并 6 个文字，可以设置统一的字体和字号。

例如，将文字"东南西北"合并在一起，字体"黑体"，字号"5 磅"，从而制作出特殊的中文版式效果：东南西北。

（3）双行合一

将所选文字按两行排列，文字数量没有严格限制，排列后可以单独修改部分文字的内容和格式。

例如，将文字"每一个不曾起舞的日子，都是对生命的辜负！"设置为双行合一，设置带括号，从而制作出特殊的中文版式效果：(每一个)(不曾起舞的)(日子)(都是对生命的辜负！)。

6. 数学公式

利用 Word 提供的"公式"功能，可以快速地向文档中添加常见的数学公式，也可以使用数学符号库和结构构造自定义公式。

【例 2.1】以案例文档"大连民族大学本科毕业设计说明书.docx"（以下简称案例文档）为例，在 2.3.1 节中，添加公式：

$$LRI = 1/\sqrt{1 + \left(\frac{\mu_R}{\mu_S}\right)^2 \left(\frac{\delta_R}{\delta_S}\right)^2}$$

操作步骤：

（1）准备文档

打开案例文档，翻页至 2.3.1 节，插入点置于文字"在此编辑公式（2.1）:"之后。

（2）插入公式

选择"插入"选项卡→"符号"功能区→"公式"→"插入新公式"命令，插入新公式。

（3）编辑公式

使用"设计"选项卡的"符号"和"结构"功能区中的命令按钮，为公式添加符号、根号、分数、上标和下标，如图 2.4 所示。

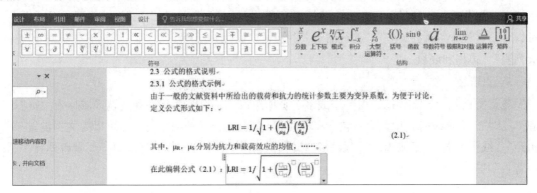

图 2.4　插入和编辑公式

7．日期

单击"插入"选项卡→"文本"功能区→"日期和时间"按钮，可以快速添加当前日期和时间。

例如，在案例文档封面中，为"完成日期"添加当前日期，设置为"自动更新"，从而插入域，显示中文日期：2020 年 8 月 27 日。

8．插入符号

选择"插入"选项卡→"符号"功能区→"符号"→"其他符号"命令，弹出"符号"对话框，添加键盘上没有的符号，包括数学符号、货币符号和版权符号等。

例如，插入实心五角星★，在"符号"对话框中，选择"其他符号"子集，选择★"实心星"符号，单击"插入"按钮。

真题链接

在编辑 Word 文档时，纵向选择一块文本区域的最快捷操作方法是（　　　）。

A）按下 Ctrl 键不放，拖动鼠标选择所需文本

B）按下 Alt 键不放，拖动鼠标选择所需文本

C）按下 Shift 键不放，拖动鼠标选择所需文本

D）按下 Ctrl+Shift+F8 组合键不放，拖动鼠标选择所需文本

答案：B。

2.1.3　文字格式

按照目标文字的范围不同，文字格式设置划分为 3 个级别：文字级、段落级和文档级。

1．文字级

目标文字可以是一个文字或词组、一个或多个句子，当然所选文字范围并没有严格意义的界限，可以跨多个段落，甚至整篇文档。文字级格式设置通常包含在"字体"和"样式"功能

区或对话框中，可以为目标文字设置字体、字形、字号、颜色、效果和字符间距等。

2. 段落级

文章中通常使用段落表达一个相对完整的信息，包含一个或多个句子，Word 文档中每个段落标识符划分出一个段落。段落级格式设置通常包含在"段落"和"样式"功能区或对话框中，可以为段落设置"对齐方式""首行缩进""缩进""间距""行距""项目符号""自动编号""多级列表""边框和底纹"等。

3. 文档级

整篇文档包含若干段落，由一个或多个页面组成。每个页面顶端和底端区域称为"页眉"和"页脚"。文档级格式设置通常包含在"页面设置"功能区或对话框中，可以为文档设置"页边距""纸张方向""纸张大小""版式""文档网格""分页与分节""分栏""页眉和页脚""页面背景"等。

2.2 文字级排版

2.2.1 基本格式

使用文字基本格式命令，包括中西文字体、字形、字号、颜色、下画线、着重号和各种文字效果，设置用户所需的确切外观和视觉效果。

【例 2.2】以案例文档为例，为封面页的论文题目和基本信息设置格式。

操作步骤：

（1）论文题目

在目标文字上，拖动鼠标左键，选择文字"大连民族大学本科毕业设计（论文）题目"，单击"开始"选项卡→"字体"功能区中的命令按钮，设置字体为"宋体"，字号为"二号"。

（2）基本信息

在目标文字左侧的页面空白区域，垂直方向拖动鼠标左键，选择 7 个基本信息文字，单击"开始"选项卡→"字体"功能区中的命令按钮，设置字体为"宋体"，字号为"小四"。

分别选择冒号右侧 7 组内容文字，单击"开始"选项卡→"字体"功能区中的命令按钮，设置字形为"下画线"。

注意：使用"格式刷"功能，可以提高工作效率。

高级技巧——格式刷

利用格式刷将参考文本的格式应用到目标文本。选中参考文本后，单击"格式刷"按钮可以应用一次；双击"格式刷"可以应用多次，直到再次单击"格式刷"按钮或者按键盘上的 Esc 键，停止使用格式刷。

真题链接

将 Word 文档中的大写英文字母转换为小写，最优的操作方法是（　　）。

A）单击"审阅"选项卡→"格式"功能区→"更改大小写"按钮

Ｂ）单击"引用"选项卡→"格式"功能区→"更改大小写"命令

Ｃ）执行右键菜单中的"更改大小写"命令

Ｄ）执行"开始"选项卡→"字体"功能区→"更改大小写"命令

答案：Ｄ。

2.2.2　高级格式

更改所选文本或特定字符的文本字符间距，可拉伸或压缩整个段落，使其适合页面并符合用户的期望。

【例 2.3】以案例文档的封面为例，为文字"大连民族大学本科毕业设计（论文）"加宽字符间距。

操作步骤：

（1）打开"字体"对话框

打开案例文档，选择封面中的目标文字，单击"开始"选项卡→"字体"功能区→"字体"按钮，或者选择右键菜单中的"字体"命令，打开"字体"对话框。

（2）设置字符间距

在"字体"对话框中，选择"高级"选项卡，设置间距为"加宽"，磅值为"5"，单击"确定"按钮。

字符间距加宽前后，目标文字效果对比如下：

大连民族大学本科毕业设计（论文）

大 连 民 族 大 学 本 科 毕 业 设 计 （ 论 文 ）

2.2.3　查找和替换

使用查找功能，可以快速检索和定位文档中的目标文字。使用替换功能，不仅可以辅助用户逐个或批量替换目标文字，还可以替换目标文字格式。

【例 2.4】案例文档英文摘要为例，将所有"蓝色"、"加粗"的文字 abstract，替换为不加粗和自动字体颜色的文字 Abstract，注意区分大小写。

操作步骤：

（1）选择文字

开启替换功能之前，选择文字的优点是，可以在替换功能界面自动出现所选文字。

（2）转到"替换"选项卡

单击"开始"选项卡→"编辑"功能区→"替换"按钮，弹出"查找和替换"对话框，选择"替换"选项卡，或者按 Ctrl+H 组合键，快速转到"替换"选项卡。

（3）设置替换参数

在"查找内容"文本框中，自动出现文字 abstract。插入点放在"查找内容"文本框中，单击"格式"按钮，选择"字体"命令，弹出"查找字体"对话框，选择"字体"选项卡，设置文字格式：字体颜色为"蓝色"、字形为"加粗"。

在"替换为"框中，输入文字"Abstract"。插入点放在"替换为"文本框中，单击"格式"按钮，"字体"命令，弹出"替换字体"对话框，设置文字格式：字体颜色为"自动"、字形为"常规"。

在"搜索"选项中，选择"全部"，选中"区分大小写"复选框。

单击"替换"按钮实现逐个替换，单击"全部替换"按钮实现批量替换。

注意：Word 提供了查找和替换段落标记、手动换行符等特殊格式的功能，可以将软回车（手动换行符，^l）替换为硬回车（段落标记，^p）。

2.3　段落级排版

2.3.1　基本格式

编辑文档时，经常需要微调当前段落的布局，包括对齐方式、大纲级别、缩进、间距及段落分页控制等。

下面以案例文档的中英文摘要为例，设置基本段落格式。

1. 中英文摘要标题

【例 2.5】将中英文摘要标题"摘要"和 Abstract，设置字体为"黑体"，水平对齐方式为"居中"，字号为"小三"，1.5 倍行距，段前间距 0 行，段后间距 11 磅。

操作步骤：

（1）设置字体格式

打开案例文档，选择中英文摘要中的目标文字，单击"开始"选项卡→"字体"功能区中的命令按钮，设置字体为"黑体"，字号为"小三"。

（2）打开段落对话框

选择中英文摘要中的目标段落，单击"开始"选项卡→"段落"功能区→"段落设置"按钮，或者选择右键菜单中的"段落"命令，打开"段落"对话框，如图 2.5 所示。

图 2.5　"段落"对话框

（3）设置段落格式

在“缩进和间距”选项卡中，选择对齐方式为“居中”，输入段后间距为“11 磅”，选择行距为“1.5 倍行距”，其他参数按默认设置。

2. 中英文摘要正文

【例 2.6】将案例文档的摘要正文部分，设置字体为“宋体（中文）/Times New Roman（西文）”，字号为“小四”。设置每个段落首行缩进 2 个汉字字符，1.25 倍行距。

操作步骤：

（1）设置字体格式

打开案例文档，选择中英文摘要中的目标文字，单击“开始”选项卡→“字体”功能区中的命令按钮，设置字体为“宋体（中文）/Times New Roman（西文）”，字号为“小四”。

（2）设置段落格式

选择目标段落，打开“段落”对话框，选择特殊缩进格式为“首行”，缩进值为“2 字符”，选择行距为“多倍行距”，设置值为 1.25，其他参数按默认设置。

3. 关键词

【例 2.7】关键词与摘要正文之间空一行，并设置关键词字体为“黑体”，字号为“小四”。

操作步骤：

（1）创建新段落

将光标置于“关键词……”段落的最前面，按 Enter 键新建空白段落。

（2）设置文字格式

选择目标文字，单击“开始”选项卡→“字体”功能区中的命令按钮，设置“字体”为“黑体”，字号为“小四”。

设置中文摘要文字和段落格式后，结果如图 2.6 所示。

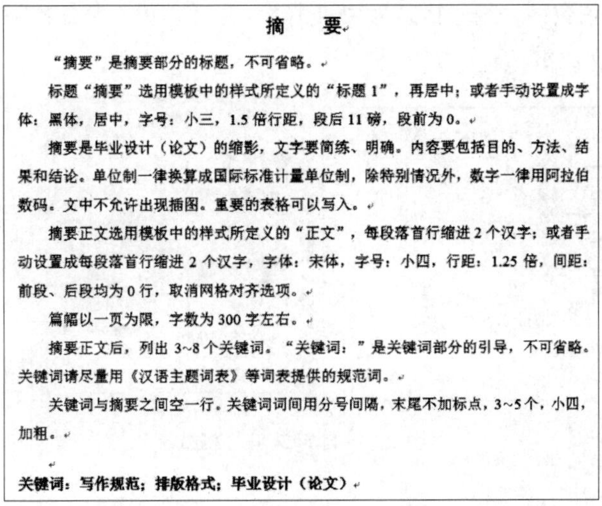

摘　要

“摘要”是摘要部分的标题，不可省略。

标题“摘要”选用模板中的样式所定义的“标题 1”，再居中；或者手动设置成字体：黑体，居中，字号：小三，1.5 倍行距，段后 11 磅，段前为 0。

摘要是毕业设计（论文）的缩影，文字要简练、明确。内容要包括目的、方法、结果和结论。单位制一律换算成国际标准计量单位制，除特别情况外，数字一律用阿拉伯数码。文中不允许出现插图。重要的表格可以写入。

摘要正文选用模板中的样式所定义的“正文”，每段落首行缩进 2 个汉字；或者手动设置成每段落首行缩进 2 个汉字，字体：宋体，字号：小四，行距：1.25 倍，间距：前段、后段均为 0 行，取消网格对齐选项。

篇幅以一页为限，字数为 300 字左右。

摘要正文后，列出 3~8 个关键词。“关键词：”是关键词部分的引导，不可省略。关键词请尽量用《汉语主题词表》等词表提供的规范词。

关键词与摘要之间空一行。关键词词间用分号间隔，末尾不加标点，3~5 个，小四，加粗。

关键词：写作规范；排版格式；毕业设计（论文）

图 2.6　摘要格式设置结果

真题链接

在 Word 文档编辑状态下，将光标定位于任一段落位置，设置 1.5 倍行距后，结果将是
（　　）。

A）光标所在段落按 1.5 倍行距调整格式

B）光标所在行按 1.5 倍行距调整格式

C）全部文档按 1.5 倍行距调整段落格式

D）全部文档没有任何改变

答案：A。

2.3.2　项目符号和编号

编辑文档时，经常出现列举若干条目，如果采用手动编写列表号码的方式，每当增加和删除列表中某项后，后续编号需要手动更新。但是在编辑文档时，可能需要经常修改文档内容，手动编号费时费力并且容易犯错。Word 中提供了非常有效的编号管理方案，即"编号"。如果不需要为每段指定号码，可以使用"项目符号"。

【例 2.8】以案例文档为例，在"1.1 毕业设计说明书（论文）格式基本要求"中，按照毕业设计说明书（论文）格式的基本要求，采用手动编号的形式，添加自动编号。

操作步骤：

（1）定义编号

Word 预设编号格式不符合本案例要求，可以定义新编号格式。

插入点放在编号为（1）的段落中任意位置，选择"开始"选项卡→"段落"功能区→"编号"→"定义新编号格式"命令，弹出"定义新编号格式"对话框。

编号样式为阿拉伯数字，编号格式为"（1）."。注意：灰色背景数字 1 是编号样式确定后自动生成的，如图 2.7 所示。

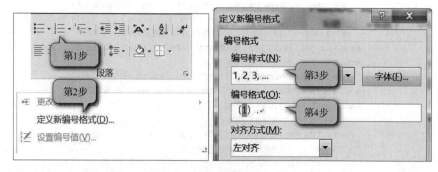

图 2.7　自定义编号格式

（2）应用编号

选择其余段落，即第（2）～（5）段，单击"开始"选项卡→"段落"功能区→"编号"按钮，在"最近使用过的编号格式"列表中，选择第（1）步定义的列表格式，如图 2.8 所示。

图 2.8 最近使用过的标号格式

（3）修改编号

选择右键菜单中的"继续编号"命令，使得新生成编号与第（1）段连续编号，并删除原有手动编号（2）～（5）。

注意：也可以选择全部列表项后，执行步骤（2），一次性完成添加自动编号任务。项目符号的使用方法与编号类似，本书不再赘述。

2.3.3 边框和底纹

1. 文字或段落的边框和底纹

更改文字或段落的边框和底纹外观，可以使用"边框和底纹"对话框。

【例 2.9】下面以案例文档 1.2 节为例，比较文字和段落添加边框的不同效果。

操作步骤：

（1）为第一段添加文字边框

打开案例文档，在 1.2 节左侧空白区域双击，选择第一段。选择"开始"选项卡→"段落"功能区→"边框"→"边框和底纹"命令，在弹出的"边框和底纹"对话框中选择"边框"选项卡，设置"方框""样式""颜色""宽度"，如图 2.9 所示。注意："应用于"选择"文字"。

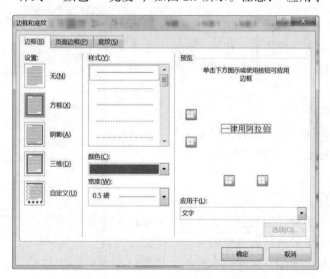

图 2.9 "边框和底纹"对话框

（2）为第二段和第三段添加段落边框

打开案例文档，在 1.2 节左侧空白区域，拖动鼠标左键，选择第二段和第三段。选择"开始"选项卡→"段落"功能区→"边框"→"边框和底纹"命令，在"边框和底纹"对话框的"边框"选项卡中，设置"方框""样式""颜色""宽度"。注意："应用于"选择"段落"。

文字和段落边框效果如图 2.10 所示，预览中的 4 个边框按钮，可以独立设置边框的显示或隐藏。

1.2 毕业设计说明书（论文）页眉页脚的编排

一律用阿拉伯数字连续编页码。页码应由正文首页开始，作为第 1 页。封面不输入页码。
将中英文摘要、目录等前置部分单独编排页码。页码必须标注在每页页脚底部居中位置，宋体，小五。

页眉，宋体，五号，居中。填写内容是"毕业设计（论文）中文题目"。
模板中已经将字体和字号要求自动设置为缺省值，只需双击页面中页眉位置，按要求将填写内容替换即可。

图 2.10　文字和段落边框效果

2. 页面边框

更改页面的边框外观，可以在"边框和底纹"对话框的"页面边框"选项卡中设置"样式""颜色""宽度"和应用范围。

与段落边框不同，提供了预设的艺术型边框选项，另外，还可以为"整篇文档""本节""本节–仅首页""本节–除首页外所有页"设置页面边框。

3. 横线

在 Word 文档中可以很方便地插入横线，横线与下画线、文字和段落的下边框不相同。

【例 2.10】以案例文档为例，在 1.3 标题下方插入横线，并设置横线格式。

操作步骤：

（1）插入横线

插入点放在"1.3 毕业设计说明书（论文）正文格式"末尾，或者放在下一段段首。选择"开始"选项卡→"段落"功能区→"边框"→"横线"命令，插入横线。

（2）设置横线格式

双击已插入的横线，在"设置横线格式"对话框中，设置横线的"宽度""高度""颜色""对齐方式"，如图 2.11 所示。

4. 制表位

制表位是指在水平标尺上的位置，指定文字缩进的距离。制表位的三要素包括制表位位置、对齐方式和前导字符。制表位位置用来确定内容的起始位置；制表位的对齐方式与段落的对齐格式一致；前导字符是制表位的辅助符号，用来填充制表位前的空白区间

图 2.11　"设置横线格式"对话框

以对齐信息。使用制表位，可以在不使用表格的情况下，在垂直方向按列对齐文字。

【例 2.11】以案例文档为例，使用制表位对齐封面论文基本信息，如学院、（系）专业、学生姓名、学号、指导教师、评阅教师和完成日期等基本信息。

操作步骤：

（1）显示标尺

选中"视图"选项卡→"显示"功能区→"标尺"复选框，查看文档旁边的标尺，如图 2.12 所示。

（2）显示编辑标记

单击"开始"选项卡→"段落"功能区→"显示/隐藏编辑标记"按钮（见图 2.13），显示隐藏的格式符号，这样可以方便查看制表位的位置。

图 2.12　"标尺"复选框　　　　图 2.13　"显示/隐藏编辑标记"按钮

（3）选择目标文字

光标指向左侧空白区域，按住左键垂直方向拖动鼠标，选择包含基本信息的 7 个段落，标尺上面显示默认制表位，如图 2.14 所示。

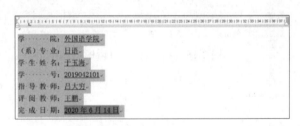

图 2.14　标尺及默认制表位

（4）更新制表位

在第 10、21、26 字符附近，设置 3 个制表位，中间的制表位设置为居中式制表位。

在 7 个段落的段首和段尾，分别使用 Tab 键添加制表符，将文字对齐到制表位，为中间的制表符添加下画线，如图 2.15 所示。

图 2.15　使用制表位对齐文字

拓展——制表位操作

① 单击标尺，添加制表位。

② 单击"段落"对话框中的"制表位"按钮，在弹出的"制表位"对话框中，设置制表位位置、对齐方式、前导符等参数，如图 2.16 所示。

光标指向默认制表位，垂直方向拖动鼠标，删除制表位，水平方向拖动鼠标，更改制表位位置。

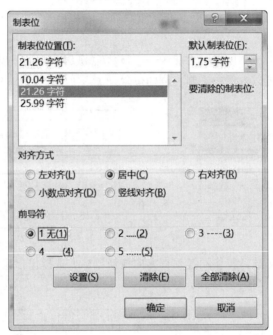

图 2.16 "制表位"对话框

2.3.4 样式

利用"格式刷"可以快速批量为一组文字设置相同格式，但缺点是再次修改格式需要重新操作，费时费力。然而，样式可以将常用的格式存储起来，修改样式的格式后，应用该样式的目标文字格式自动更新，而且利用样式还可以方便快捷地制作目录。Word 允许为文档中各部分文本设置不同的样式，当然，Word 中也提供了丰富的样式集，如"独特""正式"等，可以为整篇文档的每部分文本应用不同的预设样式。

【例 2.12】以案例文档为例，为章节标题应用样式。

操作步骤：

（1）打开导航窗格

如果在文档正文中已应用标题样式的标题，这些标题将显示在导航窗格中。导航窗格中不显示表、文本框以及页眉或页脚中的标题。

选中"视图"选项卡→"显示"功能区→"导航窗格"复选框，文档窗口左侧显示导航窗格。

（2）应用样式

选择中文摘要标题"摘要"，单击"开始"选项卡→"样式"功能区→"标题 1"按钮，应用此标题样式，如图 2.17 所示。

图 2.17　"样式"功能区

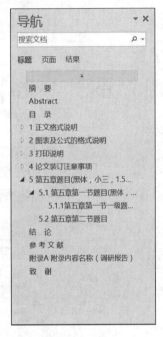

图 2.18　导航窗格

类似地，英文摘要、目录、结论、参考文献、附录、致谢和章标题，也应用样式"标题 1"；节标题应用样式"标题 2"；小节标题应用样式"标题 3"。

高级技巧——选择格式类似的文本

如果选择一组位置不连续的文字，具有相同的格式，可以选择"开始"选项卡→"编辑"功能区→"选择"→"选定所有格式类似的文本（无数据）"命令，快速选择目标文字。

应用标题样式的标题会显示在导航窗格中，如图 2.18 所示。利用导航窗格，分别选择中文摘要、英文摘要、目录、结论、参考文献、附录和致谢标题，设置水平居中对齐。

（3）修改样式

① 选择第 1 章首段文字。

② 单击"样式"功能区右下角的"样式"按钮，弹出"样式"窗格。

③ 单击"样式"窗格右下角"选项"，弹出"样式窗格选项"对话框。

④ 在"样式窗格选项"对话框中，设置选择要显示的样式为"正在使用的格式"，取消选择"段落级别格式""字体格式""项目符号和编号格式"复选框，如图 2.19 所示。

⑤ 光标指向"正文"样式右侧，单击出现倒三角按钮，选择列表中的"修改"命令，弹出"修改样式"对话框，单击"格式"按钮，选择"段落"命令，设置首行缩进 2 字符，修改已应用到目标文字的样式，目标文字格式会自动更新，如图 2.20 所示。

标题样式"标题 1""标题 2""标题 3"的样式基准是"正文"样式，如果"正文"样式更新格式后，应用了标题样式的文字，也会自动更新格式。可以修改标题样式，去除首行缩进格式。

利用新建样式功能，可以创建自定义样式；利用管理样式功能，可以导出样式到其他文档，或者从其他文档导入样式。

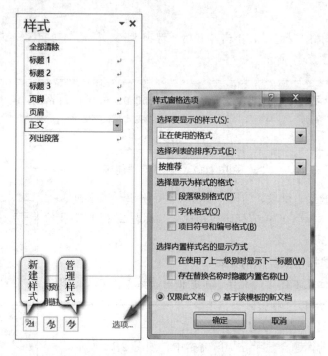

图 2.19 "样式"窗格和"样式窗格选项"对话框

图 2.20 "修改样式"对话框

2.3.5　多级列表

在案例文档中，所有章节编号采取手工编写，当增加或删除某个章节时，后续章节编号的维护工作十分繁重，这时可以使用多级列表，结合样式，为各个章节按级别设置自动编号，增加和删除章节或更改章节级别操作变得十分轻松。注意：这里假定已经为章节标题应用了样式"标题1""标题2""标题3"。

【例 2.13】以案例文档为例，为所有章节标题设置"多级列表"。

操作步骤：

（1）定义第 1 级多级列表

① 打开案例文档，选择第 1 章标题"1 正文格式说明"。

② 选择"开始"选项卡→"段落"功能区→"多级列表"→"定义新的多级列表"命令，如图 2.21 所示。

图 2.21　定义新的多级列表

③ 在"定义新多级列表"对话框中，单击"更多"按钮后，选择级别 1，将级别链接到样式"标题 1"，要在库中显示的级别为"级别 1"，文本缩进位置"0 厘米"，编号之后为"空格"，如图 2.22 所示。

图 2.22　"定义新多级列表"对话框中级别"1"的设置参数

④ 单击"确定"按钮后，定义第 1 级多级列表，并自动应用到"标题 1"样式关联的其他标题。

⑤ 利用导航窗格，删除中文摘要、英文摘要、目录、结论、参考文献、附录和致谢的多级列表编号，设置水平居中对齐，并删除所有章标题的原手工编号。

（2）定义第 2 级和第 3 级多级列表

① 选择第 1 章第 1 节标题"1.1 毕业设计说明书（论文）格式基本要求"。

② 按照第（1）步方法，定义第 2 级多级别表，如图 2.23 所示。

③ 利用导航窗格，删除所有节标题的原手工编号。

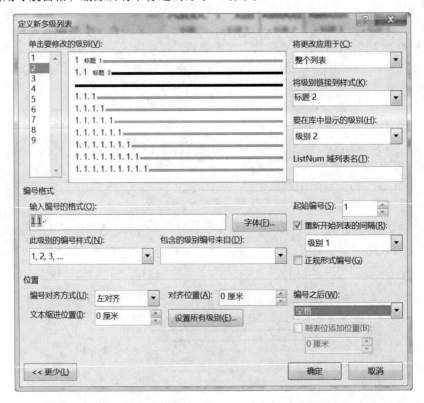

图 2.23 "定义新多级列表"对话框中级别"2"的设置参数

④ 选择第 2 章第 1 节第 1 小节标题"2.1.1 图的格式示例"。

⑤ 按照第（1）步方法，定义第 3 级多级列表，如图 2.24 所示。

⑥ 利用导航窗格，删除所有小节标题的原手工编号。

⑦ 为标题设置多级列表，章节标题更新后，章节编号自动更新。

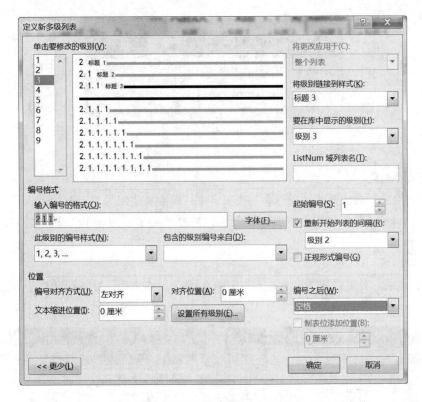

图 2.24 "定义新多级列表"对话框中级别"3"的设置参数

2.4 文档级排版

2.4.1 页面设置

电子文档有时需要转化为纸质文档，因此在打印之前有必要根据实际情况，进行相应页面格式设置。

【例 2.14】以案例文档为例，设置页边距、纸张、版式和文档网格。

格式要求：

- 纸型：A4 纸，纸张方向为纵向。
- 页边距：上 3.5 cm，下 2.5 cm，左 2.5 cm，右 2.5 cm，左侧装订。
- 版式：页眉距边界 2.5 cm，页脚距边界 2 cm，显示行号。
- 文档网格：指定每页行数和每行字符数均为 40。

操作步骤：

（1）"页面设置"功能区

① 文档页面设置，可以在"页面设置"功能区或者"页面设置"对话框中完成。

② 打开案例文档，单击"布局"选项卡→"页面设置"功能区→"页面设置"按钮（见

Office 高级应用

图 2.25），打开"页面设置"对话框。

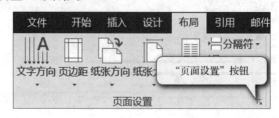

图 2.25 "布局"选项卡的"页面设置"功能区

（2）设置页边距

在"页面设置"对话框的"页边距"选项卡中，设置页边距为"上 3.5 cm，下 2.5 cm，左 2.5 cm，右 2.5 cm"，装订线位置为"左"，纸张方向为"纵向"，应用于"整篇文档"，如图 2.26 所示。

（3）设置纸张

在"页面设置"对话框的"纸张"选项卡中，设置"纸张大小"为 A4，应用于"整篇文档"，如图 2.27 所示。

图 2.26 "页边距"选项卡

图 2.27 "纸张"选项卡

（4）设置版式

在"页面设置"对话框的"版式"选项卡中，设置"页眉"和"页脚"距边界为 2.5 cm 和

2 cm，设置"添加行号"和"每页重新编号"，应用于"整篇文档"，如图 2.28 所示。

（5）设置文档网格

在"页面设置"对话框的"文档网格"选项卡中，设置"网格"为"指定行和字符网格"，每行字符数和每页行数均为40，应用于"整篇文档"，如图 2.29 所示。

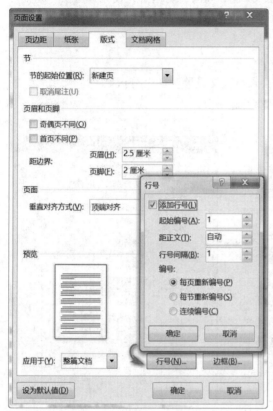

图 2.28 "版式"选项卡　　　　图 2.29 "文档网格"选项卡

拓展——纸张尺寸

纸张的规格是指纸张制成后，经过修整切边，裁成一定的尺寸。过去是以"开"（例如 8 开或 16 开等）来表示纸张的大小，如今我国采用国际标准，规定以 A0、A1、A2、B0、B1……标记来表示纸张的幅面规格。

按照纸张幅面的基本面积，把幅面规格分为 A 系列、B 系列和 C 系列，幅面规格为 A0 的幅面尺寸为：841 mm×1 189 mm，幅面面积为 1 m^2；B0 的幅面尺寸为 1 000 mm×1 414 mm，幅面面积为 1.5 m^2；C0 的幅面尺寸为 917 mm×1 297 mm，幅面面积为 1.25 m^2。复印纸的幅面规格只采用 A 系列和 B 系列，C 系列纸张尺寸主要用于信封。若将 A0 纸张沿长度方式对开成两等分，便成为 A1 规格，将 A1 纸张沿长度方向对开，便成为 A2 规格，如此对开至 A8 规格；B0 纸张亦按此法对开至 B8 规格。例如，学习工作中经常碰到的纸张尺寸有 A3（297 mm×420 mm）、A4（210 mm×294 mm）、B5（176 mm×250 mm）和 16 开（184 mm×260 mm）等。

2.4.2 分页与分节

在正式的文档中，封面没有页码，正文页码与目录等内容页码也有所不同，并将每一章的标题放在某一页的页首。可以使用"分节"功能，设置不同的页码格式；使用"分页"功能，实现章标题另起一页。

【例 2.15】插入分节符和分页符。

格式要求：

● 分节：插入分节符（下一页），将封面、目录与正文设置为 3 个分区。

● 分页：插入分页符，将每章的标题始终保持另起一页。

操作步骤：

（1）插入分节符（下一页）

将光标置于分区第一页首段段首，即中文摘要标题"摘要"和第 1 章标题"1 正文格式说明"之前，单击"布局"选项卡→"页面设置"功能区→"分隔符"按钮，在分隔符列表中，选择"下一页"命令，（见图 2.30），从而在插入点添加分节符，前后两个页面成为不同分区，后续页面自动另起一页。

注意：光标置于分区尾页最后一段段尾，也可以插入分节符（下一页），但是需要删除自动产生的空白段落。因此，插入分节符时，插入点放置在分区第一页首段段首，操作更加简便。

（2）插入分页符

将光标置于待分页页面首段段首，即英文摘要标题 Abstract、目录标题"目录"、第 2 章标题"2 图表及公式的格式说明"以及后续各章标题之前，单击"布局"选项卡→"页面设置"功能区→"分隔符"按钮，在分隔符列表中，选择"分页符"命令（见图 2.30），标记一页结束和下一页开始的位置。

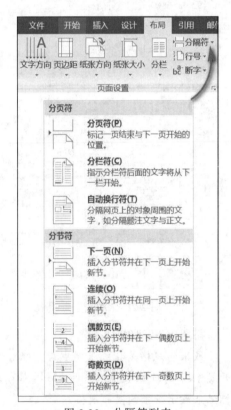

图 2.30 分隔符列表

插入的分节符和分页符标记符（见图 2.31），符号长短因所处位置不同，会有所差异。

———————————分节符(下一页)———————————

—————————分页符—————————

图 2.31 "分页符"标记符

 **真题链接**

利用 Word 编辑一份书稿，要求目录和正文的页码分别采用不同的格式，且均从第 1 页开

始，最优的操作方法是（　　　）。

A）在目录与正文之间插入分页符，在分页符前后设置不同的页码

B）在目录与正文之间插入分节符，在不同的节中设置不同的页码

C）将目录和正文分别存在两个文档中，分别设置页码

D）在 Word 中不设置页码，将其转换为 PDF 格式时再增加页码

答案：B。

2.4.3　页眉和页脚

在正式的文档中，页面顶端包含文档标题、章节标题等信息，而页面底端显示页码等信息，可以通过设置页眉和页脚实现这种效果。

【例 2.16】以案例文档为例，插入页眉和页脚。

格式要求：

● 页眉：除封面以外，添加文字"大连民族大学本科毕业设计题目"。

● 页脚：添加页码，中英文摘要和目录页脚为罗马数字页码，正文、参考文献、附录和致谢等页脚为阿拉伯数字页码。

操作步骤：

（1）添加第 2 节和第 3 节页眉

打开案例文档，双击中文摘要页面的页眉，进入页眉编辑状态。单击"页眉和页脚工具–设计"选项卡→"导航"功能区→"链接到前一条页眉"按钮，取消链接到第 1 节页眉。输入文字"大连民族大学本科毕业设计题目"，设置水平居中对齐。

默认状态下，第 3 节页眉设置了"链接到前一条页眉"，链接到了第 2 节页眉，因此，在第 2 节中添加页眉内容后，第 3 节页眉与第 2 节相同，自动更新页眉内容，如图 2.32 所示。

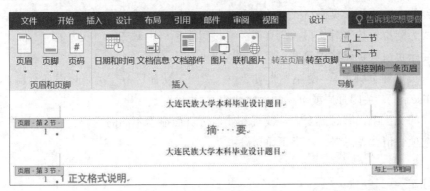

图 2.32　链接到第一条页眉

（2）添加第 2 节页码

①在第 2 节页眉编辑状态下，单击"页眉和页脚工具–设计"选项卡→"导航"功能区→"转至页脚"按钮（见图 2.32），进入第 2 节页脚编辑状态。

②选择"页眉和页脚工具–设计"选项卡→"页眉和页脚"功能区→"页码"→"设置页

码格式"命令，弹出"页码格式"对话框，设置编号格式为罗马数字，起始页码为I，如图 2.33 所示。

图 2.33　设置页码格式

③单击"页眉和页脚工具–设计"选项卡→"页眉和页脚"功能区→"页码"→"当前位置"→"普通数字"，插入页码，设置水平居中对齐。

（3）添加第 3 节页码

在第 2 节页脚编辑状态下，单击"页眉和页脚工具–设计"选项卡→"导航"功能区→"下一节"按钮（见图 2.32），进入第 3 节页脚编辑状态。

单击"页眉和页脚工具–设计"选项卡→"导航"功能区→"链接到前一条页眉"按钮，取消链接到第 2 节页脚。页码格式自动更新为阿拉伯数字，或者在"页面格式"对话框中，设置编号格式为阿拉伯数字后，再插入页码，并设置水平居中对齐。

（4）关闭页眉和页脚编辑状态

单击"页眉和页脚工具–设计"选项卡→"关闭"功能区→"关闭页眉和页脚"按钮（或者按键盘 Esc 键），关闭页眉或页脚的编辑状态。

在正式的文档中，有时需要在奇数页和偶数页页面显示不同的内容，此时需要开启"奇偶页不同"选项，请读者思考，本书不再赘述。

2.4.4　分栏

在某些文档布局中，需要使用"栏"来设置文档格式，文字分成几栏排列。

【例 2.17】以案例文档为例，设置 1.6 节两个段落文字分两栏排列，更好地控制文档格式。

操作步骤：

（1）插入分节符（连续）

①插入点放置在 1.6 节第 1 段段首，插入分节符（连续）。

②进入下一页（即第 2 章标题所在页面）页脚编辑状态，设置页码格式为"续前节"。

③插入点放置在 1.6 节第 2 段段尾，插入分节符（连续）。

（2）分栏

选择 1.6 节两个段落，选择"布局"选项卡→"页面设置"功能区→"分栏"→"两栏"命令，分成两栏排列，如图 2.34 和图 2.35 所示。

注意：如果不提前插入分节符（连续），直接执行分栏操作，会自动添加分节符（连续）。

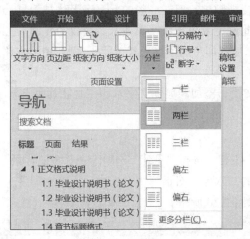

图 2.34 分栏

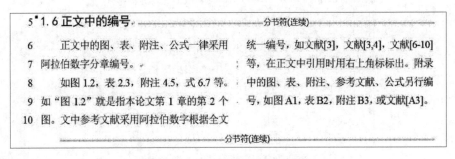

图 2.35 分节符（连续）与分栏

2.4.5 页面背景

通过更改页面的颜色为文档添姿加彩，通过添加页面周围的边框为文档增加时尚特色，以及在页面内容后面添加虚影文字表明文档需要特殊对待。

1. 页面颜色

单击"设计"选项卡→"页面背景"功能区→"页面颜色"按钮，设置页面背景颜色，添加渐变、纹理、图案和图片等填充效果，美化文档。

2. 页面边框

单击"设计"选项卡→"页面背景"功能区→"页面边框"按钮，在"边框和底纹"对话框的"页面边框"选项卡中，设置边框的样式、颜色、宽度、艺术效果和应用范围。

3. 水印

数字水印，是指将特定的信息嵌入数字信号中，数字信号可能是音频、图片或视频等。若要复制有数字水印的信号，所嵌入的信息也会一并被复制。

数字水印可分为浮现式和隐藏式两种。浮现式水印是可被看见的水印，其所包含的信息可在观看图片或视频时同时被看见。一般来说，浮现式水印通常包含版权拥有者的名称或标志，例如电视台在画面角落所放置的标志，是浮现式水印的一种表现形式。隐藏式水印是以数字数据的方式加入音频、图片或视频中，但在一般的状况下无法被看见。隐藏式水印的重要应用之一是保护版权，期望能借此避免或阻止数字媒体未经授权的复制。

在 Word 文档中可以添加水印（属于浮现式水印），例如图片水印多用于美化文档，文字水印多用于提供版权保护。

【例 2.18】 以案例为文档，添加和删除文字水印"禁止拷贝"。

操作步骤：

（1）添加文字水印

打开"毕业论文模板"文档，选择"设计"选项卡→"页面背景"功能区→"水印"→"自定义水印"命令，在弹出的"水印"对话框中，选中"文字水印"单选按钮，在"文字"组合框中选择"禁止拷贝"，如图 2.36 所示。

图 2.36 "水印"对话框

（2）删除水印

需要去除水印效果时，可以选择"设计"选项卡→"页面背景"功能区→"水印"→"删除水印"命令。

2.4.6 文档打印

选择"文件"→"打印"命令，或者单击快速访问工具栏中的"打印预览和打印"按钮，进入打印设置界面。选择打印机，设置打印范围（如打印所有页或打印当前页面）以及单面打印或双面打印等参数，如图 2.37 所示。

图 2.37　打印设置

当打印机不支持双面打印时，需要设置"手动双面打印"，等 Word 提示打印第二面时，将纸张翻过来继续打印。

2.5　目录与引用

2.5.1　目录

在正式文档中，经常包含目录，方便读者快速定位章节查询内容，Word 可以方便地为文档添加目录，并且只需简单操作就能够更新目录。

【例 2.19】以案例文档为例，为文档插入目录，假设已为章节应用了标题样式。

操作步骤：

（1）插入目录

打开案例文档，插入点放置在"目录"标题的下一段落。

①选择"引用"选项卡→"目录"功能区→"目录"→"自定义目录"命令，如图 2.38 所示。

②在"目录"对话框中，选中"显示页码"和"页码右对齐"复选框，单击"选项"按钮，在弹出的"目录选项"对话框中，设置有效样式"标题 1""标题 2""标题 3"的目录级别为"1"

Office 高级应用

"2""3"，如图 2.39 所示。

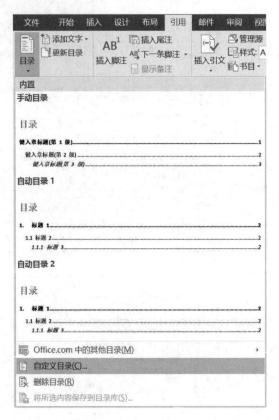

图 2.38 选择"自定义目录"命令

图 2.39 "目录选项"对话框

拓展——目录选项中的有效样式

插入目录之前，需要首先设置有效样式的目录级别，有时若自定义了其他有效样式，例如“样式 1–章”、“样式 2–节”“样式 3–小节”，只需为这 3 个样式设置目录级别为“1”“2”“3”即可。

③单击“目录”对话框中的“确定”按钮，在插入点自动生成目录，如图 2.40 所示。

目 录

摘 要 I
Abstract II
目 录 III
1 正文格式说明 1
1.1 毕业设计说明书（论文）格式基本要求 1
1.2 毕业设计说明书（论文）页眉页脚的编排 1
1.3 毕业设计说明书（论文）正文格式 1
1.4 章节标题格式 2
1.5 各章之间的分隔符设置 3
1.6 正文中的编号 3
2 图表及公式的格式说明 4
2.1 图的格式说明 4
2.1.1 图的格式示例 4

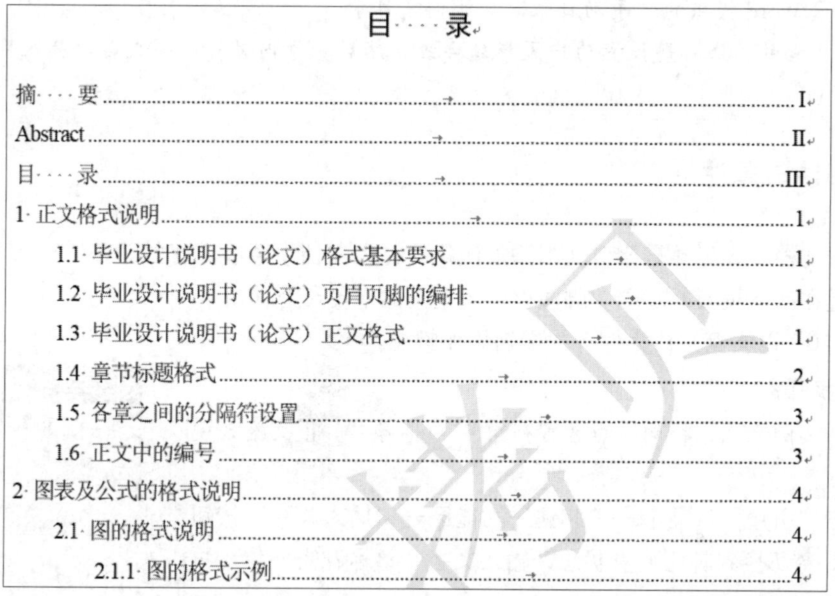

图 2.40　案例文档的自定义目录

（2）更新目录

当章节标题内容和页码发生改变时，需要更新目录。

右击自定义目录的任意位置，在弹出的快捷菜单中选择“更新域”命令。在“更新目录”对话框中，选中“更新整个目录”单选按钮，单击“确定”按钮后，就会按照新的章节标题内容和页码自动更新自定义目录，如图 2.41 所示。

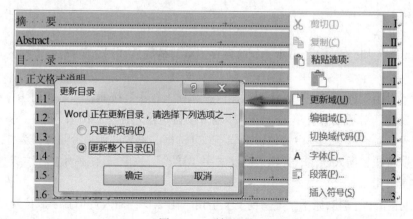

图 2.41　更新目录

真题链接

现在需要在正文前添加论文目录，以便检索和阅读，最优的操作方法是（   ）。

A）不使用内置样式，而是直接基于自定义样式创建目录

B）直接输入作为目录的标题文字和相对应的页码创建目录

C）利用 Word 提供的"手动目录"功能创建目录

D）将文档的各级标题设置为内置标题样式，然后基于内置标题样式自动插入目录

答案：D。

2.5.2 脚注与尾注

在正式文档中，经常需要对文本添加注释，提供文档中某些内容的更多信息。习惯上，注释可以放置在当前页面的底端（脚注）或者全文的末尾（尾注）。

【例 2.20】以案例文档为例，为文档添加脚注。

【操作步骤】

①打开案例文档，将插入点放置在第 1 章标题"1 正文格式说明"段尾。

②单击"引用"选项卡→"脚注"功能区→"插入脚注"按钮（见图 2.42），切换到脚注编辑状态，输入文字"章标题需要位于页面顶端"。

图 2.42　插入脚注

2.5.3 题注

在正式文档中，经常需要添加大量的表格、图、公式等内容，为了方便引用，通常按照章节中先后出现顺序编排序号，添加标签，并在正文某处引用它们。

【例 2.21】以案例文档为例，为图 2.1 添加标签，并在正文中引用。

操作步骤：

（1）插入题注

①打开案例文档，在 2.1.1 节中，删除原手工编写的题注"图 2.1 样式"，插入点仍置于该段落。

②单击"引用"选项卡→"题注"功能区→"插入题注"按钮，弹出"题注"对话框。

③在"题注"对话框中，单击"新建标签"按钮，输入标签"图"；单击"编号"按钮，在"题注编号"对话框中，选中"包含章节号"复选框，设置"使用分隔符"为".（句点）"，单击"确定"按钮，插入题注，并输入题注文字"样式"，如图 2.43 所示。

（2）交叉引用

①在 2.1.1 节中，删除原手工编写的交叉引用"图 2.1"，插入点仍置于原位置。

②单击"题注"功能区→"交叉引用"按钮，在"交叉引用"对话框中，选择引用类型为"图"，引用内容为"只有标签和编号"，引用题注为"图 2.1 样式"，单击"插入"按钮，在插

入点添加域"图 2.1"。

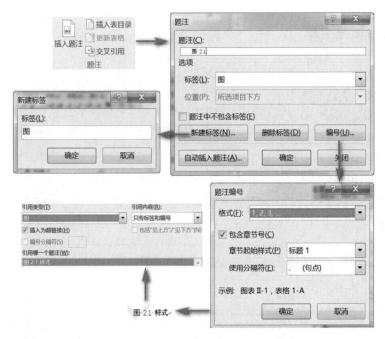

图 2.43　插入题注和交叉引用

（3）题注和交叉引用更新

编写文档时，只要采用上述方法插入题注，后续题注的编号会自动更新。但是，题注的内容和位置经常发生变化，此时只需光标指向题注或交叉引用域上，使用右键菜单的"更新域"命令，更新题注的内容和题注的编号。

真题链接

在编辑 Word 文档时，希望表格及其上方的题注总是出现在同一页，最优的操作方法是（　　）。

A）在表格最上方插入一个空行，将题注内容移动到该行中，并设置该行不跨页

B）设置题注所在段落孤行控制

C）设置题注所在段落与下段同页

D）当题注与表格分离时，在题注前按 Enter 键增加空白段落，以实现目标

答案：C。

2.6　表　　格

表格，既是一种可视化交流模式，又是一种组织整理数据的手段。人们在通信交流、科学研究以及数据分析活动中广泛采用形形色色的表格。各种表格常常会出现在印刷介质、手写记录、计算机软件、建筑装饰、交通标志等许多地方。Word 除了能高效编辑文本，也能利用表格

处理数据。

2.6.1 创建与编辑表格

在 Word 中，可以通过以下几种方式来插入表格：

- 使用"插入表格"选项卡。
- 使用"插入表格"对话框。
- 使用"绘制表格"命令。
- 使用"文本转换成表格"命令。
- 使用"快速表格"从预先设好格式的表格模板库中选择。

【例 2.22】以案例文档为例，根据现有文本，制作统计表，如表 2.2 所示。

表 2.2   统计表示例

产品	产量	销量	产值	比重
手机	11000	10000	500	50%
电视机	5500	5000	220	22%
计算机	1100	1000	280	28%
合计	17600	16000	1000	100%

操作步骤：

（1）创建表格

①打开案例文档，在 2.2.1 节，选择表 2.3 统计表下面的 5 行文字。

②选择"插入"选项卡→"表格"功能区→"表格"→"文本转换成表格"命令，在"将文字转换成表格"对话框中，根据文本内容和分隔符号，识别出默认参数：表格尺寸为"5 行"和"5 列"，文字分隔位置为"制表符"，如图 2.44 所示。

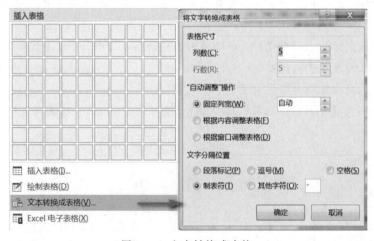

图 2.44   文本转换成表格

（2）编辑表格

①选择表格后，在"表格工具—设计"选项卡中，使用"表格样式"，可以快速更改表格样式。将鼠标悬停在库中的某一样式上可以在文档中进行预览，库中没有统计表样式。

②选择整个表格，使用"边框和底纹"对话框，去除所有竖线；选择第 2、3 和 4 行，使用"边框和底纹"对话框，去除内部横线。

③调整表格每列至合适宽度，鼠标指向列线，出现双竖线双向箭头，拖动左键可以调整列宽。

高级技巧——表格的选择

● 拖选单元格区域：从目标区域的左上角单元格，拖动鼠标左键，移动到右下角单元格，选择单元格区域。

● 选择行或列：单击行首或列顶，选择一行或列；在行首或列顶，拖动左键，可选择多行或多列。

● 选择单元格：单击单元格左下角，选定单个单元格；按住 Ctrl 键不放，依次单击不同单元格左下角，可以选择不连续的多个单元格；选定某个单元格后，按住 Shift 键不放，再单击选择其他单元格，可以选择连续的单元格区域。

真题链接

在 Word 文档中有一个占用 3 页篇幅的表格，如果需要将这个表格的标题行出现在各页面首行，最优的操作方法是（　　　）。

A）利用"重复标题行"功能

B）将表格的标题行复制到另外 2 页中

C）打开"表格属性"对话框，在行属性中进行设置

D）打开"表格属性"对话框，在列属性中进行设置

答案：A。

2.6.2　表格数据的排序与计算

可以使用"布局"表格工具选项卡的"排序"命令，为所选内容按字母顺序或数字顺序排列，从而有效地在表中组织数据。

Word 表格的单元格名称类似于 Excel，从左到右列名 A、B 等，从上到下行号为 1、2、3 等，例如第 1 行第 1 列的单元格名称为 A1。利用公式计算表格数据时，需要使用单元格引用，例如利用函数 SUM（A2:D2）计算某表格第 2 行前四列数据的和。

【例 2.23】以案例文档为例，使用函数计算表 2.2 统计表的合计值。

操作步骤：

（1）选择单元格

选中合计行第 2 列单元格。注意：光标指向单元格左下角，光标变成右向上实心箭头，此时单击可以选中当前单元格。

（2）插入公式

单击"表格工具 – 布局"选项卡→"数据"功能区→"公式"按钮，在弹出的"公式"对话框中，输入公式"=SUM(ABOVE)"，单击"确定"按钮后，自动计算合计产量为 176000。按同样方法，计算合计销量和产值。

（3）设置计算结果格式

计算合计比重时，在"公式"对话框中，输入公式"=SUM(ABOVE)*100"，编号格式选择0%，如图 2.45 所示。计算结果参见表 2.2。

图 2.45　"公式"对话框

2.6.3　创建图表

通过插入柱形图、面积图或折线图，更加轻松地突出数据模式和趋势。

【例 2.24】以案例文档为例，根据表 2.2 统计表数据创建图表，比较不同产品的产量和销量。

操作步骤：

① 在统计表后，新建 3 个空白行，插入点放置在第 2 行。

② 单击"插入"选项卡→"插图"功能区→"图表"按钮，在弹出的"插入图表"对话框中，选择"簇状柱形图"。

③ 单击"确定"按钮后，自动打开 Excel，将统计表前 3 行前 3 列数据复制粘贴到 Excel 中，删除 Excel 表的无用数据行。

④ 关闭 Excel 窗口后，修改图表标题为"产品对比分析图"，选择"图表工具 – 设计"选项卡→"图表布局"功能区→"添加图标元素"→"图例"→"右侧"命令，修改图例位置，结果如图 2.46 所示。

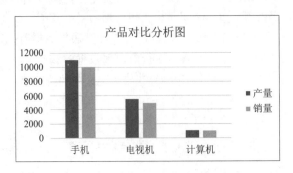

图 2.46　图表示例

2.7　图　文　混　排

2.7.1　插图

"一图在手，胜过千言万语"，Word 文档中除了文字信息外，经常会插入图像丰富文档信息或美化文档。常用的插图包括：

- "图片"，从当前计算机或连接到的其他计算机中查找和插入图片。
- "联机图片"，从各种联机来源中查找和插入图片，例如 OneDrive。
- "形状"，插入现成的形状，例如圆形、正方形和箭头，在形状内可以添加文本。
- SmartArt，插入 SmartArt 图形，以直观的方式表现信息。
- "图表"，插入柱形图、面积图或折线图更加轻松地突出数据中的模式和趋势。
- "屏幕截图"等，快速地向文档添加桌面上任何已打开的窗口的快照。

【例 2.25】以案例文档为例，插入屏幕截图，设置文字环绕方式。

操作步骤：

（1）插入屏幕截图

①打开案例文档，在 2.1.1 中首段之前创建新段落。

②选择"插入"选项卡→"插图"功能区→"屏幕截图"→"屏幕剪辑"命令（见图 2.47），屏幕出现蒙版，等待截图，拖动鼠标截取 Word 窗口"样式"功能区。

（2）设置文字环绕方式

选择插入的屏幕截图，选择"图片工具 – 格式"选项卡→"排列"功能区→"环绕文字"→"上下型环绕"命令，设置插图的文字环绕方式，如图 2.48 所示。

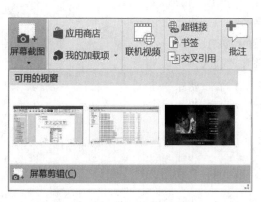

图 2.47　插入屏幕截图

图 2.48　设置文字环绕方式

真题链接

在 Word 文档中，不可直接操作的是（　　　）。

A）屏幕截图

B）录制屏幕操作视频

C）插入 SmartArt

D）插入 Excel 图表

答案：B。

2.7.2　图文框

1. 文本框

将重要内容放在文本框中以突出显示。除绘制水平和垂直文本框以外，Word 提供了许多内置的文本框模板，用于快速创建特定样式的文本框，例如"奥斯汀引言"，用于重要引述，顶部和底部有粗线。

选择"插入"选项卡→"文本"功能区→"文本框"列表命令，绘制或插入内置文本框。选中文本框后，在"格式"绘图工具选项卡中，更改文本框的形状，设置文本框的样式、排列方式和尺寸等属性。

2. 艺术字

艺术字本质上也是一个文本框，但是文字被增加了特殊效果，具有更加漂亮的外观，为文档增加一些艺术特色。

使用"插入"选项卡→"文本"功能区→"艺术字"列表命令，插入不同风格的艺术字。选中艺术字后，在"绘图工具 – 格式"选项卡中，更改艺术字形状，设置艺术字的样式、排列方式和尺寸等属性。

3. 首字下沉

首字下沉在段落开头创建一个大号字符。首字下沉包括"下沉"和"悬挂"两种效果。"下沉"的效果是将某段的第一个字符放大并下沉；"悬挂"是字符下沉后将其置于页边距之外。

插入点放置在非空白段落任意位置，选择"插入"选项卡→"文本"功能区→"首字下沉"列表命令，设置段落第一个字符"下沉"或悬挂，可以在"首字下沉"对话框中，设置首字字体、下沉行数等属性，如图 2.49 所示。

4. 文档部件

使用"文档部件"功能，可以快速地在文档插入自动图文集、文档属性和域。

【例 2.26】以案例文档为例，插入文档属性。

图 2.49　"首字下沉"对话框

操作步骤：

（1）修改文档属性

打开案例文档，选择"文件"→"信息"命令，右击"相关人员"下的"作者"选项，选择"编辑属性"命令，在弹出的"编辑人员"对话框中，输入姓名"于玉海"或者其他姓名。

（2）插入文档属性

选择封面作者文字"于玉海"，选择"插入"选项卡→"文本"功能区→"文档部件"→"文档属性"→"作者"命令，将文档作者信息插入到当前文档位置，如图 2.50 所示。

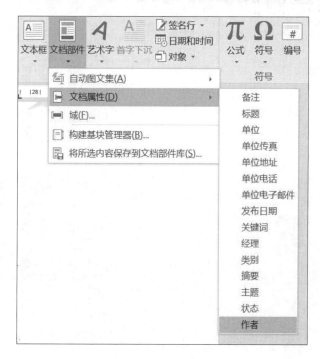

图 2.50 插入文档属性

使用"文档部件"功能，还可以在文档插入预设格式的文字。也就是说，将文档中重复使用的内容，选中后保存到文档部件库，需要时快速地将它们插入到文档中。

2.7.3 文档高级编排

1. 封面页

时尚封面给人留下良好的第一印象，Word 提供了许多漂亮的内置封面，内含设计好的图片、文本框或占位符等元素，只要在其中输入相应内容，就可以快速为文档制作封面。例如，花丝封面，具有花丝装饰的大标题块。

使用"插入"选项卡→"页面"功能区→"封面"列表，快速插入或删除内置封面，如图 2.51 所示。通过"设计"选项卡调整字体和颜色来彰显个性。

2. 文档主题

使用内置主题，使文档立即具有样式与合适的个人风格，每个主题使用一组独特的颜色、字体和效果来打造一致的外观。主题在 Office 中是共享的，同一主题不仅可以在 Word 文档中使用，也可以在 Excel 和 PowerPoint 等其他 Office 文档中使用，通过使用同一主题确保不同 Office 文档具有统一的外观。

使用"设计"选项卡→"文档格式"功能区→"主题"列表命令，应用 Office 主题，如图 2.52 所示。按需设置颜色、字体和效果，对主题的修改将立即影响当前文档。也可以对主题进行自定义，保存当前主题后，以备应用到新文档。

图 2.51　插入内置封面

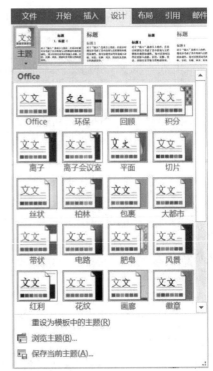

图 2.52　文档主题

3. 书签和超链接

在文档中创建一个链接，以快速访问网页或文件。也可以将链接定向到文档中的位置，例如标题和书签。使用书签在 Word 文档中做标记，便于今后快速定位到文档中某个位置，这对于浏览长文档非常有效。

【例 2.27】以案例文档为例，定义书签和创建超链接。

操作步骤：

（1）插入书签

打开案例文档，插入点放置在 2.5.2 第 2 段，单击"插入"选项卡→"链接"功能区→"书签"按钮，在"书签"对话框中，输入名称文字"计量单位符号"。

（2）显示书签

选择"文件"→"选项"命令，在"Word 选项"对话框的左侧选择"高级"，在右侧"显示文档内容"列表中选中"显示书签"复选框。如果是选中文字插入的书签，该书签的文字将以"[ ]"括起来；如果是定位插入点插入的书签，该书签将以"]"标记，本案例属于这种情况。

拓展——定位书签

选择"开始"选项卡→"编辑"功能区→"查找"→"转到"命令，在弹出的"查找和替换"对话框的"定位"选项卡中，选择定位目标为"书签"，书签名称为"计量单位符号"，单击"定位"按钮，可以快速转到当前书签所在页面。

（3）创建超链接

在文档目录后，插入点放置在空白段落中，输入并选择文字"超链接示例"。

单击"插入"选项卡→"链接"功能区→"链接"按钮，弹出"插入超链接"对话框，左侧选择"本文档中的位置"，右侧选择"书签"→"计量单位符号"，如图 2.53 所示。

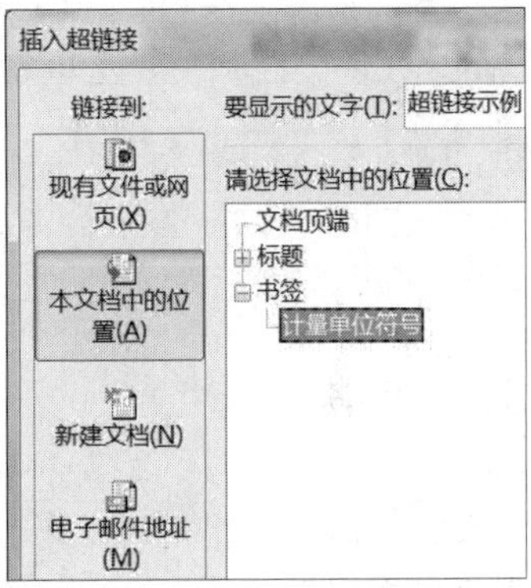

（4）访问超链接

按住键盘上的 Ctrl 键，单击超链接文字"超链接示例"，页面跳转至书签所在页面，按快捷键 Alt+←，返回超链接示例文字所在页面。

（5）修改超链接

超链接访问前后颜色发生改变，可以选择"设计"选项卡→"文档格式"功能区→"颜色"→"自定义颜色"命令，在弹出的"新建主题颜色"对话框中修改超链接和已访问的超链接颜色，如图 2.54 所示。

右击"超链接示例"文字，选择"取消超链接"命令，可以取消文字的超链接。

图 2.53　插入超链接

图 2.54　"新建主题颜色"对话框

4．域

"域"是 Word 中的一种特殊命令，由花括号、域名（域代码）及选项开关构成。例如，本书的题注编号域"{ STYLEREF 1 \s }.{ SEQ 图 * ARABIC \s 1 }",引导 Word 在文档中自动插入文字、图形、页码或其他信息。每个域都有一个唯一的名字,域代码类似于公式,域选项开关是特殊指令,在域中可触发特定的操作。

"域"可以在无须人工干预的条件下实现许多复杂的工作,例如自动编页码,图表的题注、脚注、尾注的号码,按不同格式插入日期和时间,自动创建目录、关键词索引、图表目录,插入文档属性信息,实现邮件的自动合并与打印,执行数学运算,创建数学公式等。总之,在使用 Word 处理文档时,若能巧妙应用域,会给工作带来极大的方便。

2.8 文 档 审 阅

2.8.1 批注

在多人协作制作 Word 文档时,参与者可以利用"批注"功能为目标文本做注释,其他参与者可以根据批注内容执行相关操作,如修改文档内容或格式等。当不需要该批注时,可以随时删除。

【例 2.28】以案例文档为例,在 1.1 节中添加批注。

操作步骤:

(1)选择批注对象

选择文字"页眉:2.5 cm,页脚:2 cm,左侧装订;"。

(2)插入批注

单击"审阅"选项卡→"批注"功能区→"新建批注"按钮,进入批注编辑状态后,输入文本:更改为"版式:页眉距边界 2.5 cm,页脚距边界 2 cm;",如图 2.55 所示。

图 2.55 插入批注

(3)浏览和删除批注

使用"批注"功能区的"上一条"和"下一条"命令,查看批注,如图 2.56 所示。当不需要该批注时,选中目标文本或批注文本,单击"审阅"选项卡→"批注"功能区→"删除"按钮,选择"删除"命令删除当前批注。选择"删除文档中所有批注"命令可以批量删除批注。

图 2.56 "批注"功能区

2.8.2　修订

在多人协作制作 Word 文档时，除了使用"批注"功能讨论如何修改内容，有时还需要直接对文档进行修改。为了保留修改痕迹，可以使用"修订"功能。通过跟踪对文档的所有更改，令其他参与者对修改方案一目了然，并通过简单操作接受或拒绝修订。

【例 2.29】以案例文档为例，为文档添加修订和接受或拒绝修订。

操作步骤：

（1）进入修订状态

打开案例文档，单击"审阅"选项卡→"修订"功能区→"修订"按钮，使得当前文档处于"修订"状态，将会跟踪文档的所有更改。

（2）跟踪文档变化

在 1.1 节中，删除文本"，取消网格对齐选项"，效果如图 2.57 所示，单击左侧竖线控制显示和隐藏修订内容。

16	（5）.　行　距：固定值：22 磅，段前、段后均为 0，取消网格对齐选项。
16	（5）.　行　距：固定值：22 磅，段前、段后均为 0。↵

图 2.57　"修订"状态下删除文本后的效果

（3）接受或拒绝修订

插入点放置在修订内容内，使用"审阅"选项卡→"更改"功能区→"接受"→"接受此修订"命令（见图 2.58），保留对文档的此项更改。可以逐条"接受"或"拒绝"修订，本书不再赘述。

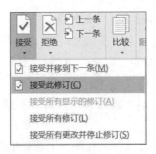

图 2.58　"接受此修订"命令

真题链接

两位老师分别通过 Word 的修订功能对某论文进行了修改，将两份经过修订的文档合并为一份，最有效的操作方法是（　　　）。

A）将修订较少的那部分丢弃，只保留修订较多的那份论文作为终稿

B）请一位老师在另一位老师修订后的文档中再进行一次修订

C）可以在一份修订较多的文档中，将另一份修订较少的文档修改内容手动对照补充进去

D）利用 Word 合并功能，将两位老师的修订合并到一个文档中

答案：D。

2.8.3　保护

在多人协作制作 Word 文档时，有时需要控制其他人对文档所做的更改类型。在"文件"→"信息"→"保护文档"中设置控制类型：

①标记为最终：让读者知晓此文档是最终版本，并将其设置为只读。

②用密码进行加密：保护文档不被更改。

③限制编辑：控制其他人可以做的更改类型。

④限制访问：授予用户访问权限，同时限制其编辑、复制和打印能力。

⑤添加数字签名：确保文档的完整性。

2.9　邮 件 合 并

人们在实际的工作生活中，有时需要批量打印信封、请柬、工资条、个人简历、获奖证书、准考证等内容，手动制作此类文档费时费力、容易出错。此时，可以创建包含共有内容的模板（Word 文档）和包含变化信息的数据源（Excel 文档等），利用 Word 的"邮件合并"功能，在模板中插入变化的信息，合并后的文档可以打印或以邮件形式发送出去。

【例 2.30】以批量制作获奖证书为例，介绍 Word 的"邮件合并"功能使用技巧和注意事项。

操作步骤：

（1）准备模板

新建 Word 文档，命名为"Word 案例–邮件合并模板.docx"，在"布局"选项卡→"页面设置"功能区中，设置"纸张方向"为"横向"，参照图 2.59 所示格式制作文档。

①"证书"：插入艺术字，样式为"填充 – 红色，着色 2，轮廓 – 着色 2"，设置字体为"隶书"，大小为 "72"，文字环绕方式为"上下型环绕"。

②"大连民族大学　崔成亮"：字体格式为"宋体"、"22 号"，段落格式为"段前 0.5 行，段后 0.5 行"。

③正文与日期：字体格式为"宋体"、"22 号"，段落格式为"首行缩进 2 字符"、"段前 0.5 行，段后 0.5 行"；

④主办单位：字体格式为"宋体"、"12 号"，"段前 0.5 行，段后 0.5 行"。

⑤"一等奖"：字体格式为"宋体"、"48 号"，段落格式为"居中"、"段前 1.5 行，段后 1.5 行"。

⑥页面边框：颜色为"RGB（152，72，6）"，艺术型样式参见样图。

（2）准备数据源

创建 Excel 文档，命名为"Word 案例–邮件合并–数据源.xlsx"，输入内容，如图 2.60 所示。

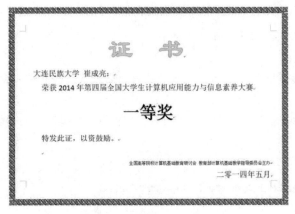

图 2.59 “数据源”示例

	A	B	C
1	院校	姓名	奖项
2	大连民族学院	崔成亮	一等奖
3	大连民族学院	姚中辉	二等奖
4	大连民族学院	孙境	三等奖
5	大连民族学院	王传印	三等奖
6	大连民族学院	杨玮婷	三等奖
7	大连民族学院	李成	三等奖
8	大连民族学院	刘朕鸣	三等奖

图 2.60 “邮件合并”模板的样图

（3）邮件合并分布向导

打开文档“Word 案例-获奖证书-模板.docx”。

①第 1 步：选择“邮件”选项卡→“开始邮件合并”功能区→“开始邮件合并”→“邮件合并分布向导”命令，窗口右侧出现“邮件合并”窗格。在第 1 步中，选中“电子邮件”单选按钮，单击“下一步：开始文档”链接，如图 2.61 所示。

②第 2 步：设置“选择开始文档”为“使用当前文档”，单击“下一步：选择收件人”链接，如图 2.61 所示。

③第 3 步：设置“选择收件人”为“使用现有列表”，单击“浏览”链接，在弹出的“选取数据源”对话框中选择“Word 案例-邮件合并-数据源.xlsx”，其他按默认设置后，单击“下一步：撰写信函”链接，如图 2.61 所示。

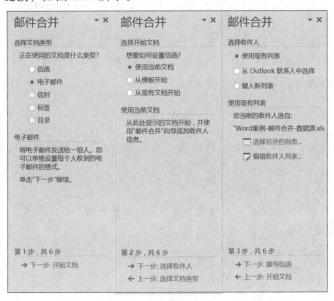

图 2.61 邮件合并分布向导

④第 4～6 步：在第 4、5、6 步中，按默认设置。

（4）插入合并域

①选中模板中的文字"大连民族大学"，选择"邮件"选项卡→"编写和插入域"→"插入合并域"→"院校"。

②选中模板中的文本"崔成亮"，选择"邮件"选项卡→"编写和插入域"→"插入合并域"→"姓名"。

③选中模板中的文本"一等奖"，单击选择"邮件"选项卡→"编写和插入域"→"插入合并域"→"奖项"。

插入合并域后，如图 2.62 所示。

图 2.62　插入合并域的文档结果图

（5）完成邮件合并

选择"邮件"选项卡→"完成"功能区→"完成并合并"→"编辑单个文档"命令，在弹出的"合并到新文档"对话框中，选中"全部"单选按钮，单击"确定"按钮，创建新文档后，保存为"Word 案例–邮件合并–结果文档.docx"。

真题链接

计划邀请 100 家客户参加答谢会，并向客户发送邀请函，快速制作 100 份邀请函的最优操作方法是（　　　）。

A）利用 Word 邮件合并功能自动生成

B）先在 Word 中制作一份邀请函，通过复制、粘贴功能生成 100 份，然后分别添加客户名称

C）发动同事帮忙制作邀请函，每个人写几份

D）先制作好一份邀请函，然后复印 100 份，在每份上填写客户名称

答案：A。

课 后 习 题

对一篇 Word 文档格式的科普文章进行排版，按照如下要求，完成相关工作。

1. 将"Word 课后习题-素材.docx"文件另存为"Word 课后习题-结果文档.docx"，后续操作均基于此文件。

2. 修改文档的纸张大小为 B5，纸张方向为横向，上、下页边距为 2.5 cm，左、右页边距为 2.3 cm，页眉和页脚距离边界皆为 1.6 cm。

3. 为文档插入"字母表型"封面，将文档开头的标题文本"西方绘画对运动的描述和它的科学基础"移动到封面页标题占位符中，将下方的作者姓名"林凤生"移动到作者占位符，适当调整他们的字体和字号，并删除副标题和日期占位符。

4. 删除文档中的所有全角空格。

5. 在文档的第 2 页，插入"飞越型"提要栏的内置文本框，并将红色文本"一幅画最优美的地方和最大生命力就在于它能够表现运动，画家们将运动称为绘画的灵魂。——拉玛左（16 世纪画家）"移动到文本框中。

6. 将文档中 8 个字体颜色为蓝色的段落设置为"标题 1"样式，3 个字体颜色为绿色的段落设置为"标题 2"样式，并按照下面的要求修改"标题 1"和"标题 2"样式的格式。

（1）标题 1 样式：

①字体格式：方正姚体，小三号，加粗，字体颜色为"白色，背景 1"。

②段落格式：段前断后间距为 0.5 行，左对齐，并与下段同页。

③底纹：应用于标题所在段落，颜色为"紫色，个性色 4，深色 25%"。

（2）标题 2 样式：

①字体格式：方正姚体，四号，字体颜色为"紫色，个性色 4，深色 25%"。

②段落格式：段前段后间距为 0.5 行，左对齐，并与下段同页。

③边框：对标题所在段落应用下框线，宽度为 0.5 磅，颜色为"紫色，个性色 4，深色 25%"，且距正文的间距为 3 磅。

7. 新建"图片"样式，应用于文档正文中的 10 张图片，并修改样式为居中对齐和与下段同页；修改图片下方的注释文字，将手动的标签和编号"图 1"到"图 10"替换为可以自动编号和更新的题注，并设置所有题注内容为居中对齐，小四号字，中文字体为黑体，西文字体为 Arial，段前、段后间距为 0.5 行；修改标题和题注以外的所有正文文字的段前和断后间距为 0.5 行。

8. 将正文中使用黄色突出显示的文本"图 1"到"图 10"，替换为可以自动更新的交叉引用，引用类型为图片下方的题注，只引用标签和编号。

9. 在标题"参考文献"下方，为文档插入书目，样式为"APA 第五版"，书目中文献的来源为文档"Word 课后习题-参考文献.xml"。

10. 在标题"人名索引"下方插入格式为"流行"的索引，栏数为 2，排序依据为拼音，索引项来自于文档"Word 课后习题-人名.docx"；在标题"参考文献"和"人名索引"前分别插入分页符，使它们位于独立的页面中（文档最后如果存在空白页，将其删除）。

第3章

电子表格

"探索数据背后的真知灼见"——微软公司。

在使用计算机处理学习、工作和生活中的事务时，经常接触各种各样的实体，每个实体具有若干客观的属性，电子表格可以有效记录这类数据，利用公式和函数快捷地计算出新数据，帮助用户方便地分析数据之间的复杂关系，并将大量枯燥无味的数据形象化地表示为各种漂亮的商业图表。

目前流行的电子表格软件包括微软公司的 Excel、金山公司的 WPS 电子表格、苹果公司的 Numbers 等。Excel 属于微软公司推出的 Office 系列产品之一，不但可以使用 Excel 创建工作簿（电子表格集合）并设置工作簿格式，以便分析数据和做出更明智的业务决策，而且可以使用 Excel 跟踪数据，生成数据分析模型，编写公式或函数对数据进行计算，以多种方式透视数据，并以各种专业图表来显示数据。本书以 Excel 2016 为例，介绍电子表格相关的基本概念与操作以及使用技巧。

3.1　认识电子表格

电子表格又称电子数据表，是一类模拟纸上计算表格的计算机程序。它会显示由一系列行与列构成的二维表，列表示实体的各个属性，行记录每一个实体所有属性的值。电子表格常用于财务信息处理，因为它能够频繁地重新计算整个表格。

3.1.1　Excel 工作界面

启动 Excel 时，出现启动界面，如图 3.1 所示。左侧区域为"最近使用的文档"，方便用户快速打开近期访问的文档；右侧区域为"模板列表"，方便用户快速创建特定功能的电子表格。

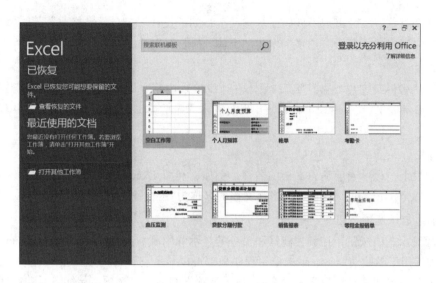

图 3.1　Excel 启动界面

选择"空白工作簿"模板，或者打开某空白工作簿文档，打开 Excel 窗口，其工作区布局和用途如图 3.2 所示。

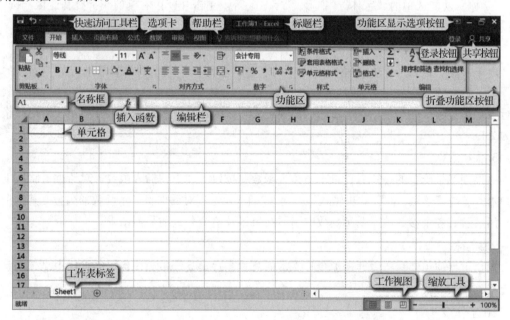

图 3.2　Excel 窗口

1.快速访问工具栏

此工具栏包含常用的命令按钮，如保存（Ctrl+S）、撤销（Ctrl+Z）、恢复（Ctrl+Y）等。用户可以添加新的命令按钮到此工具栏中，如"打开""打印预览和打印"等，单击"自定义快速访问工具栏"按钮，在弹出的菜单中控制显示或隐藏某个命令按钮。

2.选项卡

在 Excel 窗口的上方包含若干主选项卡，如"文件""开始""插入""数据"等。当选定电子表格中某个对象后，会出现不同的工具选项卡，如"设计""布局""格式"等。每个选项卡包含若干功能区，如"开始"选项卡中的"字体""段落"等。

3.帮助栏

帮助栏"告诉我您想要做什么"，只需在这里输入内容，即可轻松利用功能获得帮助。例如，输入"显示编辑栏"，出现下拉列表，反复点击"显示编辑栏"命令，可以控制编辑栏的显示与隐藏。

4.标题栏

在标题栏上，显示当前编辑文档的名称，例如，利用 Excel 创建一个空白工作簿后，标题栏显示"工作簿 1-Excel"，提示用户当前文档的名称为"工作簿 1.xlsx"。

5.功能区显示选项按钮

功能区显示选项按钮，控制功能区和命令的显示和隐藏。共分为 3 个选项："自动隐藏功能区"选项，用于隐藏功能区，单击应用程序顶部可以显示它；"显示选项卡"选项，仅显示功能区选项卡，单击选项卡可以显示命令；"显示选项卡和命令"选项，始终显示功能和命令。

6.功能区

选项卡中分为若干功能区，每个功能区包含最常用的相关命令按钮（有时称为图标），例如，"字体"功能区中的"字体""字形""字号"等。单击功能区右侧的"折叠功能区"按钮，可以仅显示选项卡名称；单击"固定功能区"按钮，可以在工作时看到功能区。

7.名称框

电子表格中的每一个单元格都有唯一的名称，名称框中显示的是当前选定的单元格的名称。电子表格的列号为英文大写字母，如 A，B，…，Z 以及 AA，AB，…，AZ 等，电子表格的行号为小写阿拉伯数字。单元格的名称规定为列标与行号连接，例如第一列第一行单元格名称为 A1。

8.插入函数

如果创建带函数的公式，可单击"插入函数"按钮，弹出"插入函数"对话框，将有助于用户输入工作表函数。在公式中输入函数时，"插入函数"对话框将显示函数的名称、其各个参数、函数及其各个参数的说明、函数的当前结果以及整个公式的当前结果。

9.编辑栏

用户可以使用编辑栏方便地编辑长文本或公式，选定某个单元格后，编辑栏中显示的是该单元格的值或公式。

10.工作表

在编辑区域中，纵横交错的表格就是工作表，在工作表的左下方显示名称。

11.状态栏与工作视图

用于显示电子表格基本信息、工作视图模式以及缩放显示比例。

工作视图分为"普通""页面布局""分页预览"3 种模式：默认情况下，在"普通"视图中查看文档；在"页面布局"视图中，查看打印文档的外观，检查文档的起始位置和结束位置，查看页面上页眉和页脚；在"分页预览"视图中，查看打印文档时显示分页符的位置。

真题链接

在 Excel 中，不再显示工作表中默认的网格线，最快捷的操作方法是（　　）。

A）在"页面布局"选项卡的"工作表选项"功能区中设置不显示网格线

B）在后台视图的高级选项下，设置工作表网格线为白色

C）在后台视图的高级选项下，设置工作表不显示网格线

D）在"页面设置"对话框中设置不显示网格线

答案：A。

3.1.2　电子表格的基本概念

1. 工作簿

工作簿是指 Excel 程序中用来存储并处理工作数据的文件，即 Excel 文件就是工作簿，2007 版以后文件扩展名由 ".xls" 更改为 ".xlsx"，新增的字母 "x" 取自英文 Extension，中文意思为扩展。

工作簿的创建、打开、保存和另存为等基本操作与其他 Office 产品类似，这里不再赘述。

真题链接

小刘使用 Excel 2016 制作了一份员工档案表，但经理的计算机中只安装了 Office 2003，能让经理正常打开员工档案表的最优操作方法是（　　）。

A）小刘自行安装 Office 2003，并重新制作一份员工档案表

B）将文档另存为 PDF 格式

C）将文档另存为 Excel 97-2003 文档格式

D）建议经理安装 Office 2016

答案：C。

2. 工作表

在 Excel 中用于存储和处理数据的主要文档也称为电子表格。工作表由排列成行或列的单元格组成，工作表总是存储在工作簿中。工作表的默认名称通常为 Sheet1、Sheet2、Sheet3 等。

拓展——工作表的基本操作

①插入：单击工作表标签右侧的插入工作表按钮，可以在最后面新建工作表。

②重命名：双击工作表标签，使得工作表名处于全部选定状态，便于修改。

③删除：右击工作表标签，在弹出的快捷菜单中，选择"删除"命令，可以去除工作表。

④移动和复制：在同一个工作簿中，光标指向工作表标签，可以使用左键拖动工作表至合适位置；另外，右键菜单的"移动或复制"命令，可以将工作表移动至新工作簿或者其他已经打开的工作簿中，若勾选"建立副本"复选框，可以实现工作表的复制功能。

3. 单元格

单元格是电子表格中行和列交叉的部分，是组成电子表格的最小单位，也是电子表格中用于存储数据的最小单元。

在单元格中输入或修改数据通常有 3 种方式：单击单元格进入覆写模式，直接输入或重写单元格内容；双击单元格进入编辑模式，便于修改单元格内容；单击单元格后，在编辑栏中编辑内容，一般用于输入长文本或公式。

4. 数据清单

数据清单是指在 Excel 中由列标题和记录组成的矩形数据区域。Excel 可以对数据清单执行各种数据管理和分析功能，例如条件格式、排序、筛选、分类汇总、数据透视表和创建图表等。

高级技巧——选择单元格

• 单击可以选择一个单元格。

• 选择数据清单。拖动左键选择矩形数据区域；单击数据清单左上角，按住 Shift 键的同时单击数据清单右下角，快速选择矩形区域，特别适用于选择包含大量记录的数据清单。或者选定数据清单某个单元格，按快捷键 Ctrl+A 全部选定数据清单。

• 选择列或行。单击列号或行号可以选择一列或一行单元格；在列号或行号上拖动左键，可以选择多列或多行。

• 连续区域的选择和不连续区域的选择。

Shift 键+拖动或单击，用于选择连续区域；Ctrl 键+拖动或单击，用于选择不连续区域。

3.2　数据的录入与编辑

这里以"学生成绩单"为例，一起制作一个记录学生基本信息与成绩信息的电子表格，在此过程中会陆续接触到 Excel 中工作簿、工作表、单元格和数据清单的基本操作和技巧。

3.2.1　创建工作簿

新建 Excel 文件（工作簿），命名为"Excel 案例-学生成绩单.xlsx"，并将工作表 Sheet1 重新命名为"成绩单"。

3.2.2　创建数据清单

1. 数据清单标题

（1）合并单元格

数据清单（或称数据列表）标题位于数据区域顶部，标识数据的含义。选择若干单元格（参考列标题数量），单击"开始"选项卡→"对齐方式"功能区→"合并后居中"，如图 3.3 所示，将选择的单元格合并为一个较大的单元格，并将新单元格内容居中，这是创建跨多列标签的好方式。另外，选择合并后的单元格，单击"合并后居中"按钮，可以取消合并，原内容储存在第一个单元格内。利用合并和取消合并单元格，可以修改单元格的合并范围。

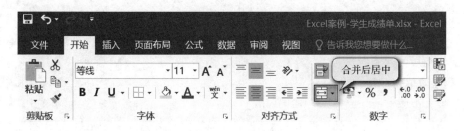

图 3.3 创建数据清单-合并单元格

（2）单元格内部换行

选择合并后的单元格，输入两行内容："外国语学院学生成绩单"和"计算机基础与 Office 高级应用"。按 Enter 键确定当前单元格的编辑，按 Alt+Enter 组合键实现单元格内部换行操作。

真题链接

在 Excel 中，希望在一个单元格输入两行数据，最优的操作方法是（　　　）。

A）在第一行数据后直接按 Enter 键

B）在第一行数据后按 Shift+Enter 组合键

C）设置单元格自动换行后适当调整列宽

D）在第一行数据后按 Alt+Enter 组合键

答案：D。

（3）调整行高

自由调整行高：光标指向第 1 行和第 2 行行号之间，向下拖动鼠标左键到适当位置。或者，光标指向第一行行号，使用右键菜单中的"行高"命令，设置固定值 50。

数据清单标题部分严格意义上讲，不属于数据清单的一部分，在后续对数据清单的分析和可视化时，引用区域都不会包含它们。数据清单标题输入完成后，结果如图 3.4 所示。

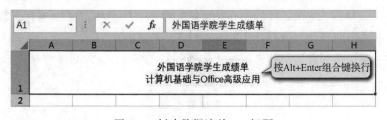

图 3.4 创建数据清单——标题

高级技巧——设置行高或列宽

• 自由设置单个行高或列宽：光标指向行号或列标之间，纵向或横向拖动鼠标左键，调整行高或列宽。

• 精确设置单个行高或列宽：光标指向行号或列标，使用右键菜单中的"行高"或"列宽"命令，输入行高或列宽的固定值。

• 自适应设置列宽：双击某列右侧列标分隔线，Excel 以完整显示该列数据最长单元格内容为准则，自动调整列宽。

• 批量设置列宽：选择多行或者多列后，调整某行的行高或某列的列宽，其他行或列自动跟随调整为相同的行高和列宽。

2. 数据清单列标题

（1）输入内容

列标题用于标识每个实体（学生）的属性，选择第二行单元格，分别输入"学号"、"姓名"、"学院"、"系"、"班级"、"平时成绩"、"期末成绩"和"总成绩"。

（2）更新列标题

数据清单标题包含外国语学院信息，列标题"学院"信息属于冗余数据。选择该列后，使用列标右键菜单中的"删除"命令，或者 Ctrl+–组合键，删除"学院"列。

拓展——数据冗余

数据冗余是指数据之间的重复，或者同一数据存储在不同位置的现象。减少数据冗余，是企业范围信息资源管理和大规模信息系统获得成功的前提条件。

为了记录每个学生的基本信息，在"学号"列左侧，插入新列"序号"。

列标题输入完成后，结果如图 3.5 所示。

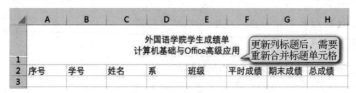

图 3.5   创建数据清单——列标题

拓展——插入行或列

若要插入单一列，可右击紧靠目标位置右侧一列的列号，在弹出的快捷菜单中选择"插入"命令，这样会在目标位置新建一列，右侧列右移。

若要插入多列，可选择紧靠目标位置右侧多列（如 3 列），右击选中多列的列号，在弹出的快捷菜单中选择"插入"命令，这样会在目标位置新建多列（如 3 列），右侧多列右移。当然，如果选择的多列是不相邻的，新列会分别插入到各列的左侧。

要插入单一行或多行时，操作方法与插入列类似，新行会插入到当前行的上方。

高级技巧——选择单元格、区域、行或列

• 一个单元格：单击该单元格或按箭头键移至该单元格。

• 单元格区域：点按该区域中的第一个单元格，然后拖至最后一个单元格。也可以单击选定该区域中的第一个单元格，然后按住 Shift 键不放，单击选定该区域的最后一个单元格。这种方法通常用于选择较大单元格区域。

• 不相邻的单元格或区域：选择第一个单元格或区域，然后按住 Ctrl 键不放选择其他单元格或区域。

• 整行或整列：单击行号或列标。

• 相邻行或列：在行号或列标间拖动左键。或者选择第一行或第一列，然后在按住 Shift

的同时选择最后一行或最后一列，后者通常用于选择较多行或列。

· 不相邻的行或列：单击待选区域第一行的行号或第一列的列标，然后按住 Ctrl 键不放，单击要添加到待选区域中的其他行的行或其他列的列标。

· 数据清单：选择第一个单元格，然后按 Ctrl+Shift+End 组合键或 Ctrl+A 组合键可将选定单元格区域扩展到工作表中最后一个使用的单元格（右下角）。这种方法适用于选择工作表中包含的单一数据清单。

· 选择数据行或数据列：选择数据区域的行首单元格，按 Ctrl+Shift+→组合键，可以选择数据行。选择数据区域的列顶单元格，按 Ctrl+Shift+↓ 组合键，可以选择数据列。

· 取消选择：若要取消选择单元格区域，可单击工作表中的任意单元格。

3. 学生记录

（1）获取外部数据

需要输入每名同学的"学号"、"姓名"、"系"、"班级"、"平时成绩"、"期末成绩"和"总成绩"。可以采用人工输入的方式，如果学生信息已经存储在外部数据源，可以使用 Excel 的"获取外部数据"功能，将数据从各种数据源导入到 Excel 中。

【例 3.1】学生信息存储在素材文件"学生成绩单.txt"中，导入到当前工作簿。

【操作步骤】

①选择文本文件：单击"数据"→"获取外部数据"→"自文本"按钮（见图 3.6），弹出"导入文本文件"对话框，选择"学生成绩单.txt"文件。

②文本导入向导：在"文本导入向导"对话框中，按默认设置，如果出现乱码，可以选择"文本原始格式"为"54936:简体中文(GB18030)"，分隔符号为"Tab 键"，列数据格式为"常规"。

③导入文本数据：新建工作表 Sheet2，重新命名为"导入数据"。在"导入数据"对话框中，选择"数据的放置位置"为"新工作表"（见图 3.7），将学生信息导入到"导入数据"工作表中，选中"导入数据!A1:254"学生信息，使用 Ctrl+C 和 Ctrl+V 组合键复制、粘贴到"成绩单!B3:H255。"

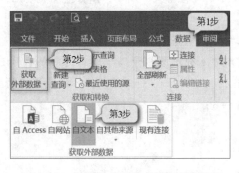

图 3.6　创建数据清单–获取外部数据

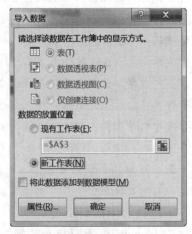

图 3.7　创建数据清单–导入数据

（2）数据格式

导入的外部数据包含两种数据格式：数值和文本。数值是指可用于运算的一般数字形式（如成绩），在单元格中默认右对齐。文本是指中西文字符及其他非数值形式的文字或符号等（如姓名、班级和系等），在单元格中默认左对齐。文本虽然不能用于计算，但是可以用于比较大小，Excel 规定文本型数据大于数值型数据。

在 Excel 中，某些文本和数值可以互相转换，例如学号。学号自动被识别为数值型数据，由于学号有 10 位，所在列默认列宽不足以显示完整内容，因此以科学计数法显示，例如学号 2019043101，显示为 2.02E+09，即 2.02×10^9。选中所有学号单元格，在右键快捷菜单中选择"设置单元格格式"命令，弹出"设置单元格格式"对话框（见图 3.8），在"数字"选项卡中选择"文本"，可以将数值型数据批量转换为文本型。另外，在数值前添加西文（半角）单引号，可以将数值强制转换为文本，一般会在单元格左上角显示一个绿色小三角形。

图 3.8　设置单元格格式

高级技巧——输入文本类型的数字

在 Excel 中输入类似 001 的数据时，会自动被识别为数字，前面的两个"0"自动被省略掉，此时，需要将单元格的数据类型更改为"文本"。

方法 1：右击目标单元格，选择"设置单元格格式"命令→"数字"选项卡→"文本"。

方法 2：快速输入文本类型的数字，可以在数字前添加英文单引号，将其自动转换为"文本"类型，如"'001"、"'002"、"'003"等。

常用的数据格式还包括货币、日期、百分比和自定义等，在"设置单元格格式"对话框中，选中某种格式后，可以进行参数设置。例如，数值型参数包括小数位数、是否使用千位分隔符和负数形式等。使用"自定义"设置自定格式，可以实现多种格式。

高级技巧——设置自定格式

选中某单元格，在右键快捷菜单中选择"设置单元格格式"命令，弹出"设置单元格格式"对话框。在"数字"选项卡中选择"自定义"：

①长数字：输入"0"，可以输入超过 14 位的"长数字"，例如，输入身份号。

②分段手机号：输入"000 0000 0000"，可以输入分段手机号码，如 "130 0941 0420"。

③条件格式：输入"[颜色 1][条件 1]; [颜色 2][条件 2]……"，可以为不同范围内的数值设置不同颜色。例如，输入"[红色][<60]; [蓝色][>=60]"。

④大小写中文金额：

·输入 [dbnum1]，可以输入中文小写金额。

·输入 [dbnum2]，可以输入中文大写金额。

（3）自动填充序号

输入数值和数值型文本时，可以使用自动填充功能，提高输入效率。

【例 3.2】快速填充学生序号，约定学生序号为三位字符，形如"001"、"002"、"003"等。

操作步骤：

①设置样本数据。序号列首行 A3 中输入"'001"，选中该单元格后，出现绿色单元格边界线，右下角是绿色小方块，如图 3.9 所示。

②自动填充数据。光标指向单元格右下角，向下拖动鼠标左键，可以将样本数据内容按递增模式自动填充到后续单元格。或者，双击单元格右下角的小方块，可以根据相邻列数据量，快速填充内容至数据清单列底，如图 3.10 所示。

图 3.9　单元格边界

拓展——自动填充

自动填充功能能够帮助用户快速输入序列类型数据，常用序列数据格式分为数字类型和文本类型，前者自动填充时默认填充模式为"复制"，后者自动填充时默认填充模式为"递增"。无论何种类型的数据，当用户自动填充时，按住键盘上的 Ctrl 键，都会在"复制"和"递增"模式之间切换。另外，系统提供若干序列列表，如星期、月份、天干地支等，当然用户可以通过"Excel 选项"编辑自定义列表。

Excel 中默认光标的类型为空心加号，自动填充时先要选定参考单元格，光标指向单元格右下角时，光标转换为实心加号，此时表明进入自动填充模式，横向或纵向拖动左键即可完成自动填充。

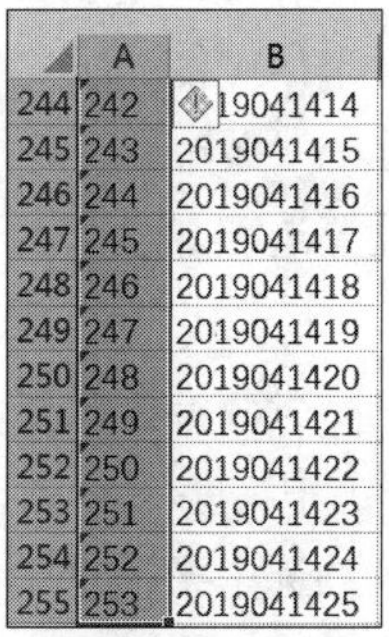

图 3.10　自动填充学生序号

3.2.3　设置单元格格式

用户可以在"开始"选项卡中，选择常用的格式设置命令，当然，所有的格式设置都可以在"单元格格式"对话框中设置，如"数字""对齐""字体""边框""填充""保护"等选项卡。

利用"数字"选项卡，可以设置数据类型，如"数值""货币""百分比""日期"等等；利用"对齐"选项卡，可以设置单元格文本的对齐方式和控制文本显示方式；利用"字体"选项卡，可以设置文本的字体、字号、字形、颜色及特殊效果等；利用"边框"选项卡，可以设置边框的粗细、颜色以及显示位置等；利用"填充"选项卡，可以设置单元格的背景色、填充效果或图案颜色及样式；利用"保护"选项卡，在启用"保护工作表"功能后，可以锁定单元格或者隐藏公式。

【例 3.3】以学生成绩单为例，介绍如何为"成绩单"工作表设置数据格式。

操作步骤：

①设置数据清单标题和副标题格式分别为黑体、14 号。

框选主标题或副标题，通过"开始"选项卡→"字体"和"对齐方式"功能区→"字体"和"字号"组合框设置字体和字号。注意：当字号下拉列表中没有对应字号（如 14 号），可以在"字号"文本框中手动输入 14。

Office 高级应用

②设置列标题字体为黑体、12 号，水平对齐方式为"居中"。

选择列标题单元格区域，通过"开始"选项卡→"字体"功能区→"字体"和"字号"组合框设置字体和字号。

③设置学生记录字体为宋体、12 号，水平对齐方式为"居中"。

④设置列标题的填充颜色为主题色"灰色-50%，个性 3，淡色 80%"。

选择列标题单元格区域，通过"开始"选项卡→"字体"功能区→"填充颜色"按钮，设置字体颜色。

⑤设置数据清单内外边框为"细"边框。

选择数据清单，选择"开始"选项卡→"字体"功能区→"边框"→"所有框线"命令。

⑥设置列标题和学生记录的行高和列宽。

有时为了使得工作表打印时更加方便和美观，可以批量等距调整行高和列宽，使当前数据清单尽可能布满整个打印区域。当然，有时需要使用"页面布局"选项卡→"页面设置"对话框→"页边距"辅助完成上述操作，另外，"页面设置"还能提供打印的页面方向、纸张大小等设置选项。

⑦缩小字体填充。

少数学生的姓名比较长，使得姓名列宽较大。采用缩小字体填充模式后，调整列宽至容纳 3 个中文字符宽度，超过 3 个字符的名字自动缩小字体填充。

选中第一个学生姓名单元格 C3，按 Ctrl+Shift+↓组合键选择所有姓名单元格区域，右击，选择"设置单元格格式"命令，在弹出的"设置单元格格式"对话框中选择"对齐"选项卡，选中"文本控制"下的"缩小字体填充"复选框。

⑧设置打印标题行。

单击"页面布局"选项卡→"页面设置"功能区→"打印标题"按钮，弹出"页面设置"对话框，在"工作表"选项卡的"顶端标题行"文本框中输入"＄2：＄2"。

完成上述设置后，单击"缩放到页面"按钮，放大打印预览效果图，如图 3.11 所示，每一页行首都会出现列标题。

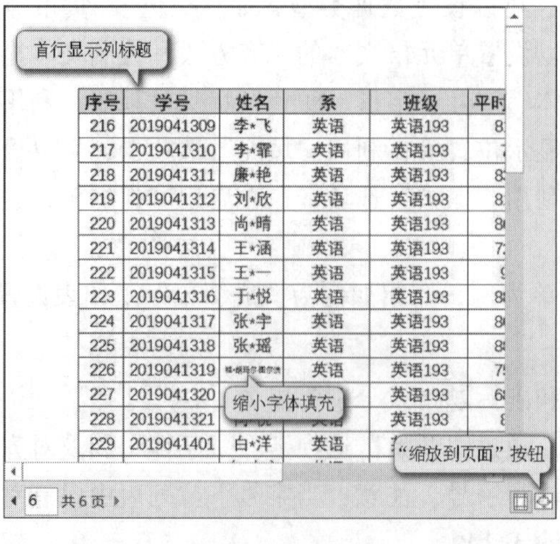

图 3.11　单元格打印预览效果

3.3　统　计　数　据

3.3.1　公式

公式是可以进行以下操作的表达式：执行计算、返回信息、操作其他单元格的内容等。公式由运算对象和运算符按照一定规则连接而成，其中，运算对象可以是常量、引用或函数。常量在公式中始终保持相同的值，如日期、数字和文本等；引用用于标识工作表上的单元格或单元格区域，并告知 Excel 在何处查找要在公式中使用的值，引用样式为 A1（单元格名称），即 A1 引用列 A 和行 1 交叉处单元格的值；函数是预定义的公式，详细介绍参见 3.3.2 节。

运算符包括算术运算符、关系运算符、文本运算符和引用运算符，如表 3.1 所示。

表 3.1　Excel 运算符

类　　别	运　算　符	含　　义	应 用 示 例
引用运算符	!（叹号）	工作表引用	Sheet1!A1
	:（冒号）	区域引用	B5:B15
	（空格）	交集引用	B7:D7 C6:C8
	,（逗号）	联合引用	SUM（B5:B15，D5:D15）
算术运算符	−（负号）	负数	−1
	%（百分号）	百分比	50%或 A1%
	^（托字符）	乘方	2^10
	*（星号）	乘法	3*3
	/（正斜杠）	除法	3/3
	+（加号）	加法	3+3
	−（减号）	减法	3−1
文本运算符	&（与号）	连接文本	"辛"&"亥"
关系运算符	=（等号）	等于	A1=B1
	>（大于号）	大于	A1>B1
	<（小于号）	小于	A1<B1
	<=（小于等于号）	小于或等于	A1<=B1
	>=（大于等于号）	大于或等于	A1>=B1
	<>（不等号）	不等于	A1<>B1

拓展——逻辑运算

逻辑运算又称布尔运算，有与、或、非 3 种基本逻辑运算。关系运算符结果为真值，即真或假，逻辑运算为真值之间的计算。简单地说，逻辑与运算时，只有同为真时才为真，近似于乘法；逻辑或运算时，只有同为假时才为假，近似于加法；逻辑否运算时，将原来的真或假值变为假或真；逻辑异或运算时，相同为假，不同为真。

公式始终以等号（＝）开头，表示要输入的内容是一个公式。可以使用常量和计算运算符创建简单公式，也可以使用函数创建公式。

【**例 3.4**】以"学生成绩单"为例编辑公式，总成绩=平时成绩×50%+期末成绩×50%，编辑上述公式重新计算总成绩。

操作步骤：

（1）开始编辑

选择第一行学生记录总成绩单元格 H3，在编辑栏输入"="。

（2）录入公式

单击该生"平时成绩"或"期末成绩"单元格，出现虚线框，表明要将该单元格引用到公式中参与计算，编辑栏中也会在公式中加入该单元格引用（例如 F3 或 G3），当然也可以手动输入单元格引用编辑公式。

（3）确定与取消

单击编辑栏上的对号和叉号可以确定和取消当前公式的编辑，也可以使用 Enter 键和 Esc 键确定或取消编辑，如图 3.12 所示。

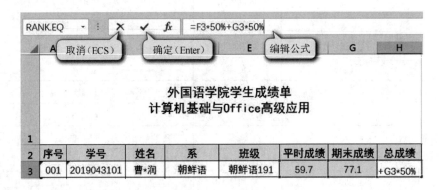

图 3.12　编辑公式

（4）自动填充公式

选中单元格 H3，双击单元格边界右下角的小方块，为其他同学自动填充公式计算总成绩。填充后总成绩处于选中状态，使用右键菜单中的"设置单元格格式"命令，设置总成绩为小数点后保留 1 位小数数值型数据。

真题链接

在编辑 Excel 文档时，希望选中所有应用了计算公式的单元格，最优的操作方法是（　　　）。

A）通过"查找和选择"下的"查找"功能，可选所有公式单元格

B）通过高级筛选功能，可筛选出所有包含公式的单元格

C）按 Ctrl 键，逐个选择工作表中的公式单元格

D）通过"查找和选择"下的"定位条件"功能定位到公式

答案：D。

3.3.2　函数

函数是预定义的公式，通过使用一些称为参数的特定数值执行计算，函数可以简化和缩短工作表中的公式，尤其在用公式很长或执行复杂计算时，提高工作效率。

1. 函数的结构

（1）结构

函数的结构以等号（＝）开始，后面紧跟函数名称和左括号，然后以逗号分隔输入该函数的参数，最后是右括号。

（2）函数名称

如果要查看可用函数的列表，可单击"编辑栏"左侧的"插入函数"按钮，或者单击选定目标单元格并按 Shift+F3 组合键。

（3）参数

参数可以是数字、文本、TRUE 或 FALSE 等逻辑值、数组、#N/A 等错误值或单元格引用。指定的参数都必须为有效参数值。参数也可以是常量、公式或其他函数。

（4）参数工具提示

在输入函数时，会出现一个带有语法和参数的工具提示。例如，输入"=SUM（"时，会出现工具提示，仅在使用内置函数时才出现工具提示。

2. 输入函数

创建带函数的公式，可以使用"插入函数"对话框，将有助于用户输入工作表函数。在公式中输入函数时，"插入函数"对话框将显示函数的名称、其各个参数及其说明、函数的当前结果以及整个公式的当前结果。当然，在"开始"选项卡→"编辑"功能区→"自动求和"组合框中选择简单的常用函数，如求和（SUM）、平均值（AVERAGE）、计数（COUNT）、最大值（MAX）、最小值（MIN）。若要更轻松地创建和编辑公式并将输入错误和语法错误减到最少，可使用"公式记忆式输入"。当用户输入"="（等号）和开头的几个字母或显示触发字符之后，Excel 会在单元格的下方显示一个动态下拉列表，该列表中包含与这几个字母或该触发字符相匹配的有效函数、参数和名称，然后可以将该下拉列表中的一项插入到公式中。

3. 单元格引用

引用的作用在于标识工作表上的单元格或单元格区域，并告知 Excel 在何处查找要在公式中使用的值或数据。用户可以使用引用在一个公式中使用工作表不同部分中包含的数据，或者在多个公式中使用同一个单元格的值，还可以引用同一个工作簿中其他工作表中的单元格和其他工作簿中的数据。

默认情况下，Excel 使用 A1 引用样式，此样式引用字母标识列（从 A 到 XFD，共 16 384 列）以及数字标识行（从 1 到 1 048 576），这些字母和数字称为行号和列标。若要引用某个单元格，请输入后面跟行号的列标。例如，B2 引用列 B 和行 2 交叉处的单元格。引用其他工作表中的单元格时，使用叹号"!"分隔工作表引用和单元格区域引用，例如，利用公式"=AVERAGE（汇总!F3:F7）"计算"汇总"工作表的总成绩（F3:F7）平均值。

Office 高级应用

拓展——单元格引用的类别

单元格引用包括相对引用、绝对引用和混合引用。使用 F4 键，可以在 3 种引用之间切换。

• 相对引用：公式中的相对单元格引用（如 A1）是基于包含公式和单元格引用的单元格的相对位置。如果公式所在单元格的位置改变，引用也随之改变。如果多行或多列地复制或填充公式，引用会自动调整。默认情况下，新公式使用相对引用。例如，如果将单元格 B2 中的相对引用复制或填充到单元格 B3，将自动从"=A1"调整到"=A2"。

• 绝对引用：公式中的绝对单元格引用（如$A$1）总是在特定位置引用单元格。如果公式所在单元格的位置改变，绝对引用将保持不变。如果多行或多列地复制或填充公式，绝对引用将不进行调整。默认情况下，新公式使用相对引用，因此用户可能需要将它们转换为绝对引用。例如，如果将单元格 B2 中的绝对引用复制或填充到单元格 B3，则该绝对引用在两个单元格中一样，都是"=$A$1"。

• 混合引用：可以是绝对列和相对行或绝对行和相对列。绝对引用列采用$A1、$B1 等形式，绝对引用行采用 A$1、B$1 等形式。如果公式所在单元格的位置改变，则相对引用将改变，而绝对引用将不变。如果多行或多列地复制或填充公式，相对引用将自动调整，而绝对引用将不进行调整。例如，如果将一个混合引用从 A2 复制到 B3，它将从"=A$1"调整到"=B$1"。

下面以"学生成绩单"为例，使用函数实现计算优秀率、成绩自动分级、学生自动排名以及班级自动生成。

【例 3.5】利用 COUNTIF 函数计算优秀率。

在单元格 G257 录入文字"优秀率:"后,在单元格 H257 中,使用 COUNTIF 函数和 COUNT 函数编辑公式,计算学生优秀率（总成绩大于或等于 90 分为"优秀",优秀率=优秀人数/总人数）,并设置单元格格式为"百分比"、"小数位数 1 位"。

拓展——COUNTIF 函数参数含义

COUNTIF 是一个统计函数，用于统计满足某个条件的单元格的数量。COUNTIF 的最简形式为：COUNTIF(要检查哪些区域,要查找哪些内容),即 COUNTIF(range,criteria)。

①range：要计算其中非空单元格数目的区域。

②criteria：以数字、表达式或文本形式定义的条件。

操作步骤：

（1）编辑函数

①单击选定学生总成绩列下方空白单元格 H257。

②在编辑栏中输入"=",或者直接单击"插入函数"按钮自动输入"="。

③在弹出的"插入函数"对话框中,输入要查找函数的名称 COUNTIF 或 COUNT,单击"转到"按钮搜索,在搜索列表中选中目标函数 COUNTIF 或 COUNT,单击"确定"按钮,弹出"函数参数"对话框编辑函数的参数,如图 3.13 所示。

图 3.13　"插入函数"对话框

（2）计算优秀人数

COUNTIF 函数对区域中满足单个指定条件的单元格进行计数。例如，可以对以某一字母开头的所有单元格进行计数，也可以对大于或小于某一指定数字的所有单元格进行计数。函数 COUNTIF（range，criteria）包含两个必需的参数，range（范围）要对其进行计数的一个或多个单元格，当前案例的范围是 H3:H255；criteria（条件）用于定义将对哪些单元格进行计数的数字、表达式、单元格引用或文本字符串等，当前案例的条件为"优秀"，即">=90"。单击 COUNTIF "函数参数"对话框中的"确定"按钮后，编辑栏中自动输入"=COUNTIF（"H3:H255"，">=90"）"，如图 3.14 所示。

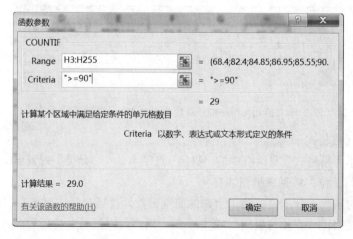

图 3.14　COUNTIF"函数参数"对话框

（3）计算总人数

COUNT 函数计算包含数字的单元格以及参数列表中数字的个数。使用函数 COUNT 可以获取区域或数字数组中数字字段的输入项的个数。函数 COUNT（value1，[value2]，...）包含多个参数，value1 为必需参数，要计算其中数字的个数的第一个单元格引用或区域；value2 等为可选参数，要计算其中数字的个数的其他单元格引用或区域，最多可包含 255 个，value1 和 value2 中标识的单元格或区域可以是不连续的。注意：这些参数可以包含或引用各种类型的数据，但只有数字类型的数据才被计算在内。单击 COUNT "函数参数"对话框的"确定"按钮后，编辑栏中自动输入"COUNT（"H3:H255"）"，如图 3.15 所示。

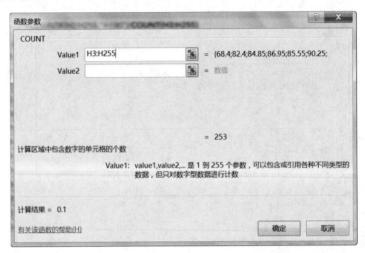

图 3.15　COUNT "函数参数"对话框

（4）计算优秀率

在 COUNTIF（"H3:H255"，">=90"）和 COUNT（"H3:H255"）之间添加除法符号"/（正斜杠）"，最后计算优秀率的公式为"=COUNTIF（"H3:H255"，">=90"）/COUNT（"H3:H255"）"，如图 3.16 所示。

	A	B	C	D	E	F	G	H
254	252	2019041424	赵*星	英语	英语194	83.6	94.5	89.1
255	253	2019041425	郑*艺	英语	英语194	89	95.7	92.4
256								
257							优秀率：	11.5%

图 3.16　使用 COUNTIF 函数和 COUNT 函数计算优秀率

（5）设置单元格格式

选择"设置单元格格式"对话框中的"数字"选项卡，在"分类"列表框中选择"百分比"，设置小数点后保留 1 位，结果参见图 3.16。

Excel 内置的函数十分丰富，除了常用的简单函数外，还包括"财务""日期与时间""数学与三角函数""统计""查找与引用""逻辑"等，用户可以依照对应函数的"函数参数"对话框及相关 Excel 帮助文档，获取函数使用方法和注意事项。

【例 3.6】利用 IF 函数生成成绩分级评语。

在单元格 I2 录入文字"评语"后，使用格式刷将单元格 H2 和 H3 格式分别复制到 I2 和 I3。

在单元格 I3 中，使用 IF 函数编辑公式，根据学生总成绩自动生成分级评语（总成绩大于或等于 90 分，评语为"优秀"；大于或等于 80 分为"良好"；大于或等于 70 分为"中等"；大于或等于 60 分为"及格"；否则为"不及格"）。

拓展——IF 函数参数含义

IF 函数是 Excel 中最常用的函数之一，它可以对当前值和期待值进行逻辑比较。因此，IF 语句可能有两个结果：第一个结果是比较结果为 TRUE；第二个结果是比较结果为 FALSE。

·Logical_test，是任何可能被计算为 TRUE 或 FALSE 的数值或表达式。

·Value_if_true，是 Logical_test 为 TRUE 时的返回值，如果忽略则返回 TRUE，IF 函数最多可嵌套 7 层。

·Value_if_false，是 Logical_test 为 FALSE 时的返回值，如果忽略则返回 FALSE。

操作步骤：

（1）插入函数

①单击选定学生评语列首行单元格 I3。

②在编辑栏中输入"="，或者直接单击"插入函数"按钮自动输入"="。

③在弹出的"插入函数"对话框中，输入要查找函数的名称 IF，单击"转到"按钮搜索，在搜索列表中选中目标函数 IF，单击"确定"按钮，弹出"函数参数"对话框。

（2）编辑函数

在参数 Logical_test 文本框，输入分级条件"H3>=90"。在参数 Value_if_true 文本框，输入分级评语"优秀"，Excel 自动添加西文双引号。参数 Value_if_false 暂时忽略，如图 3.17 所示。

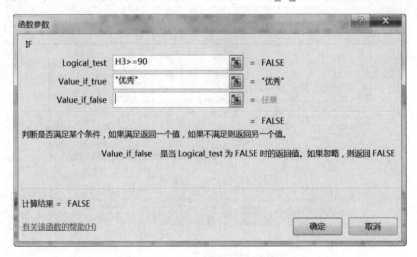

图 3.17　IF"函数参数"对话框

（3）嵌套函数

将光标放在参数 Value_if_false 文本框中。

方法 1：单击名称框 IF 函数，弹出嵌套 IF"函数参数"对话框，如图 3.18 所示。在 Logical_test 和 Value_if_true 中，分别输入分级条件"H3>=80"和分级评语"良好"。重复以上操作，直至输入所有评级信息。

Office 高级应用

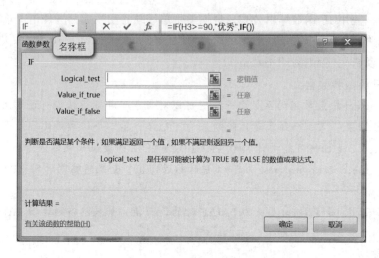

图 3.18　插入嵌套 IF 函数

方法 2：直接输入 IF(H3>=90,"优秀",IF(H3>=80,"良好",IF(H3>=70,"中等",IF(H3>=60,"及格","不及格"))))，如图 3.19 所示。

（4）自动填充公式

选中单元格 I3，双击单元格边界右下角的小方块，为其他同学自动填充公式生成分级评语，并且自动将 I3 单元格格式复制到 I4:I255 单元格区域。另外，由于增加新列，使用"合并后居中"命令，重新合并标题单元格，如图 3.20 所示。

图 3.19　输入嵌套 IF 函数

学号	姓名	系	班级	平时成绩	期末成绩	总成绩	评语
2019043101	曹*润	朝鲜语	朝鲜语191	59.7	77.1	68.4	及格
2019043102	崔*淅	朝鲜语	朝鲜语191	79.2	85.6	82.4	良好
2019043103	代*洋	朝鲜语	朝鲜语191	80.6	89.1	84.9	良好
2019043104	冯*欣	朝鲜语	朝鲜语191	82.6	91.3	87.0	良好
2019043105	韩*彤	朝鲜语	朝鲜语191	80.7	90.4	85.6	良好
2019043106	李*杭	朝鲜语	朝鲜语191	87	93.5	90.3	优秀

图 3.20　学生分级评语效果图

【例 3.7】利用 RANK.EQ 函数实现学生自动排名。

在单元格 J2 录入文字"排名"后，使用格式刷，将单元格 H2 和 H3 格式分别复制到 J2 和 J3，设置 J3 单元格数据格式为"数值"和"小数位数 0 位"。在单元格 J3 中，使用 RANK.EQ 函数编辑公式，根据学生总成绩自动生成学生排名。

拓展——RANK.EQ 函数参数含义

RANK.EQ 函数返回一列数字的数字排位。其大小与列表中其他值相关；如果多个值具有相同的排位，则返回该组值的最高排位。如果要对列表进行排序，则数字排位可作为其位置。

RANK.EQ 赋予重复数相同的排位。但重复数的存在将影响后续数值的排位。例如，在按升序排序的整数列表中，如果数字 10 出现两次，且其排位为 5，则 11 的排位为 7（没有排位为 6 的数值）。

· Number：必需。要找到其排位的数字。

· Ref：必需。数字列表的数组，对数字列表的引用。Ref 中的非数字值会被忽略。

· Order：可选。一个指定数字排位方式的数字。如果 Order 为 0（零）或省略，则 Excel 对数字的排位是基于 Ref 按降序排列的列表；如果 Order 不为零，则 Excel 对数字的排位是基于 Ref 按照升序排列的列表。

操作步骤：

（1）插入函数

①单击选定学生排名列首行单元格 J3。

②在编辑栏中输入"="，或者直接单击"插入函数"按钮自动输入"="。

③在弹出的"插入函数"对话框中，输入要查找函数的名称 RANK.EQ，单击"转到"按钮搜索，在搜索列表中选中目标函数 RANK.EQ，单击"确定"按钮，弹出"函数参数"对话框。

（2）编辑函数

在参数 Number 文本框，输入学生总成绩单元格引用 H3。在参数 Ref 文本框，输入所有学生总成绩列表单元格引用区域 H3:H255，按 F4 键，切换为绝对引用模式，即$H$3:$H$255。参数 Order 忽略，如图 3.21 所示。

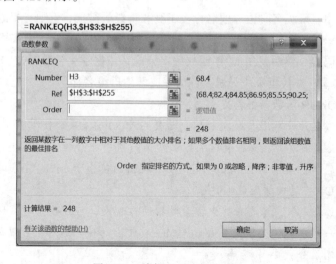

图 3.21　编辑 RANK.EQ 函数

真题链接

在 Excel 工作表单元格中输入公式时，F$2 的单元格引用方式称为（　　）。

A）相对地址引用

B）绝对地址引用

C）混合地址引用

D）交叉地址引用

答案：C。

（3）自动填充公式

选中单元格 J3，双击单元格边界右下角的小方块，为其他同学自动填充公式生成分级评语，并且自动将 J3 单元格格式复制到 J4:J255 单元格区域。另外，由于增加新列，使用“合并后居中”命令，重新合并标题单元格，并调整各列列宽，使得所有列在打印边界线以内，如图 3.22 所示。

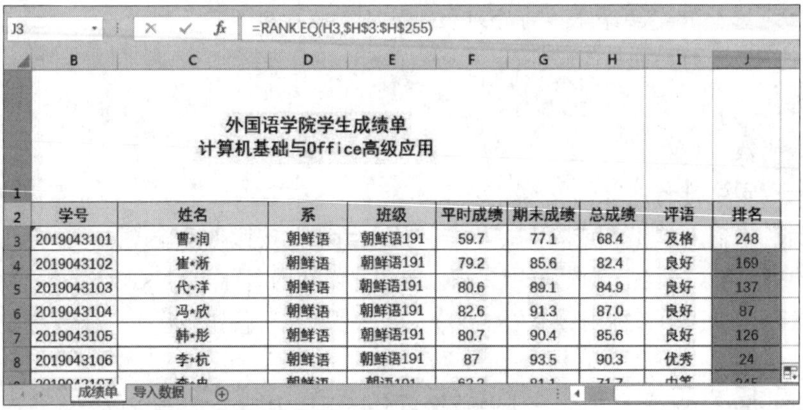

学号	姓名	系	班级	平时成绩	期末成绩	总成绩	评语	排名
2019043101	曹*润	朝鲜语	朝鲜语191	59.7	77.1	68.4	及格	248
2019043102	崔*浙	朝鲜语	朝鲜语191	79.2	85.6	82.4	良好	169
2019043103	代*洋	朝鲜语	朝鲜语191	80.6	89.1	84.9	良好	137
2019043104	冯*欣	朝鲜语	朝鲜语191	82.6	91.3	87.0	良好	87
2019043105	韩*彤	朝鲜语	朝鲜语191	80.7	90.4	85.6	良好	126
2019043106	李*杭	朝鲜语	朝鲜语191	87	93.5	90.3	优秀	24

图 3.22　学生总成绩排名

【例 3.8】利用 VLOOKUP 函数实现班级名称自动生成。

在学生成绩单中，班级名称由专业名称、年级和班级号组成，例如“朝语 191”。学号包含 10 个字符，第 7 ~ 8 个字符表示班级，例如“31”代表“朝语 191”。首先依据学生学号第 7 ~ 8 个字符创建班级代码表，然后使用 MID 函数编辑公式，依据学生学号第 7 ~ 8 个字符，然后使用 VLOOKUP 函数垂直查找班级代码表，自动生成学生班级名称。

拓展——VLOOKUP 函数参数含义

当需要在表格或区域中按行查找项目时，请使用 VLOOKUP 函数。

• Lookup_value（必需），要在表格或区域的第一列中搜索的值。Lookup_value 参数可以是数值、引用或字符串。如果为 Lookup_value 参数提供的值小于 Table_array 参数第一列中的最小值，则 VLOOKUP 将返回错误值#N/A。

• Table_array（必需），需要在其中搜索数据的信息表，可以使用对区域或区域名称的引用。Table_array 第一列中的值必须是 Lookup_value 要搜索的值。这些值可以是文本、数字或逻辑值，其中，文本不区分大小写。

• Col_index_num（必需），Table_array 参数中必须返回的匹配值的列号。Col_index_num 参数为 1 时，返回 Table_array 第一列中的值；Col_index_num 为 2 时，返回 Table_array 第二列中的值，依此类推。

• Range_lookup（可选），一个逻辑值 TRUE 或 FALSE，指定在查找时，大致匹配或精确匹配。

操作步骤：

（1）创建班级代码表

①单击"新工作表"按钮创建新的工作表，重命名为"班级代码表"。

②输入列标题"代码"和"班级名称"。

③选择单元格"成绩单!E3"，按 Ctrl+Shift+↓组合键选择班级名称区域"成绩单!E3:E255"，剪切数据到"班级代码表!B2:B254"。在单元格"班级代码表!A2"中，使用 MID 函数（=MID(成绩单!B3,7,2)），从学号单元格 B3 中取出班级代码"31"，自动填充其他代码单元格区域。

最后，选择单元格区域"班级代码表!A1:B254"，设置水平和垂直对齐方式为"居中"，设置边框线为"所有框线"，单击"数据"选项卡→"数据工具"功能区→"删除重复值"，定义单元格区域"班级代码表!\$A\$1: \$B\$11"名称为"班级代码表"，结果如图 3.23 所示。

图 3.23　班级代码表

真题链接

在 Excel 中为一个单元格区域命名的最优操作方法是（　　）。

A）选择单元格区域，在名称框中直接输入名称并回车

B）选择单元格区域，在右键快捷菜单中执行"定义名称"命令

C）选择单元格区域，执行"公式"选项卡中的"定义名称"命令

D）选择单元格区域，执行"公式"选项卡中的"名称管理器"命令

答案：A。

（2）编辑 VLOOKUP 函数

打开"成绩单"工作表，选择单元格"成绩单!E3"：

方法 1，插入 VLOOKUP 函数，在 Lookup_value 参数文本框中输入"MID(B3,7,2)"；在 Table_array 中输入区域名称"班级代码表"；在 Col_index_num 中输入 2；在 Range_lookup 中输入 FALSE。VLOOKUP"函数参数"对话框如图 3.24 所示。

方法 2，直接输入"=VLOOKUP(MID(B3,7,2),班级代码表,2,FALSE)"。

（3）自动填充公式

双击单元格"成绩单!E3"边界线右下角的小方块，快速自动填充公式到列底。使用格式刷复制 D3 单元格格式到班级列单元格区域。

从本案例可以看出，函数可以调用工作表内部单元格区域，也可以调用不同工作表之间的单元格区域。VLOOKUP 函数参数 Range_lookup，设置为 FALSE 可以实现精确匹配，若需要区间查找，例如在成绩分级表中查找分级评语，可以通过设置函数参数 Range_lookup 为 TRUE 实现。

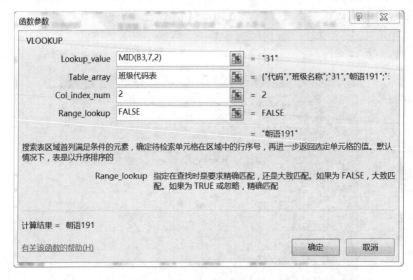

图 3.24　VLOOKUP"函数参数"对话框

【例 3.9】利用 AVERAGEIF 函数计算班级平均值。

集中趋势是描述舆论现象的重要统计分析指标，用来统计分布中一组数的中心位置，最常用的集中趋势度量方式有以下 3 种：平均值、中值和众数。其中，平均值是算术平均数，由一组数相加然后除以这些数的个数计算得出。AVERAGEIF 函数以平均值度量集中趋势。

拓展——AVERAGEIF 函数参数含义

函数 AVERAGEIF(Range, Criteria, [Average_range])，返回某个区域内满足给定条件的所有单元格的平均值。如果 Range 区域中没有满足条件的单元格，AVERAGEIF 将返回错误值 #DIV/0!；如果 Average_range 中的单元格为空单元格，AVERAGEIF 将忽略它。

•Range，必需。要计算平均值的一个或多个单元格，其中包含数字或包含数字的名称、数组或引用。

•Criteria，必需。形式为数字、表达式、单元格引用或文本的条件，用来定义将计算平均值的单元格。例如，条件可以表示为 32、"32"、">32"、"苹果" 或 B4。

•Average_range，可选。计算平均值的实际单元格组，如果省略，则使用 Range。

操作步骤：

（1）创建班级平均值表

①新建工作表。单击"新工作表"按钮创建新的工作表，重命名为"班级平均值"，光标指向工作表名称，拖动鼠标左键，移动此工作表至"班级代码表"之前。

②输入列标题。在单元格 A1、B1、C1 和 D1 中，分别输入列标题"班级""平时成绩""期末成绩""总成绩"。

③复制数据。选择单元格"成绩单!E3"，按 Ctrl+Shift+↓组合键选择所有班级区域"成绩单!E3:E255"，按 Ctrl+C 和 Ctrl+V 组合键，将数据复制、粘贴到单元格区域"班级平均值!A2:A254"。

④删除重复项。选择单元格区域"班级平均值!A1:B254"，设置水平和垂直对齐方式为"居中"，设置边框线为"所有框线"，单击"数据"选项卡→"数据工具"功能区→"删除重复值"按钮，去除重复的班级名称。

（2）编辑 AVERAGEIF 函数

打开"班级平均值"工作表，选择单元格 B2：

方法 1：插入 AVERAGEIF 函数，在 Range 参数文本框中，输入"成绩单!$E$3:$E$255"；在 Criteria 中，输入单元格引用 A2；在 Average_range 中，输入"成绩单!F$3:F$255"。其中，条件区域使用绝对引用，条件使用相对引用，计算区域使用混合引用。AVERAGEIF 函数参数对话框如图 3.25 所示。

方法 2：直接输入"=AVERAGEIF(成绩单! $E$3: $E$255,A2,成绩单!F$3:F$255)"。

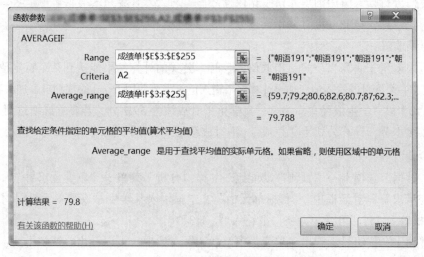

图 3.25　AVERAGEIF "函数参数" 对话框

（3）自动填充公式

以单元格 B2 为参考数据，向右自动填充公式，出现错误提示#DIV/0!，表明 Range 区域中没有满足条件的单元格。修改单元格 C2 和 D2 公式中的 Criteria 参数为 A2。

选择单元格区域 B2:D2，双击区域边框线右下角的小方块，快速自动填充公式到列底，为所有班级自动填充公式计算成绩平均值。

（4）设置单元格格式

选择平均成绩单元格区域 A1:D11，设置水平和垂直对齐方式为"居中"，数据类型为"数值"、"小数位数 1 位"，边框为"所有框线"，结果如图 3.26 所示。

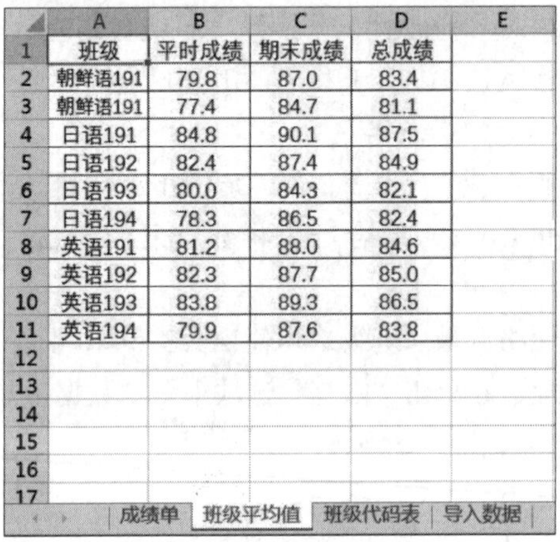

班级	平时成绩	期末成绩	总成绩
朝鲜语191	79.8	87.0	83.4
朝鲜语191	77.4	84.7	81.1
日语191	84.8	90.1	87.5
日语192	82.4	87.4	84.9
日语193	80.0	84.3	82.1
日语194	78.3	86.5	82.4
英语191	81.2	88.0	84.6
英语192	82.3	87.7	85.0
英语193	83.8	89.3	86.5
英语194	79.9	87.6	83.8

图 3.26　成绩平均值

3.3.3　模拟分析和运算

在单元格中输入公式后，如果原数据发生变化，公式的计算结果也会自动更新。模拟分析和计算是专门分析公式引用的单元格数据改变之后，对公式计算结果有何影响。可以使用单变量求解或模拟运算表功能，进行数据模拟分析和运算。

1.单变量求解

单变量求解用于测算当公式引用取值多少时，公式的计算结果能达到某个特定值。单变量求解仅适用于一个变量的输入值，如果计算多个输入值，需要使用 Excel 的规划求解加载项功能。

【例 3.10】以"学生成绩单"为例，某学生平时成绩为 59.7 分，若要总成绩达到 75 分，期末需要考取多少分？计算公式为"总成绩=平时成绩×50%+期末成绩×50%"。

操作步骤：

选择"数据"选项卡→"预测"功能区→"模拟分析"菜单→"单变量求解"命令，在弹出的"单变量求解"对话框中，"目标单元格"文本框输入某学生总成绩单元格引用"$H$3"，"目标值"框输入 75，"可变单元格"框输入"$G$3"。

单击"确定"按钮后，弹出"单变量求解状态"对话框，可以看出，该学生期末成绩需要考取 90.3 分，总成绩才能达到 75 分，如图 3.27 所示。

2.模拟运算表

公式引用的单元格取值不同，公式的计算结果也不同。模拟运算表将会列出一张"表"，其中列出引用的单元格的多个不同取值，及对应的计算结果。可以取不同值的这个公式引用的单元格成为变量。公式中的变量可以有 1 个或 2 个（模拟运算表最多只能分析两个变量），分别称为单变量模拟运算表和双变量模拟运算表。

【例 3.11】"学生成绩单"为例，假设某学生平时成绩为 59.7，使用单变量模拟运算表，求解该生期末成绩考取不同分数时，模拟运算其总成绩和评语。

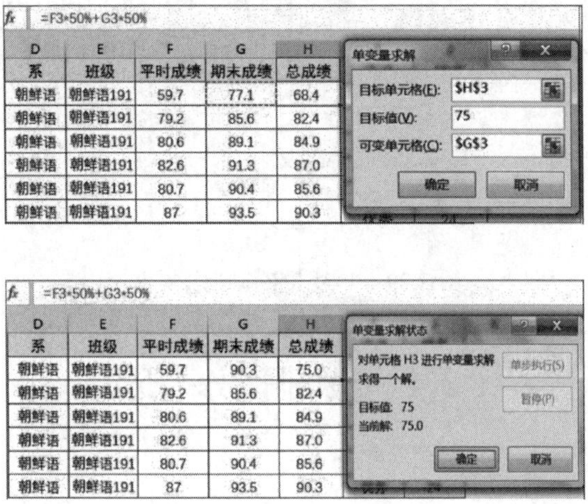

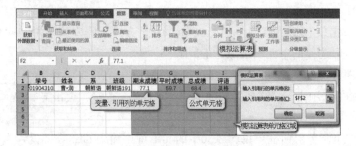

图 3.27　单变量求解

操作步骤：

（1）新建工作表

单击"新工作表"按钮创建新的工作表，重命名为"模拟分析表"，光标指向工作表名称，拖动鼠标左键，移动此工作表至"班级代码表"之前。

（2）准备基础数据

选择单元格区域"成绩单!A2:I3"，使用 Ctrl+C 和 Ctrl+V 组合键，复制、粘贴至"模拟运算表!A1:I2"，使用 Ctrl+X 组合键和右键菜单的"插入剪切的单元格"命令，调整"模拟运算表"工作表的平时成绩和期末成绩的列顺序。

（3）模拟运算

选择模拟运算表的目标单元格区域"模拟运算表!F2:I8"，注意，变量"期末成绩"所在单元格 F2，即引用列单元格，处于模拟运算表的第 1 行第 1 列。

选择"数据"选项卡→"预测"功能区→"模拟分析"→"模拟运算表"命令，在"模拟运算表"对话框中，"输入引用列的单元格"文本框输入$F$2，如图 3.28 所示。

图 3.28　单变量模拟运算参数

单击“确定”按钮后，生成模拟运算表，改变期末成绩的值，可以模拟运算出总成绩，并随之产生相应的评语。这里，期末成绩变量的测试值为 50、60、70、80、90 和 100，适当调整单元格格式后，单变量模拟运算结果如图 3.29 所示。

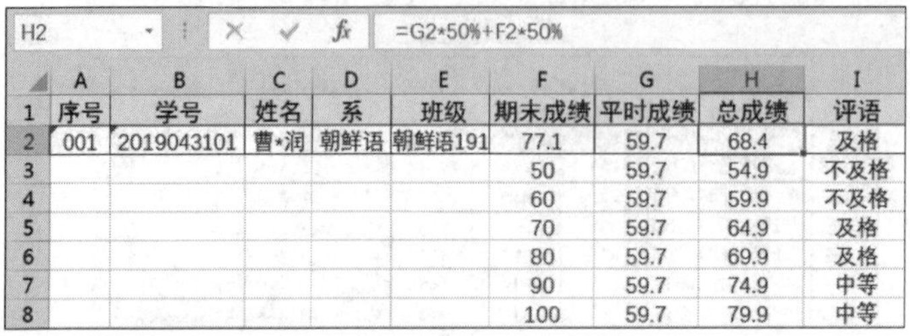
H2 =G2*50%+F2*50%

	A	B	C	D	E	F	G	H	I
1	序号	学号	姓名	系	班级	期末成绩	平时成绩	总成绩	评语
2	001	2019043101	曹*润	朝鲜语	朝鲜语191	77.1	59.7	68.4	及格
3						50	59.7	54.9	不及格
4						60	59.7	59.9	不及格
5						70	59.7	64.9	及格
6						80	59.7	69.9	及格
7						90	59.7	74.9	中等
8						100	59.7	79.9	中等

图 3.29　单变量模拟运算结果

3.4　数 据 分 析

3.4.1　条件格式化

条件格式可帮助用户直观地解答有关数据的特定问题。用户可以对单元格区域或数据透视表应用条件格式。在分析数据（例如学生成绩单）时，经常会问自己一些问题，例如：

①谁的成绩最好，谁的成绩最差？

②哪些同学考试没有及格？

③学生成绩总体分布情况如何？

条件格式有助于回答以上问题，很容易达到以下效果：使用“突出显示单元格规则”突出显示所关注的单元格或单元格区域；强调异常值；使用“数据条”“色阶”“图标集”来直观地显示数据。条件格式基于条件更改单元格区域的外观。如果条件为 True（逻辑值为真），则基于该条件设置单元格区域的格式；如果条件为 False（逻辑值为假），则不基于该条件设置单元格区域的格式。

【例 3.12】以“学生成绩单”为例，利用条件格式将不及格同学的总成绩单元格突出显示为“红色、加粗”。

操作步骤：

（1）选定单元格区域

这里分析的数据仅包括所有同学的总成绩，因此选择范围应该是每个同学总成绩单元格（不包括列标题），即选择的单元格区域为 H3:H255。

（2）设置条件格式

①选择“开始”选项卡→“样式”功能区→“条件格式”→“突出显示单元格规则”→“小于”命令。

②在弹出的“小于”对话框（见图 3.30）的文本框中输入 60，在“设置为”下拉列表中选择“自定义格式”选项。

图 3.30　条件格式的"小于"对话框

③在弹出的"设置单元格格式"对话框中设置字形为"加粗"，颜色为"红色"，如图 3.31 所示。

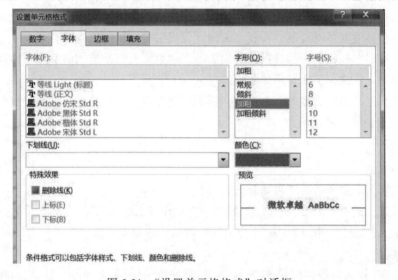

图 3.31　"设置单元格格式"对话框

添加条件格式后，结果如图 3.32 所示。

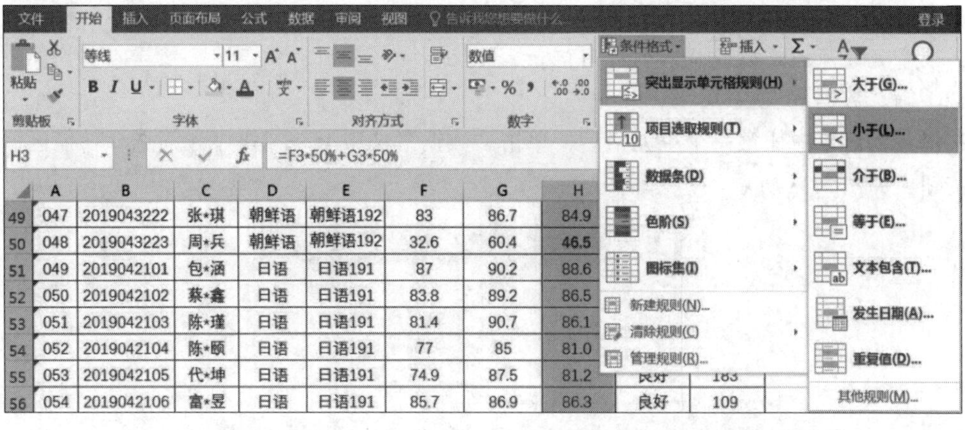

图 3.32　使用条件格式突出显示不及格学生的总成绩

拓展——清除单元格条件格式

选定目标单元格区域后，选择"开始"选项卡→"样式"功能区→"条件格式"→"清除规则"→"清除所选单元格规则"命令，可以清除所选单元格区域的条件格式。

3.4.2　自动筛选

使用自动筛选数据，可以快速而又方便地查找和使用单元格区域中数据的子集。例如，筛选以便查看用户指定的值，筛选以便查看最大值或最小值，或者筛选以便快速查看重复值。

对单元格区域中的数据进行筛选后，可以重新应用筛选获得最新结果，或者清除筛选以重新显示所有数据。

筛选过的数据仅显示那些满足指定条件（所指定的限制查询或筛选的结果集中包含哪些记录的条件）的行，并隐藏那些不希望显示的行。筛选数据之后，对于筛选过的数据的子集，不需要重新排列或移动就可以复制、查找、编辑、设置格式、制作图表和打印。

用户可以按多个列筛选。筛选条件是累加的，这意味着每个追加的筛选条件都基于当前筛选结果，从而进一步减少了所显示的数据。

【例 3.13】以"学生成绩单"为例，介绍如何使用自动筛选功能，将平时成绩和期末成绩都优秀（>=90）的学生显示出来。

操作步骤：

（1）准备数据

①新建工作表，重命名为"自动筛选"。

②复制数据。选中单元格"成绩单!A2"，按 Ctrl+Shift+→+↓组合键选择数据清单单元格区域"成绩单!A2:J255"，按 Ctrl+C 组合键复制数据。选中单元格"自动筛选!A1"，按 Ctrl+V组合键粘贴数据。

③修正数据。排名列数据出现#N/A 错误，重新编辑函数，修正 Ref 参数值为$H$2: $H$254，使用自动填充修正其他学生排名。

拓展——"值不可用"错误#N/A

#N/A 错误，英文全称为 Not Available，表示值不可用。通常表示公式找不到要求查找的内容，最常见的原因是公式找不到引用值。

（2）筛选数据

选择数据清单中任意一个单元格后，单击"数据"选项卡→"排序和筛选"功能区→"筛选"按钮，如图 3.33 所示。

图 3.33　"数据"选项卡中的"筛选"按钮

数据清单的每一个列标题出现倒三角"筛选条件"按钮。单击"平时成绩"右侧的按钮，在弹出的菜单中选择"数字筛选"→"大于或等于"命令，如图 3.34 所示。在弹出的"自定义自动筛选方式"对话框的"大于或等于"右侧的文本框中输入 90，表示将要筛选平时成绩优秀（平时成绩>=90）的学生，如图 3.35 所示。

类似上述操作，筛选期末成绩优秀（期末成绩>=90）的学生，筛选结果如图 3.36 所示。

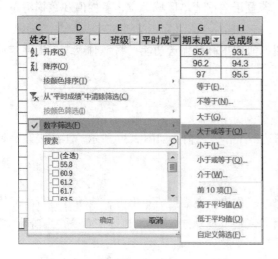

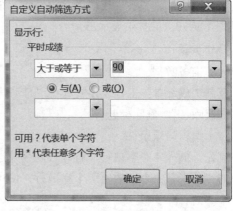

图 3.34　"数字筛选"的筛选条件列表　　图 3.35　"自定义自动筛选方式"对话框

	A	B	C	D	E	F	G	H	I	J	K
1	序号	学号	姓名	系	班级	平时成	期末成	总成绩	评语	排名	
15	014	2019043114	任*菲	朝鲜语	朝鲜语191	90.8	95.4	93.1	优秀	9	
22	021	2019043121	殷*欣	朝鲜语	朝鲜语191	92.4	96.2	94.3	优秀	5	
56	055	2019042107	郭*齐	日语	日语191	94	97	95.5	优秀	4	
60	059	2019042111	林*利	日语	日语191	91.2	95.6	93.4	优秀	7	
83	082	2019042209	郭*曦	日语	日语192	90	95	92.5	优秀	12	
119	118	2019042319	王*琪	日语	日语193	95.8	97.9	96.9	优秀	1	
123	122	2019042323	吴*恩	日语	日语193	95.4	97.7	96.6	优秀	3	
166	165	2019041109	廖*娅	英语	英语191	92	93.5	92.8	优秀	11	
197	196	2019041215	田*婧	英语	英语192	93.6	94.6	94.1	优秀	6	
203	202	2019041221	杨*琳	英语	英语192	90.8	96	93.4	优秀	7	
214	213	2019041306	韩*笑	英语	英语193	94.8	96.7	95.8	优秀	8	
223	222	2019041315	王*一	英语	英语193	90	92.9	91.5	优秀	14	

图 3.36　自动筛选结果

（3）显示数据

单击"数据"选项卡→"排序和筛选"功能区→"清除"按钮，清除当前数据范围的筛选状态。单击"数据"选项卡→"排序和筛选"功能区→"筛选"按钮，可以取消自动筛选，显示所有数据。

3.4.3　高级筛选

如果要筛选的数据需要复杂条件，例如平时成绩优秀或者期末成绩优秀，两列条件属于"或"的关系，"自动筛选"无法实现，可使用"高级"筛选功能。"高级"筛选的工作方式与"筛选"命令有所不同，它显示了"高级筛选"对话框，而不是"自动筛选"菜单。可以在要筛选的单元格区域上方的单独条件区域中输入高级条件。Excel 将"高级筛选"对话框中的条件区域用作高级条件的源。条件区域含有列标签，若置于数据清单区域上方，条件值和数据清单区域之间一般有一个空白行。

【例 3.14】以"学生成绩单"为例，介绍如何使用高级筛选功能，将平时成绩或者期末成绩优秀（>=90）的学生显示出来。

操作步骤：

（1）准备数据

复制"成绩单"工作表，放置在"自动筛选"工作表之前，如图 3.37 所示。工作表重命名为"高级筛选"，删除标题行。

（2）编辑高级条件

首先，插入 4 个空白行。打开"高级筛选"工作表，在数据清单上方，使用首行行号环境菜单的"插入"命令，插入一个空白行；使用"恢复（重复键入）"快捷键 F4，重复三次，插入 3 个空白行。

其次，编辑列标签。在单元格 F1 和 G1 中，分别输入"平时成绩"和"期末成绩"。

最后，编辑高级条件。在单元格 F2 和 G3 中，都输入优秀的条件">=90"。多个条件值在同一行，表示"与"的逻辑关系；在不同行，表示"或"的逻辑关系。

（3）筛选数据

选择数据清单区域 A5:J258，单击"数据"选项卡→"排序和筛选"功能区→"高级"按钮，弹出"高级筛选"对话框，添加条件区域"$F$1: $G$3"后，如图 3.38 所示。

"高级"筛选方式除了在原有区域显示筛选结果，也可以将筛选结果复制到其他位置，原有区域数据保持不变。

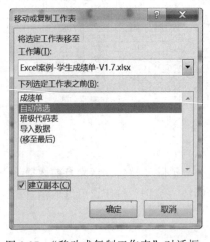

图 3.37　"移动或复制工作表"对话框

图 3.38　"高级筛选"对话框

 真题链接

以下对 Excel 高级筛选功能，说法正确的是（　　　）。

A）单击"数据"选项卡→"排序和筛选"功能区→"筛选"按钮可进行高级筛选

B）高级筛选通常需要在工作表中设置条件区域

C）高级筛选之前必须对数据进行排序

D）高级筛选就是自定义筛选

答案：B。

3.4.4　数据验证

在数据清单中，存在某一个或多个列，唯一标识表中的某一条记录，如学生成绩单中的学号。Excel 的数据验证功能，限制单元格输入数据类型或用户输入的值，因此可以确保学号的唯一性。

【例 3.15】以"学生成绩单"为例，介绍如何使用数据验证功能，避免录入重复学号。

操作步骤：

（1）准备数据

复制"自动筛选"工作表，放置在"高级筛选"工作表之前。新建的工作表重命名为"数据筛选"，按 Ctrl+Shift+L 组合键取消筛选功能。

（2）数据验证

①选择操作对象。选择单元格 B2，按 Ctrl+Shift+↓ 组合键选择所有学号单元格区域。

②打开"数据验证"对话框。单击"数据"选项卡→"数据工具"功能区→"数据验证"按钮，弹出"数据验证"对话框。

③设置"数据验证"参数。选择"允许"下拉列表中的"自定义"选项，"公式"参数文本框输入"=COUNTIF($B$2:$E$254,B2)=1"，其中，"$B$2:$E$254"表示比较区域是所有学号，相对单元格引用 B2，其他单元格的数据验证参数保持相对变化，即自动变化为待验证学号单元格引用，如图 3.39 所示。

图 3.39　"数据验证"对话框

（3）测试验证效果

编辑单元格 B3 内容，尝试更新为 2019043101，弹出"此值与此单元格定义的数据验证限制不匹配"提示信息，确保了学号的唯一性。

3.4.5　排序

在计算机科学中，排序是指将一组数据（记录）依照特定方式重新排列，最常用到的排列方式为数值顺序和字典顺序。排序输出遵守两个原则：输出结果为递增或递减顺序；输出结果是原输入的一种排列或者重组。

Excel 中提供了简便易用的排序功能，可以对包含单个列或多个列的数据清单进行排序，即 Excel 排序组件将一个或多个列标题作为关键字，按照某种排序方式（例如数值或单元格颜色等），输出结果遵守某种顺序（递增、递减或自定义序列），将数据清单中的记录重新排列。当使用多个关键字排序时，首先按照第一个关键字排序，然后第一个关键字相同的记录按照第二个关键字排序，依此类推。

【例 3.16】以"学生成绩单"为例，以"总成绩"为关键字，按照"总成绩"递减的顺序，对数据清单进行排序。

操作步骤：

（1）准备数据

在"数据验证"工作表之前，复制此工作表，重命名为"排序"。

（2）选择数据清单

选择数据清单中任何一个单元格，按 Ctrl+A 组合键，选择所有列标题和所有学生记录。

通常情况下，按鼠标左键拖动，选择数据清单的单元格区域，但是当数据清单过长时，一般借助 Shift 键辅助选择。另外，排序时不需要选择数据清单的总标题和其他辅助信息。

（3）排序

单击"数据"选项卡→"排序和筛选"功能区→"排序"按钮，如图 3.40 所示。

图 3.40　单击"排序"按钮

在弹出的"排序"对话框中，默认只有主关键字，可以根据需要添加次关键词，可以通过"添加条件"和"删除条件"按钮控制关键字数量。本案例只有一个主要关键字"总成绩"，"次序"更改为"降序"，其他按默认设置，如图 3.41 所示。注意：如果之前没有选择列标题或者根本就没有列标题，表明数据不包含标题，应取消勾选"数据包含标题"复选框，此时关键字的列名称不再是列标题，而显示为"列 A""列 B"等。

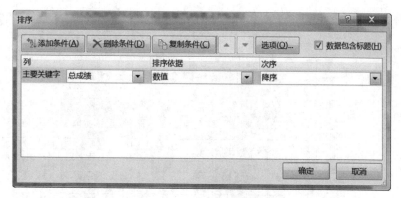

图 3.41　"排序"对话框

排序后，列标题仍然在数据清单第一行，所有学生记录按照指定顺序重新排列。

注意：若关键字是含有文本格式的数字，确定排序时会弹出"排序提醒"对话框，选择合适的处理方式即可。

3.4.6　分组显示和分类汇总

需要进行分组和汇总数据清单时，可以使用"创建组"功能实现分组显示，创建一个最多 8 个级别的大纲。每个内部级别在分级显示符号中由较大的数字表示，它们分别显示其前一外部级别的明细数据，这些外部级别在分级显示符号中均由较小的数字表示。若要显示组中的明细数据，可单击组的 ⊞ 按钮；若要隐藏组的明细数据，可单击组的 ⊟ 按钮。在 1 2 3 分级显示符号中，单击所需级别的编号，处于较低级别的明细数据将变为隐藏状态。

分类汇总可以快速实现分组显示，按照某种类别对数据清单进行统计和分析，发现数据隐含的信息。Excel 中的分类汇总功能有且仅有一个分类字段，汇总方式可以是求和、求平均、计数、求最大值、求最小值等，可以对多个字段进行汇总，但是只能使用同一个汇总方式。为了使得分类汇总后的数据有实际意义，每次分类汇总之前，通常先按分类字段进行排序，这样使得同一个类别的记录连续排列在数据清单中。

【例 3.17】以"学生成绩单"为例，介绍如何快速计算每个班级学生的平时成绩、期末成绩和总成绩的平均值。

操作步骤：

（1）准备数据

在"排序"工作表之前，复制此工作表，重命名为"分类汇总"。

（2）排序

统计每个班级的信息，需要相同班级的学生信息排在连续的区域。以"系"为主要关键字，"班级"和"学号"为次要关键字，按升序排序。排序结果如图 3.42 所示。

由于学号 2019043101 使用单引号转换数值为文本格式，其他学号使用"单元格格式"命令设置为文本格式。排序时，需要在"排序提醒"对话框中，选中"将任何类似数字的内容排序"单选按钮，如图 3.43 所示。

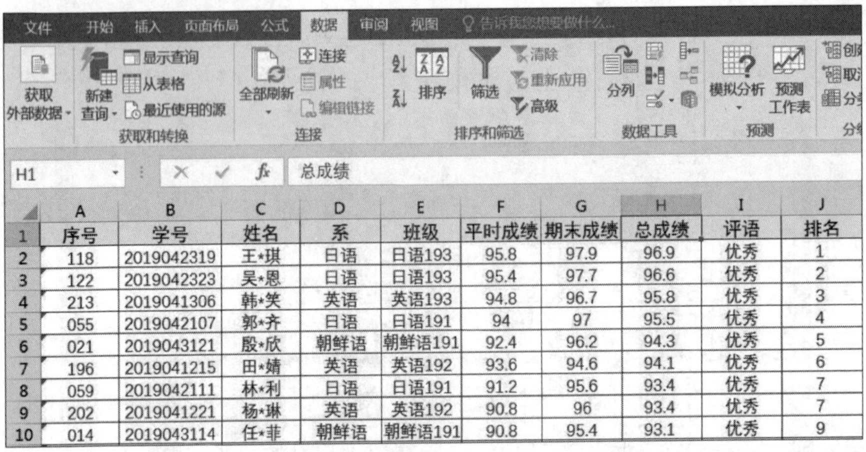

	A	B	C	D	E	F	G	H	I	J
1	序号	学号	姓名	系	班级	平时成绩	期末成绩	总成绩	评语	排名
2	118	2019042319	王*琪	日语	日语193	95.8	97.9	96.9	优秀	1
3	122	2019042323	吴*恩	日语	日语193	95.4	97.7	96.6	优秀	2
4	213	2019041306	韩*笑	英语	英语193	94.8	96.7	95.8	优秀	3
5	055	2019042107	郭*齐	日语	日语191	94	97	95.5	优秀	4
6	021	2019043121	殷*欣	朝鲜语	朝鲜语191	92.4	96.2	94.3	优秀	5
7	196	2019041215	田*婧	英语	英语192	93.6	94.6	94.1	优秀	6
8	059	2019042111	林*利	日语	日语191	91.2	95.6	93.4	优秀	7
9	202	2019041221	杨*琳	英语	英语192	90.8	96	93.4	优秀	7
10	014	2019043114	任*菲	朝鲜语	朝鲜语191	90.8	95.4	93.1	优秀	9

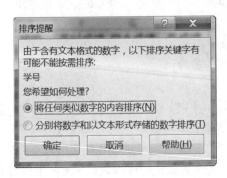

图 3.42 “排序”结果

图 3.43 “排序提醒”对话框

（3）分类汇总

单击“数据”选项卡→“分级显示”功能区→“分类汇总”按钮（见图 3.44），弹出“分类汇总”对话框。

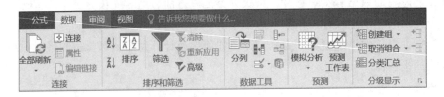

图 3.44 “数据”选项卡中的“分类汇总”按钮

在“分类汇总”对话框中，设置“分类字段”为“班级”，“汇总方式”为“平均值”，“汇总项”为“平时成绩”“期末成绩”“总成绩”，其他按默认设置，如图 3.45 所示。

（4）分级显示

对数据清单进行分类汇总后，按班级统计成绩平均值。分为三个级别显示数据，即总计平均值、班级平均值和明细。本案例选择第 2 级别，显示每个班级的平均值和总计平均值。调整班级平均值至适当列宽，显示完整内容。设置所有平均值数据格式为“数值”，“小数位数 1 位”，结果如图 3.46 所示。

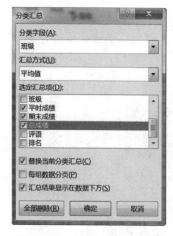

图 3.45　"分类汇总"对话框

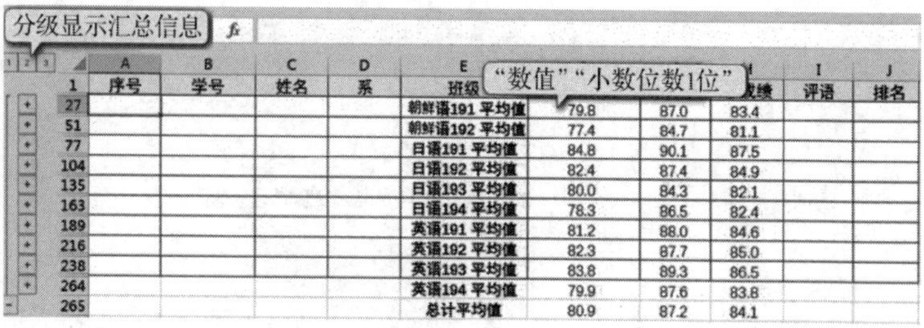

图 3.46　"分类汇总"结果

拓展——取消分类汇总

若要取消分类汇总，只需单击"分类汇总"对话框中的"全部删除"按钮即可。

3.4.7　数据透视表

分类汇总可以按照某个分类字段汇总数据，但是学习生活中有时需要对多个字段汇总，且有时需要对每个分类字段设置不同的汇总方式。数据透视表是一种可以快速汇总大量数据的交互式方法，可以对多字段汇总，不但可以采用不同的汇总方式，而且还可以方便地对汇总后的数据设置多种格式。

数据透视图通过对数据透视表中的汇总数据添加可视化效果来对其进行补充，以便用户轻松查看比较、模式和趋势。借助数据透视表和数据透视图，用户可对企业中的关键数据做出明智决策。数据透视图为关联数据透视表中的数据提供其图形表示形式。数据透视图也是交互式的，创建数据透视图时，会显示数据透视图筛选窗格。可使用此筛选窗格对数据透视图的基础数据进行排序和筛选。

用户可以动态地改变数据透视表的版面布置，以便按照不同方式分析数据，也可以重新安排行标签、列标签和页字段。每一次改变版面布置时，数据透视表会立即按照新的布置重新计算数据。另外，如果原始数据发生更改，则可以更新数据透视表。对关联数据透视表中的布局和数据的更改将立即体现在数据透视图的布局和数据中，反之亦然。

【例 3.18】以"学生成绩单"为例，创建数据透视表，汇总不同系和班级的学生总成绩的平均分和最高分。

操作步骤：

（1）准备数据

打开"成绩单"工作表，选择单元格 A2，按 Ctrl+Shift+→+↓组合键，选择学生成绩单元格区域 A2:J255。

（2）插入数据透视表

单击"插入"选项卡→"表格"功能区→"数据透视表"按钮，弹出"创建数据透视表"对话框，可以重新选择一个表或区域（由于之前选择了数据清单，此处可以不用重新设置），也可以选择放置数据透视表的位置，此处按默认建立一个新工作表，如图 3.47 所示。

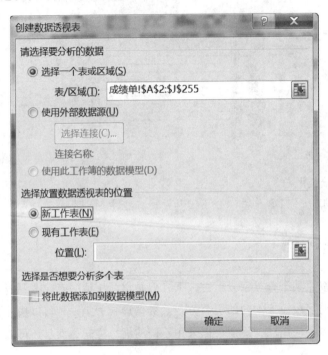

图 3.47　"创建数据透视表"对话框

（3）编辑数据透视表

①选择要添加到报表的字段。新建工作表后，重命名为"数据透视表"。选择数据透视表单元格 A1，在窗口右侧的"数据透视表字段列表"子窗口中，按鼠标左键拖动将"系"放置在"筛选器"区域内，将"班级"放置在"行"标签区域内，将"总成绩"放置在"值"标签区域内两次，虚拟字段"数值"自动添加到"列"标签区域内。

注意：将某字段拖动左键至区域外或者使用某字段的"删除字段"命令，可以将该字段移除。

②设置值字段。单击"数值"区域内的第 1 个"求和项：总成绩"字段，在弹出的菜单中选择"值字段设置"命令，弹出"值字段设置"对话框，选择"计算类型"分别为"平均值"，类似上述操作，修改第 2 个"求和项：总成绩"的"计算类型"为"最大值"。使用"值字段设置"对话框的"数字格式"命令，修改数据类型为"数值"和"小数位数 1 位"。

数据透视表的字段列表如图 3.48 所示。

③设置单元格格式。选择单元格区域 A1:C14，设置水平和垂直对齐方式为"居中"，结果如图 3.49 所示。

	A	B	C
1	系	(全部) ▼	
2			
3	行标签 ▼	平均值项:总成绩	最大值项:总成绩
4	朝鲜语191	83.4	94.3
5	朝鲜语192	81.1	90.9
6	日语191	87.5	95.5
7	日语192	84.9	92.5
8	日语193	82.1	96.9
9	日语194	82.4	88.8
10	英语191	84.6	92.8
11	英语192	85.0	94.1
12	英语193	86.5	95.8
13	英语194	83.8	92.4
14	总计	84.1	96.9
15			
16			
17			

成绩单　数据透视表　分类汇总　排序　数

图 3.48　"数据透视表字段"列表　　　　图 3.49　"学生成绩单"数据透视表

3.5　数据可视化

3.5.1　图表

图表泛指在屏幕中显示的，可直观展示统计信息属性，对知识挖掘和信息直观生动感受起关键作用的图形结构，是一种很好地将对象属性数据直观、形象地"可视化"的手段。图表设计是通过图示、表格来表示某种事物的现象或某种思维的抽象观念。

图表的特点是文字描述尽可能少，文字往往只用来标注数据或表达图表的主题。图表的标题通常是对表达对象的简洁描述，让观众一目了然地知道是何种数据，标题通常显示在主图形的上方。坐标轴标签一般用较小的文字标示水平轴（X轴）或垂直轴（Y轴）上的数据或分类，这些文字经常被称为坐标轴标题，且经常带有单位，例如"距离（米）"。图表中显示的数据，以点状、线状或其他形状，呈现在双轴坐标系统里，也会有文字标示，称为数据标签，辅助观看者解读和比对数据在坐标轴上的位置和关系。当图表中包括多组数据时，往往需要图例标识每组的名称或用途，一般使用不同的颜色加以区分。

在 Excel 中，包括多种图表类型，每种类型适合表达不同种类的数据：

①柱形图适用于比较二维数据集（每个数据点包括两个值 x 和 y），但只有一个维度需要比较。

②折线图适用于显示随时间变化的趋势。

③饼图适用于显示每个值占总值的比例。

④条形图是比较多个值的最佳图表类型。

⑤面积图突出显示一段时间内几组数据间的差异。

⑥散点图适用于比较成对出现的数值。

在 Excel 中，不同类型的图表组成有所不同，一般情况下，一个图表包括文字和图形两部分，文字包括图表标题、坐标轴标题、数据标签等。图形由图表区、绘图区、坐标轴（例如垂直（值）轴和水平（类别）轴）、数据系列（包含数据点）、图例等组成。通过"设计"和"格式"选项卡上的工具按钮和菜单命令，修改这些对象的布局特性和样式。

在数据透视表的基础上，可以轻松创建图表，即数据透视图，这里不再赘述。

【例 3.19】以"学生成绩单"为例，创建"簇状柱形图"比较各专业（如朝鲜语、日语和英语等）学生的成绩。

操作步骤:

（1）准备数据

①准备工作表。复制"班级平均值"工作表，放置在"数据透视表"工作表之前，新工作表重命名为"图表"。

②提取"专业"信息:

首先，在 C 列左边插入新列，输入列标题"专业"。

其次，在单元格 B2 中，输入"朝鲜语 191"的专业"朝鲜语"。

再次，选择单元格 B3，按 Ctrl+E 组合键，快速填充单元格区域 B3:B11 的专业名称。

最后，复制 B3:B11 数据至 B13:B23，单击"数据"选项卡→"数据工具"功能区→"删除重复项"按钮，提取 3 个专业"朝鲜语""日语""英语"。

③计算各专业成绩平均值。使用"分类汇总"功能（参见 3.4.6 节），以"专业"为分类字段，汇总方式为"平均值"，计算"平时成绩""期末成绩""总成绩"的平均值，设置显示第 2 级内容。

④创建专业成绩表。按住 Ctrl 键不放，拖动鼠标左键，选择不连续区域，B1:E1、B4:E4、B9:E9 和 B14:E14。按 Ctrl+C 和 Ctrl+V 组合键，将单元格区域 B1:E1、B4:E4、B9:E9、B14:E14 数据，复制到单元格区域 B17:E20。设置单元格区域 B17:E20 边框格式为"所有框线"，结果如图 3.50 所示。

	A	B	C	D	E
1	班级	专业	平时成绩	期末成绩	总成绩
4		朝鲜语平均值	78.6	85.9	82.2
9		日语 平均值	81.3	87.1	84.2
14		英语 平均值	81.8	88.2	85.0
15		总计平均值	81.0	87.3	84.1
16					
17		专业	平时成绩	期末成绩	总成绩
18		朝鲜语	78.6	85.9	82.2
19		日语	81.3	87.1	84.2
20		英语	81.8	88.2	85.0
21					
22					
23					
24					

图 3.50　专业成绩表

（2）插入图表

选择单元格区域 B17:E20，有两种方法插入"二维簇状柱形图"图表:

方法 1: 使用"插入"选项卡→"图表"功能区→"插入柱形图或条形图"→"二维柱形

图"→"簇状柱形图"按钮，插入二维簇状柱形图。

方法 2：使用快捷键 Ctrl，弹出"快速分析"对话框，单击"图表"选项卡→"簇状柱形图"按钮，插入二维簇状柱形图，如图 3.51 所示。

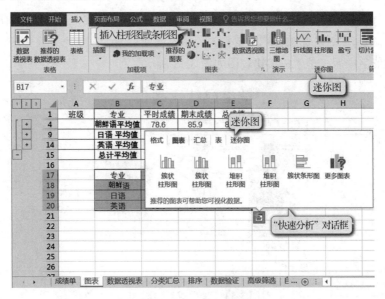

图 3.51　插入图表

（3）设置图表布局和样式

①设置 Excel 预设布局。单击 "设计"选项卡→"图表布局"功能区→"快速布局"→"布局 1"按钮。

②设置 Excel 预设样式。"设计"选项卡→"图表样式"功能区→"样式 3"。

（4）设置图表元素

①设置图表标题。右击"图表标题"，选择"编辑文字"命令，输入标题"学生成绩比较图"。

②设置坐标轴格式。双击坐标轴，在窗口右侧出现"设置坐标轴格式"窗格，如图 3.52 所示。

· 设置"坐标轴选项"的"边界最大值"和"边界最小值"分别为 90 和 70。

· 设置"坐标轴选项"的"主要单位"和"次要单位"分别为 5 和 1。

· 设置"刻度线"的"主要类型"和"次要类型"均为"内部"。

图 3.52　"设置坐标轴格式"窗格

③设置坐标轴标题：

选择"设计"选项卡→"图表布局"功能区→"添加图表元素"→"轴坐标"→"主要横坐标轴"命令，"横坐标轴标题"设置为"学生专业"。

选择"设计"选项卡→"图表布局"功能区→"添加图表元素"菜单→"轴坐标"→"主要纵坐标轴"命令，"纵坐标轴标题"设置为"学生成绩"。

删除平均值字样后，学生成绩比较图如图 3.53 所示。

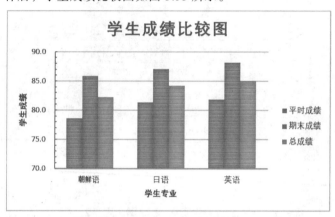

图 3.53　学生成绩比较图

真题链接

在 Excel 中，对产品销售情况进行分析，需要选择不连续的数据区域，作为创建分析图表的数据源，最优的操作方法是（　　）。

A）直接拖动鼠标选择相关的数据区域

B）按下 Shift 键不放，拖动鼠标依次选择相关的数据区域

C）在名称框中，分别输入单元格区域地址，中间用西文半角逗号分隔

D）按下 Ctrl 键不放，拖动鼠标依次选择相关的数据区域

答案：D。

3.5.2　迷你图

迷你图是工作表单元格中的微型图表，可用于直观地表示和显示数据趋势。迷你图可以通过不同颜色吸引对重要项目的注意，或突出显示最大值和最小值。将迷你图放在其数据附近可提供非常好的视觉冲击力。显示工作表数据的趋势非常有用，特别是多人共享数据时。

【例 3.20】以"学生成绩单"为例，创建"迷你图"，显示学生平时成绩、期末成绩和总成绩。

操作步骤：

（1）准备数据

新建工作表，放置在"图表"工作表之前，新工作表重命名为"迷你图"。选择单元格区域"图表!B17:E20"，按 Ctrl+C 和 Ctrl+V 组合键，复制粘贴到"迷你图!A1:D4"。

（2）插入迷你图

选择单元格区域"迷你图!B2:D4"，使用两种方法插入迷你图：

方法 1：使用"插入"选项卡→"迷你图"功能区→"柱形图"命令。

方法 2：按 Ctrl，弹出"快速分析"对话框，单击"迷你图"选项卡→"柱形图"按钮。

插入迷你图，如图 3.54 所示。由迷你图可知，3 个专业期末成绩均比平时成绩高，出题教师可以根据现状采取措施，例如提高期末考试难度或者降低平时测试难度。

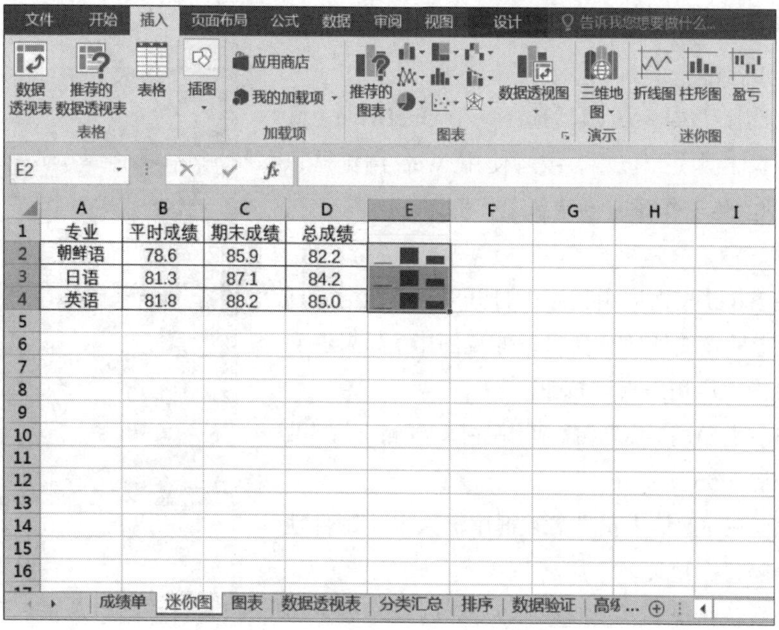

图 3.54　迷你图

真题链接

不可以在 Excel 工作表中插入的迷你图类型是（　　　　）。

A）迷你柱形图

B）迷你折线图

C）迷你盈亏图

D）迷你散点图

答案：D。

3.6　数据共享与保护

3.6.1　共同创作

共享工作簿是一个较旧的功能，允许网络上的多位用户协作处理工作簿，每位用户可看到其他用户的修订。此功能具有许多限制，已被共同创作取代。

【例 3.21】共同创作允许多位用户打开和处理同一个 Excel 工作簿。如果进行共同创作，用户可以在数秒内快速查看彼此的更改。如果使用共同创作，需要用户使用 Microsoft 账户（电子邮件地址或手机号码）登录 Office。

操作步骤：

（1）上传工作簿

在右上角选择"共享"，然后选择一个 OneDrive（微软官方出品网盘工具）云位置，或者使用 Web 浏览器，在 OneDrive 中上传工作簿或创建新工作簿。

（2）共享

当文件在 Excel 桌面应用程序中打开时，可能会看到一个黄色栏，指示该文件处于受保护的视图中。如果遇到这种情况，单击"启用编辑"按钮。

单击窗口右上角的"共享"按钮，在窗口右侧出现"共享"窗格，如图 3.55 所示。

①收件人：在"邀请人员"文本框中输入电子邮件地址，用分号分隔每个地址。

图 3.55　数据共享

②权限：默认情况下，所有收件人都可以编辑工作簿，但是可以通过单击"可编辑"选项更改设置。

③共享：单击"共享"按钮，其他人会收到一封电子邮件，邀请他们打开文件，进行共同创作。共同创作时，看到其他用户的选择具有不同的颜色，它们将显示为蓝色、紫色等，当前用户的选择将始终为绿色。在其他用户的屏幕上，他们自己的选择也显示为绿色。

如果用户希望自己发送链接，请不要单击"共享"按钮，更改为单击窗格底部的"获取共享链接"按钮。

3.6.2　保护工作簿和工作表

Excel 使用户能够保护自己的工作，无论是阻止其他用户在没有密码的情况下打开工作簿，还是授予对工作簿的只读访问权限，甚至只是保护工作表以免无意中删除任何公式。

以下是可用于保护 Excel 数据的各种选项：

①文件级别：指通过指定密码来锁定 Excel 文件，以使用户无法打开或修改文件。

②工作簿级别：可以通过指定密码锁定工作簿的结构。锁定工作簿结构可阻止其他用户添加、移动、删除、隐藏和重命名工作表。

③工作表级别：通过工作表保护可以控制用户在工作表中的工作方式。可以指定用户在工作表中可执行的具体操作，从而确保工作表中的所有重要数据都不会受到影响。

（1）保护工作簿

若要防止其他用户查看隐藏的工作表，添加、移动或隐藏工作表以及重命名工作表，可以使用密码保护 Excel 工作簿的结构。

要保护工作簿的结构，请按照以下步骤操作，如图 3.56 所示。

①单击"审阅"选项卡→"更改"功能区→"保护工作簿"按钮。

②弹出"保护结构和窗口"对话框，在"密码"框中输入一个密码。

③单击"确定"按钮，然后重新输入密码进行确认，单击"确定"按钮。

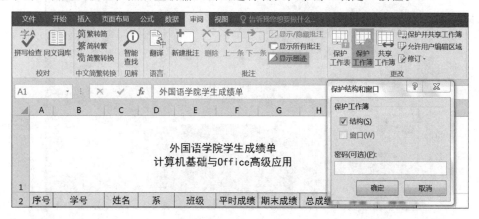

图 3.56　保护工作簿

如果在工作簿内右击工作表标签，将会看到用于更改工作簿结构的选项，如"插入""删除""重命名""移动""复制""隐藏""取消隐藏"均不可用。

要取消保护 Excel 工作簿，单击"审阅"→"保护工作簿"按钮，输入密码，然后单击"确定"按钮。

（2）保护工作表

若要防止其他用户意外或有意更改、移动或删除工作表中的数据，可以锁定 Excel 工作表上的单元格，然后使用密码保护工作表。通过使用工作表保护，用户可以使工作表的特定部分可编辑，而无法修改工作表中任何其他区域中的数据。

可以锁定单元格区域和隐藏公式；也可以让用户能够在受保护的工作表内的特定区域中工作；如果不希望其他用户查看公式，可以隐藏它们，使其在单元格或编辑栏中不可见。

①设置保护选项。右击待保护的单元格区域，选择"设置单元格格式"命令，在"单元格格式"对话框中，选择"保护"选项卡，选中"锁定"和"隐藏"复选框，如图 3.57 所示。

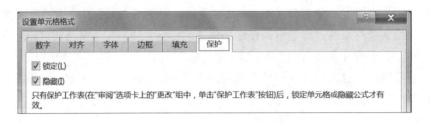

图 3.57　锁定单元格和隐藏公式

②启动保护工作表。单击"审阅"选项卡→"更改"功能区→"保护工作表"按钮，弹出"保护工作表"对话框，输入取消工作表保护时使用的密码，勾选允许此工作表的所有用户的操作权限，如图 3.58 所示。

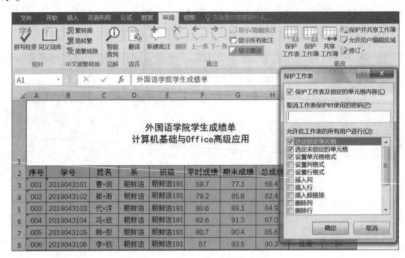

图 3.58　保护工作表

若要取消保护工作表，请按照以下步骤操作：

①转到想要取消保护的工作表。

②单击"文件"选项卡→"信息"→"保护工作簿"→"取消保护"，或单击"审阅"选项卡→"更改"功能区→"撤销工作表保护"按钮。

如果工作表已使用密码进行保护，则在"撤销工作表保护"对话框中输入密码，然后单击"确定"按钮。

3.7　宏功能的简单应用

在 Excel 中如果有要重复执行的任务，可以录制宏来自动执行这些任务。宏是可以按照需要多次运行的一个操作或一组操作。创建宏时，意味着要录制鼠标点击操作和按键操作。创建宏后，可进行编辑，以对其工作方式进行细微更改。若要编辑宏，需要初步了解一些 Visual Basic 编程语言知识，有些代码可能清晰明了，但有些代码则可能略微难懂，可以参考相关文献，本书不再赘述。

下面以"学生成绩单"为例，为不及格的学生平时成绩设置为红色加粗格式，创建并运行宏，以迅速将这些格式更改应用到选中的其他成绩单元格。

1.显示"开发工具"选项卡

选择"文件"→"选项"命令弹出"Excel 选项"对话框，选择"自定义功能区"选项，在"主选项卡"下，选中"开发工具"复选框，单击"确定"按钮，显示"开发工具"卡，如图 3.59 所示。

图 3.59 "开发工具"选项卡

2.录制宏

①选择某同学成绩单元格，例如 F3。

②单击"开发工具"选项卡→"代码"功能区→"录制宏"按钮，在弹出的"录制宏"对话框中，设置宏名称、快捷键和说明等参数，如图 3.60 所示。

图 3.60 "录制宏"对话框

③单击"确定"按钮后，开始录制宏。

添加条件格式：条件为">90"、格式为"紫色"和"加粗"。

④单击"开发工具"选项卡→"代码"功能区→"停止录制"按钮，停止录制宏。

3.运行宏

①打开包含宏的工作簿，选择目标单元格区域，如"成绩单!F3:H255"。

②单击"开发工具"选项卡→"代码"功能区→"宏"按钮。

③在"宏"对话框中，选择要运行的宏"标识优秀学生成绩"，然后单击"执行"按钮，运行宏，为所有成绩添加条件格式。

在"宏"对话框中，可以编辑、删除和修改宏选项，如图 3.61 所示。

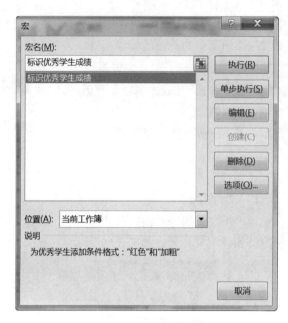

图 3.61 "宏"对话框

保存当前工作簿时，显示"无法在未启用宏的工作簿中保存以下功能"，单击"否"，选择文件类型为"Excel 启用宏的工作簿(*.xlsm)"，保存文档为"Excel 案例-学生成绩单.xlsm"。

课后习题

小李是某政法大学的工作人员，为更好地掌握各个教学班级学习的整体情况，需要制作成绩分析表。请根据"Excel 课后习题-素材.xlsx"文件，帮助小李完成学生期末成绩分析表的制作。具体要求如下：

1. 将"Excel 课后习题-素材.xlsx"另存为"成绩分析.xlsx"文件，所有操作基于此新保存好的文件。

2. 在"法一""法二""法三""法四"工作表中表格内容的右侧，分别按序插入"总分""平均分""班内排名"列；并在这 4 个工作表表格内容的最下面增加"平均分"行。所有列的对齐方式设为居中，其中"班内排名"列数值格式为整数，其他成绩统计列的数值均保留 1 位小数。

3. 为"法一""法二""法三""法四"工作表内容套用"表样式中等深浅 15"的表格格式，并设置表包含标题。

4. 在"法一""法二""法三""法四"工作表中，利用公式分别计算"总分""平均分""班内排名"列的值和最后一行"平均分"的值。对学生成绩不及格（小于 60）的单元格突出显示为"橙色（标准色）填充色，红色（标准色）文本"格式。

5. 在"总体情况表"工作表中，更改工作表标签为红色，并将工作表内容套用"表样式中等深浅 15"的表格格式，设置表包含标题；将所有列的对齐方式设为居中；并设置"排名"列数值格式为整数，其他成绩列的数值格式保留 1 位小数。

6. 在"总体情况表"工作表 B3:J6 单元格区域内，计算填充各班级每门课程的平均成绩；并计算"总分""平均分""总平均分""排名"所对应单元格的值。

7. 依据各课程的班级平均分，在"总体情况表"工作表 A9:M30 区域内插入二维的簇状柱形图，水平簇标签为各班级名称，图例项为各课程名称。

8. 将该文件中所有工作表的第一行根据表格内容合并为一个单元格，并改变默认的字体、字号，使其成为当前工作表的标题。

9. 保存"成绩分析.xlsx"文件。

第**4**章

演示文稿

"凭借用户的演示技能给观众留下深刻的印象"——微软。

计算机已经成为人们学习、工作和生活不可或缺的一部分，随着办公自动化的普及，演示文稿在各种答辩、汇报、宣传、推介活动中起到越来越重要的作用。演示文稿可以帮助演讲者将所要阐述的内容轻松、生动地呈现给听众，并给观众留下深刻的印象。

目前，主流演示文稿制作软件包括微软公司的 PowerPoint、苹果公司的 Keynote 和金山公司的 WPS 等。PowerPoint 是微软公司推出的 Office 系列产品之一，本书以 PowerPoint 2016 为例，介绍演示文稿相关的基本概念和操作以及使用技巧。

4.1　认识演示文稿

演示文稿是一种由文字、图片、图表、视频、音频等媒体元素加上一些特效动态显示效果的可播放文件，用来更加直接、直观地阐述观点，使观众更加容易理解的辅助工具。

一个演示文稿由若干张幻灯片组成。每张幻灯片都是基于某种模板创建的，它预定义了新建幻灯片的布局情况。幻灯片中可以加入文字、图片、图表、视频、音频等媒体元素，并在这些内容的基础上加入特效。每张幻灯片既相互独立，又相互联系。

4.1.1　PowerPoint 工作界面

启动 PowerPoint 或打开 PowerPoint 演示文稿，弹出 PowerPoint 窗口，其工作区布局和用途，如图 4.1 所示。

1. 快速访问工具栏

快速访问工具栏包含常用的命令按钮，如保存（Ctrl+S）、撤销（Ctrl+Z）、恢复（Ctrl+Y）等。用户可以添加新的命令按钮到此工具栏中，如"打开""打印预览和打印"等，单击"自定义快速访问工具栏"按钮，在弹出的菜单中控制显示或隐藏某个命令按钮。

图 4.1　PowerPoint 工作界面

2. 选项卡

在 PowerPoint 窗口的上方包含若干主选项卡，如"文件""开始""插入""设计""切换""动画""幻灯片放映""视图"等。当选定幻灯片中某个对象后，会出现不同的工具选项卡，如"格式"绘图工具选项卡等。每个选项卡包含若干功能区，如"开始"选项卡包含"字体""段落"等功能区。

3. 功能区

功能区中包含最常用的相关命令，如"字体"功能区包含"字体""字形""字号"等命令。

4. "幻灯片"窗格

选定某个幻灯片后，可以在幻灯片窗格编辑该幻灯片内容，添加多种媒体素材。

5. "备注"窗格

可以将幻灯片中不方便显示的内容放在此处。单击"视图"选项卡→"显示"功能区中的"备注"按钮或状态栏上的"备注"按钮可以"打开"或"隐藏"备注窗格。

6. "批注"窗格

批注就是为文档的内容添加注释。单击状态栏上"批注"按钮，可以"打开"或"关闭"批注窗格；同样在"审阅"选项卡"批注"功能区中单击"新建批注"按钮也可以打开"批注"窗格；在"批注"功能区"显示批注"下拉菜单中选择"批注窗格"可控制批注窗格的关闭或显示。

7. 状态栏

用于显示幻灯片页码、页数等信息，控制视图模式及缩放显示比例。

PowerPoint 提供 5 种视图模式：普通、大纲视图、幻灯片浏览、备注页和阅读视图，功能如表 4.1 所示。在"视图"选项卡"演示文稿视图"功能区中可单击相应按钮切换视图，也可在状态栏上单击相应视图按钮切换（状态栏不提供"大纲视图"和"备注页视图"的切换）。

表 4.1　PowerPoint 视图模式

视　　图	功　能　作　用
普通视图	普通视图是 PowerPoint 的默认视图，也是主要的编辑视图。普通视图中，左侧是"缩略图"窗格，可以对幻灯片缩略图进行排序，新建幻灯片、删除幻灯片、新增节、隐藏幻灯片等一系列设置。"幻灯片窗格"在窗口的核心部位，在此视图中显示当前幻灯片，可以在这里添加文本，插入图片、表格、SmartArt 图形、图表、绘图对象、文本框、视频、音频、超链接和动画等
大纲视图	大纲视图中，左窗格中将演示文稿显示为由每张幻灯片中的标题和主文本组成的大纲，主文本在幻灯片标题下缩进。显示演示文稿文字内容的整体架构，便于输入分级的文字内容
幻灯片浏览	在幻灯片浏览视图中，可以在屏幕上同时看到演示文稿中的所有幻灯片，这些幻灯片是以缩略图显示的，每张幻灯片下方显示编号，便于查看演示文稿中所有幻灯片的全貌，并可以添加、复制、删除幻灯片，调整幻灯片的顺序，设置幻灯片放映时的切换效果等
备注页	备注是为幻灯片添加的注释信息，它们不在放映时展示，但会随幻灯片一起保存。在普通视图下，单击备注按钮，可以打开备注窗格查看或编辑备注内容，而在备注页视图中可查看或编辑大量备注信息，或在备注中插入图片、图形等元素。在视图上方显示幻灯片缩略图，下方编辑备注文字
阅读视图	在创建演示文稿的任何时候，用户都可以通过单击"阅读视图"按钮，来启动幻灯片放映和预览演示文稿。在幻灯片阅读视图中并不是显示单个静止画面，而是以动态的形式显示演示文稿中各个幻灯片，用于查看动画和切换效果，无须全屏放映，且 PowerPoint 在窗口下方提供一个浏览工具。阅读视图时不能修改幻灯片，可按 Esc 键退出后，进入普通视图修改

高级技巧——使幻灯片适应当前窗口

单击缩放滑块最右侧的按钮 ⊞，可自动实现当前幻灯片以最佳显示比例适应当前窗口大小的操作。或者按住 Ctrl 键，同时使用鼠标滚轮也可以缩放幻灯片显示比例。

拓展——设置视图模式

打开演示文稿时显示的视图，默认为上次保存文件时的视图状态。要改变默认值，如希望每次打开演示文稿都自动进入幻灯片浏览视图，可在选项中设置。单击"文件"选项卡，选择"选项"，在弹出的"PowerPoint 选项"对话框左侧选择"高级"，在右侧选择"显示"功能区的"用此视图打开全部文档"下拉列表中的"幻灯片浏览"选项即可。

真题链接

在 PowerPoint 中，幻灯片浏览视图主要用于（　　　）。

A）对幻灯片的内容进行编辑修改及格式调整

B）对幻灯片的内容进行动画设计

C）观看幻灯片的播放效果

D）对所有幻灯片进行整理编排或次序调整

答案：D。

4.1.2　演示文稿的创建与保存

　　一套完整的演示文稿，通常包括封面、目录、内容、封底等部分，由若干幻灯片组成。启动 PowerPoint 后，系统会自动创建一个空白的演示文稿；也可以使用"文件"选项卡中的"新建"命令，创建一个空白的演示文稿。空白的演示文稿不含任何设计方案和示例文本，全部内容可根据需要自己制作。

　　演示文稿也可以通过模板创建。PowerPoint 提供了种类繁多的联机模板和主题，这些模板和主题已经制作好了框架，具有精美的背景和通用的示范文本，用户只要在其中填写内容即可制作出专业水准的演示文稿。

　　制作者也可以自己创建 PowerPoint 模板文件，模板文件的扩展名为.potx、.potm 或.pot。

　　首次使用"文件"选项卡中"保存"命令时，会弹出"另存为"窗口，如图 4.2 所示。

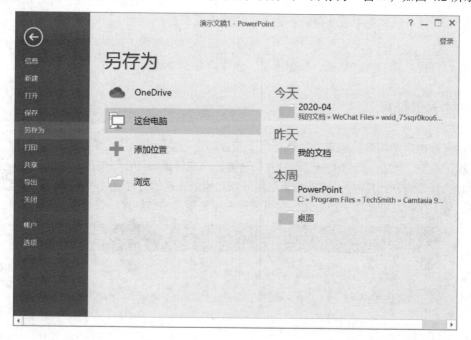

图 4.2　"另存为"窗口

　　"另存为"有 4 个位置可以选择，其中单击 OneDrive 可以从任何位置访问你的文件并与任何人共享；单击"这台电脑"会列出之前打开过的文件夹，便于快速选择想用的文件夹；单击"添加位置"可以轻松地将 Office 文档保存到云；单击"浏览"文件夹图标，可以打开"另存为"对话框，允许用户修改文件存储位置、文件名和文件类型。

　　高级技巧——快速保存

　　在编辑 PowerPoint 文件的过程中，数据从键盘或硬盘、光盘、U 盘等外部存储设备，输入到内存（RAM）中，与外部存储设备或只读存储器（ROM）不同，内存中的数据会在断电时自动消失，所以应该养成经常保存文件的习惯，利用 Ctrl+S 组合键可以快速保存文件。

4.2　演示文稿制作流程

制作演示文稿并没有一成不变的顺序，但是科学的制作流程能为用户节约时间，从繁复的修改工作中解脱出来。一般而言，可以按照以下几步制作演示文稿。

1. 准备

根据观众的类型，确定演示方案，准备文本、图片等素材。

2. 创建

根据演示方案，将演示内容录入到幻灯片中。通常情况下，此时关注的焦点是内容的筛选，不要过分在意素材的摆放位置和样式。

3. 修饰

确定了演示内容以后，根据演讲的主题，利用背景、主题、自定义动画、幻灯片切换、字体、段落、设计、格式等手段，美化界面和优化演示效果。

4. 预演

放映幻灯片，观看播放效果，根据需要，修改内容或布局。

4.2.1　插入幻灯片

演示文稿由多个幻灯片组成，默认情况下新建的空白演示文稿自动包含一张"标题"版式的幻灯片，单击"开始"选项卡→"幻灯片"功能区→"新建幻灯片"按钮，可以创建一张新的"标题和内容"版式的幻灯片。如果希望创建一张其他版式的幻灯片，可单击"新建幻灯片"下拉按钮，从下拉列表中选择一种版式，即可新建一张该版式的幻灯片，如图 4.3 所示。

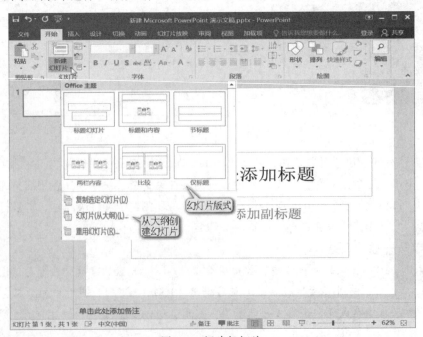

图 4.3　新建幻灯片

在"普通视图"左侧"幻灯片缩略图"窗格中单击幻灯片之间的空白处,将出现一条横向的插入点,这时单击"新建幻灯片",将会在插入点位置插入幻灯片。如果先选定一张幻灯片,然后再单击"新建幻灯片"按钮,则是在选定的幻灯片之后插入同版式的新幻灯片。

拓展——幻灯片版式

幻灯片版式是指幻灯片所包含内容的种类及各内容的布局方式。例如,同样有标题和内容,在这种版式中标题在上方、内容在下方;在另种版式中标题在右侧,内容在左侧;在第三种版式中又可以包含一个标题和左右的两项内容。

想重设幻灯片的版式可以单击"开始"选项卡→"幻灯片"功能区→"版式"按钮或在右键快捷菜单中选择"版式"命令,在弹出的"版式列表"中选择想要的版式。

4.2.2　编辑幻灯片

1.幻灯片的大小和方向

PowerPoint 2016 版本的新演示文稿的默认大小为宽屏(16:9),方向为横向。要改变幻灯片大小和方向,可单击"设计"选项卡→"自定义"功能区→"幻灯片大小"命令,在弹出的下拉列表中选择所需的默认大小,如图 4.4 所示。如果想要的默认幻灯片大小不同于此处所列的大小,可选择"自定义幻灯片大小"命令,弹出"幻灯片大小"对话框(见图 4.5),在"幻灯片大小"下拉列表中选择其他大小,如全屏显示(4:3)等;若选择其中的"自定义",可分别在"宽度""高度"框中输入数值自定义幻灯片大小。该对话框中还可以设置幻灯片、备注、讲义和大纲的方向为横向或纵向及幻灯片编号的起始值。

图 4.4　幻灯片大小下拉列表

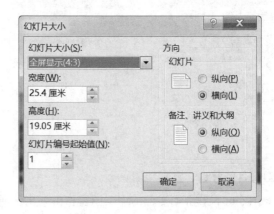

图 4.5　"幻灯片大小"对话框

拓展——放映两种方向幻灯片

在同一演示文稿中,所有的幻灯片方向都是统一的。如果希望部分幻灯片为横向,部分为纵向,可创建两个演示文稿,分别设置幻灯片方向为横向和纵向。然后设置超链接,即在播放第一个演示文稿时,通过单击某个文字或图形打开超链接,链接到第 2 个演示文稿继续播放,实现放映包含两种不同方向幻灯片的演示文稿效果。

2.编辑幻灯片备注

备注是为幻灯片添加的注释信息，它们不在放映时展示，但会随幻灯片一起保存。在普通视图的窗口下方备注窗格中可查看或编辑简单的备注文字。但要编辑大量的备注内容或要在备注中插入图片，则要切换到备注页视图。

备注页实际上是一个大"画布"，其中幻灯片缩略图也是作为画布上的一个图形，可被移动位置或改变大小。在备注页中，可添加图片、文本框、形状、艺术字、图表、SmartArt 等各种对象。下方备注文字的输入框也是画布的一个文本框，这样，各种内容均可被加入到幻灯片的备注中。

拓展——备注窗格显示内容

在普通视图下方的备注窗格内只能看到文字，看不到图片和其他对象。

高级技巧——快速删除所有幻灯片备注

如何快速删除所有幻灯片的备注？通过"文档检查"功能可快速完成。

单击"文件"选项卡进入后台视图，再单击"信息"，在右侧窗格中单击"检查问题"按钮，从下拉列表中选择"检查文档"选项，如图 4.6（a）所示。

在弹出的"文档检查器"对话框中选中"演示文稿备注"，如图 4.6（b）所示，单击"检查"按钮；在之后的"审阅检查结果"界面中单击"演示文稿备注"右侧的"全部删除"按钮，如图 4.6（c）所示，即可删除所有幻灯片的备注。

|（a）检查文档|（b）文档检查器|（c）全部删除演示文稿备注|

图 4.6　文档检查

3.幻灯片的移动、复制和删除

PowerPoint 操作界面左侧的缩略图窗格中列出了演示文稿所有幻灯片的缩略图，在该窗格中可以完成幻灯片新建、复制、剪切、粘贴、移动、删除等操作。操作方法和 Word 中相似。下面列出快速完成这些功能的操作技巧。

（1）快速新建幻灯片

选择某张幻灯片后，按 Enter 键或按 Ctrl+M 组合键，可在当前幻灯片的下方新建一张相同版式的幻灯片。

（2）改变幻灯片顺序

使用鼠标左键可以拖移幻灯片缩略图，改变幻灯片的出现顺序。

（3）选择多张幻灯片

使用鼠标左键及 Ctrl 或 Shift 键可以同时选择多张幻灯片，Ctrl 键可以辅助用户选择不连续的幻灯片，Shift 键通常辅助用户选择连续的幻灯片。

（4）选择幻灯片插入点

单击幻灯片缩略图间隔区域，出现闪烁的插入点光标，表明在此处插入新建幻灯片。

（5）删除幻灯片

选择目标幻灯片后，使用右键菜单命令"删除幻灯片"，或按键盘上 Delete 键，执行删除操作。

（6）复制、剪切和粘贴幻灯片

选择目标幻灯片后，使用右键菜单命令"复制""剪切""粘贴"，执行相关操作。

4.2.3 使用幻灯片大纲批量创建幻灯片

1.在 PowerPoint 中导入 Word 大纲

在 Word 中创建和编辑好所有的幻灯片大纲，然后把此 Word 文档导入到 PowerPoint 就可以一次批量创建所有幻灯片。

【例 4.1】将 Word 文档"PPT 素材–永定土楼.docx"制作成演示文稿"永定土楼.pptx"。

操作步骤：

（1）在 Word 中设置大纲级别

在 Word 中打开素材文件"PPT 素材–永定土楼.docx"，切换到大纲视图，为各级内容设置好不同的级别，如图 4.7 所示。

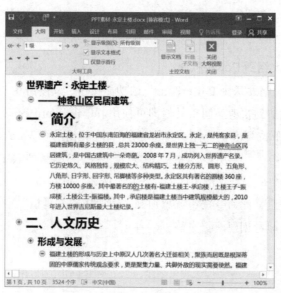

图 4.7 "永定土楼"Word 大纲视图

在大纲级别框中将作为幻灯片标题的文本设为"1 级",将作为幻灯片中一级内容的文本设为"2 级",将作为幻灯片中二级内容文本设为"3 级"……设好大纲级别后保存文档并关闭Word。

（2）从大纲创建幻灯片

在 PowerPoint 中单击"开始"选项卡→"幻灯片"功能区中的"新建幻灯片"下拉按钮,选择"幻灯片（从大纲）"命令（见图 4.3）,在弹出的"插入大纲"对话框[见图 4.8（a）]中选择编辑好大纲的 Word 文档"PPT 素材-永定土楼.docx",单击"插入"按钮即可,再根据需要删除新建演示文稿时 PowerPoint 自动创建的第一张空白幻灯片,保存演示文稿文件为"永定土楼.pptx",效果如图 4.8（b）所示。

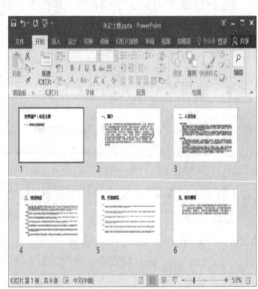

（a）"插入大纲"对话框　　　　　　　　　　（b）通过大纲生成演示文稿

图 4.8　从大纲创建幻灯片

2.在 Word 中发送大纲到 PowerPoint

在 Word 中有"将大纲发送到 PowerPoint"的功能按钮,该按钮在 Word 的默认窗口布局中是隐藏的,将该按钮添加到快速访问工具栏即可使用。单击 Word 窗口"快速访问工具栏"右侧的自定义按钮，从下拉列表中选择"其他命令",在弹出的"Word 选项"对话框中,在左上角的下拉列表中选择"不在功能区中的命令",然后在左侧列表中找到并使用"发送到Microsoft PowerPoint"命令,再单击中间的"添加"按钮,将此命令添加到右侧列表,如图 4.9所示,单击"确定"按钮,此命令按钮就添加到"快速访问工具栏"中。以后在 Word 中打开大纲文档,单击该按钮即可创建演示文稿。

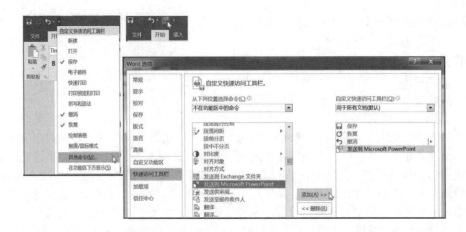

图 4.9　在 Word 中发送大纲到 PowerPoint 创建演示文稿

拓展——发送 Word 大纲到 PowerPoint 注意事项

用于创建演示文稿的 Word 文档必须是将对应段落正确设置了标题样式。如果某段落格式是"常规"样式，则不能被发送到 PowerPoint。而且只能发送文本，Word 文档中的图片、图形、文本框、艺术字、表格等元素不能从大纲直接导入到幻灯片中，但可以通过复制、粘贴的方式贴到幻灯片中。

真题链接

姜老师使用 Word 编写完了课程教案，需要根据该教案创建 PowerPoint 课件，最优的操作方法是（　　　）。

A）通过插入对象方式将 Word 文档内容插入到幻灯片中

B）Word 文档中复制相关内容到幻灯片中

C）在 Word 中直接将教案大纲发送到 PowerPoint

D）参考 Word 教案，直接在 PowerPoint 中输入相关内容

答案：C。

3.使用幻灯片大纲调整幻灯片内容

利用大纲视图可以快速创建幻灯片，并输入幻灯片中的分级内容。在大纲视图中直接输入或修改文字，右侧的幻灯片上的内容会自动跟随变化。

在大纲视图中，每张幻灯片以一个幻灯片图标（如　）开始。在图标旁边输入幻灯片标题文字，在下方的段落中依次输入幻灯片中的各级内容。要调整级别，可在"开始"选项卡"段落"功能区中单击"降低列表级别"按钮　或"提高列表级别"按钮　调整级别；也可以使用快捷键，在每个段落中按 Tab 键将段落提高一级（向右缩进），按 Shift+Tab 快捷键降低一级（向左缩进）；要提高（降低）多级，连续按 Tab（Shift+Tab）键即可。

在每一段中按 Enter 键将在下方新建一段同级内容。例如，在输入一个幻灯片的标题后按 Enter 键，则在下面又新建一个幻灯片标题的段落，即新建一张幻灯片，此时如果按 Tab 键，则会将新段提高一级，变成隶属于上一张幻灯片中的一级内容，相反，如果在某个幻灯片的一级内容的段落中按 Shift+Tab 组合键，会将此内容变为幻灯片标题级别，即它将成为新幻灯片的标题，同时新建了一张幻灯片，原来的幻灯片从此处被拆分成两张幻灯片。

【**例 4.2**】将演示文稿"永定土楼.pptx"的第 3 张幻灯片中两个一级文本拆分成 2 张幻灯片，且保持相同标题。

操作步骤：

（1）切换视图

打开素材文件"永定土楼.pptx"，切换到大纲视图。

（2）利用大纲级别拆分幻灯片

选中第 3 张幻灯片，如图 4.10 所示。在一级文本"形成与发展"下有两个二级文本，在最后一个二级文本的最后即在"'销魂夺魄'的奇特景观"处按 Enter 键，新建一个段落，新段落也是二级内容的级别，按一次 Shift+Tab 组合键，新段落变成一级级别，再按一次 Shift+Tab 组合键，则新段落变成幻灯片标题级别，同时产生了新幻灯片，如图 4.11 所示，新段落就是新幻灯片的标题。原来的第 3 张幻灯片被拆分成了两张，新幻灯片的标题仍为空白，在大纲视图中输入和第 3 张一样的标题"人文历史"，或者在右侧幻灯片编辑区中复制、粘贴第 3 张的标题也可。

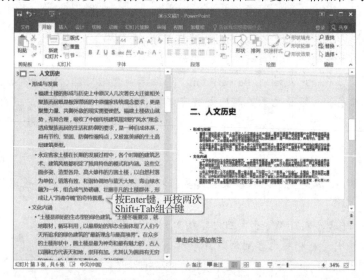

图 4.10　通过调整幻灯片大纲拆分幻灯片

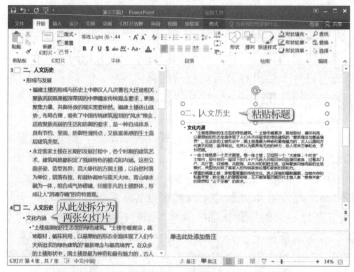

图 4.11　通过调整幻灯片大纲拆分成两张幻灯片

4.3　演示文稿制作步骤

下面以"我的家乡——大连"为例，一起制作一个图文并茂、生动活泼的演示文稿，在此过程中会陆续接触到各种 PowerPoint 易用的功能和实用的技巧。

4.3.1　演示文稿主题

大多数情况下，我们希望自己的作品具有相同的设计风格，传递近似的视觉效果，最直接的目的是能使观众集中注意力，并且明确自己始终停留在相同的主题上。微软公司为了使用户快速实践这一设计理念，提供了强大的功能——主题。

1. 什么是主题

主题是一套统一的设计元素和配色方案，是为文档提供的一套完整的格式集合。其中包括主题颜色（配色方案的集合）、主题文字（标题文字和正文文字的格式集合）和相关主题效果（如线条或填充效果的格式集合）。利用文档主题，可以非常容易地创建具有专业水准、设计精美、美观时尚的文档。

在 Microsoft Office Word、Microsoft Office Excel、Microsoft Office PowerPoint 等应用程序中，均提供了预定义的文档主题。当然，用户也可以据需要修改现有的文档主题，并将修改结果保存为一个自定义的文档主题。文档主题可以在以上应用程序之间共享，这样用户的所有 Microsoft Office 文档都可以保持相同的、一致的外观。

2. 应用主题

要快速应用主题，在"设计"选项卡"主题"功能区中选择一种主题即可，所选主题默认应用到演示文稿的所有幻灯片。图 4.12 为应用"环保"主题后的效果，单击主题功能区右下角的按钮 ▽，可查看更多主题。

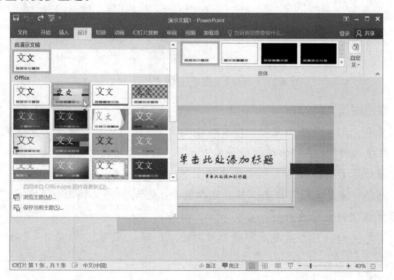

图 4.12　应用主题

Office 高级应用

PowerPoint 提供大量预设主题，每个主题都有名字，并且在"主题"功能区右侧有"变体"功能区，可提供不同的外观；若要修改"配色方案""字体""效果""背景样式"，可单击"变体"功能区右下角的其他按钮（ ⬇ ）。

修改好的主题可以通过单击"主题"功能区右下角的按钮 ⬇ 打开下拉列表，选择"保存当前主题"命令，保存成一个个性化的主题文件（.thmx）。

【例 4.3】新建演示文稿"我的家乡——大连"，应用龙腾主题。

操作步骤：

①打开 PowerPoint，新建空白演示文稿。

②导入 Word 大纲创建幻灯片。单击"开始"选项卡"新建幻灯片"功能区"幻灯片从（大纲）"命令，导入事先做好的 Word 大纲文件"我的家乡大连.docx"，生成 18 张幻灯片。

③应用"龙腾"主题。在普通视图中单击"设计"选项卡"主题"功能区的"浏览主题"命令，打开"选择主题或主题文档"对话框（见图 4.13），在文件夹中选中主题文件"龙腾.thmx"，单击"应用"按钮。

④保存演示文稿文件为"我的家乡——大连.pptx"。

图 4.13 "选择主题或主题文档"对话框

拓展——应用主题

若只希望将部分幻灯片应用主题，其他幻灯片不变，可先选择预设置的一张或多张幻灯片，然后右击选定的主题图标，在弹出的快捷菜单中选择"应用于选定幻灯片"命令，如图 4.14 所示。

若希望应用位于另一个演示文稿文件中的主题，可在"主题"功能区中单击右下角按钮 ⬇ 展开下拉列表，选择"浏览主题"命令，然后选择包含主题的演示文稿文件，单击"应用"按钮，即可将该演示文稿中的主题应用到现在的演示文稿中。

若要删除彩色主题，可在主题库中找到并单击"Office 主题"，"Office 主题"以白色为背景且设计简约。

图 4.14　右键"应用主题"菜单

真题链接

1. 小江在制作公司产品介绍的 PowerPoint 演示文稿时，希望每类产品可以通过不同的演示主题进行展示，最优的操作方法是（　　）。

A）通过 PowerPoint 中"主题分布"功能，直接应用不同的主题

B）在演示文稿中选中每类产品所包含的所有幻灯片，分别为其应用不同的主题

C）为每类产品分别制作演示文稿，每份演示文稿均应用不同的主题，然后将这些演示文稿合并为一

D）为每类产品分别制作演示文稿，每份演示文稿均应用不同的主题

答案：B。

2. 可以在 PowerPoint 内置主题中设置的内容是（　　）。

A）效果、图片和表格

B）效果、背景和图片

C）字体、颜色和表格

D）字体、颜色和效果

答案：D。

4.3.2　幻灯片母版与幻灯片版式

制作的演示文稿通常会包含大量的幻灯片，不同幻灯片传达不同信息，它们的内容和布局形态各异，但这些幻灯片仍包含一些共同的元素，如页码、徽章、装饰等，为了方便用户快速制作和修改这些属性，PowerPoint 中的幻灯片母版和幻灯片版式应运而生。

1. 母版概述

母版是一组设置，例如在母版中更改了文字、颜色、背景等，基于该母版的多张幻灯片都将同时相应改变；若在母版中添加了内容或图形，基于该母版的多张幻灯片也都将同时被添加内容或图形；这免去了逐一手工设置每张幻灯片的麻烦，更能统一演示文稿中各张幻灯片的外观。在普通视图中无法删除或编辑在母版中做的更改。

在 PowerPoint 中有 3 种母版类型：幻灯片母版、讲义母版和备注母版。

①幻灯片母版是设置所有幻灯片格式和风格的母版。

②讲义母版仅用于讲义打印，它规定的是讲义打印时的格式。

③备注母版规定以备注页视图显示幻灯片或打印备注页时的格式。

单击"视图"选项卡"母版视图"功能区中的"幻灯片母版""讲义母版""备注母版"按钮，可进入相应的母版视图。

2. 什么是"幻灯片母版"

每个演示文稿至少包含一个幻灯片母版。通常说的母版是指"幻灯片母版"，也是应用最多的母版，如图 4.15 所示。

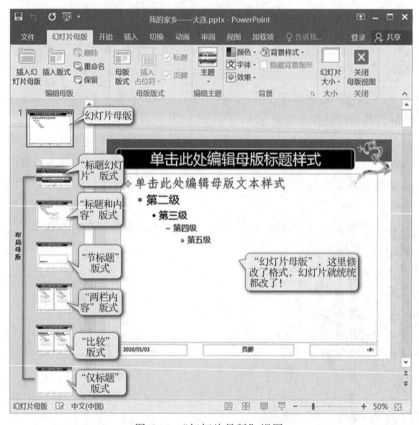

图 4.15 "幻灯片母版"视图

在"幻灯片母版"视图中，左侧缩略图窗格中最上方的"大幻灯片"就是母版，其下面包含多个"小幻灯片"是与此母版相关联的版式，即布局母版。选中其中一个缩略图即可在右侧编辑区修改。

3. 什么是"幻灯片版式"

幻灯片版式包含要在幻灯片上显示的全部内容的格式设置、位置和占位符。占位符是版式中的容器，可容纳如文本（包括正文文本、项目符号列表和标题）、表格、图表、SmartArt 图形、图片、联机图片、视频等内容，而版式也包含幻灯片的颜色、字体、和背景，如图 4.16 和图 4.17 所示。

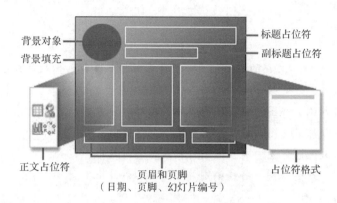

图 4.16　幻灯片版式包含的元素

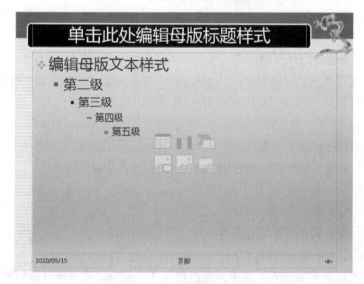

图 4.17　"标题和内容"版式

在修改"幻灯片母版"下的一个或多个版式时，实质上是在修改该幻灯片母版，每种版式的修改只对使用了这种版式的幻灯片有效。尽管每个幻灯片版式的设置方式不同，但是与给定"幻灯片母版"相关联的所有版式均包含相同主题（例如配色方案、字体和效果等）。

高级技巧——幻灯片母版编辑注意事项

可以像修改普通幻灯片一样修改幻灯片母版，但要注意修改母版是修改框架模型，不要删除母版中的样例文字，也不要在母版中输入具体的幻灯片内容。具体内容应该在普通视图的幻灯片上进行编辑。

如果不喜欢任何版式，可选择"空白版式"，重新布局文本、图片、视频等元素。

拓展——主题、母版和版式的关系

在演示文稿中使用的每个主题都包括一个幻灯片母版和一组相关版式。如果在演示文稿中使用多个主题，那么将拥有多个幻灯片母版和多组版式。相同名称的版式，例如都叫"标题幻灯片版式"，但是针对不同的主题该版式会有不同的排列文本和其他占位符的方式，会有不同的颜色、字体和效果。

如果需要在一个演示文稿的每页幻灯片左下角相同位置插入学校的校徽图片，最优的操作方法是（　　）。

A）打开幻灯片浏览视图，将校徽图片插入在幻灯片中

B）打开幻灯片母版视图，将校徽图片插入在母版中

C）打开幻灯片放映视图，将校徽图片插入在幻灯片中

D）打开幻灯片普通视图，将校徽图片插入在幻灯片中

答案：B。

4.3.3　功能与技巧

1.通过母版批量修改幻灯片的格式

【例 4.4】通过母版将"我的家乡——大连.pptx"中所有幻灯片的标题字体和内容字体统一修改为"微软雅黑"。

操作步骤：

（1）打开"幻灯片母版"视图

单击"视图"选项卡→"母版视图"功能区→"幻灯片母版"按钮，打开幻灯片母版视图，如图 4.18 所示。

（2）选择"幻灯片母版"

单击左侧缩略图中的第一张"幻灯片"即"幻灯片母版"。

（3）更改"幻灯片母版"中文本字体

在右侧编辑区设置文字格式：选中标题占位文字"单击此处编辑母版标题样式"（不要修改或删除占位文字，用它代替具体文字设置格式），在"开始"选项卡的"字体"功能区中设置字体为"微软雅黑""加粗"；选中内容占位符中的所有各级文本，设置字体为"微软雅黑"。这时该母版下的各版式的字体均对应修改。

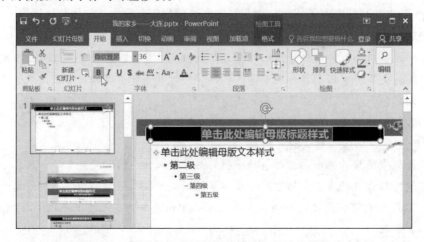

图 4.18　通过幻灯片母版批量修改幻灯片文字格式

2.通过母版为所有幻灯片添加内容

通过母版可以为幻灯片添加一些固定内容,如公司的徽章、一些特定文字或图形等。在母版上插入这些内容,所有幻灯片都将自动具有,并且在普通视图中不能编辑修改。

【例 4.5】在母版中设置水印"我的家乡——大连"。

操作步骤:

(1)打开"幻灯片母版"视图

单击"视图"选项卡→"母版视图"功能区→"幻灯片母版"按钮,打开幻灯片母版视图。

(2)选择"幻灯片母版"

单击左侧缩略图中的第一张"幻灯片"即"幻灯片母版"。

(3)插入"艺术字"

单击"插入"选项卡→"文本"功能区→"艺术字"按钮,在"艺术字"列表中选择"填充-白色,轮廓-着色 1,阴影"样式,输入"我的家乡——大连",拖动到适当位置如图 4.19 所示。

(4)设置艺术字位置

右击艺术字文本框的边框,在弹出的快捷菜单中选择"置于底层"中的"置于底层",则艺术字不会遮挡正文文字。

返回普通视图后,每张幻灯片都有了艺术字,类似水印的效果,要想修改艺术字必须进入母版视图操作。

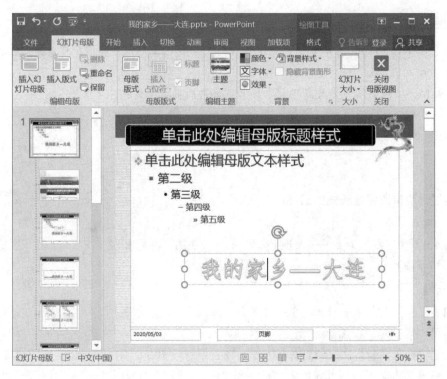

图 4.19　通过母版为幻灯片添加水印文字

高级技巧——幻灯片母版视图中编辑版式

如果个别幻灯片不希望显示这个图形或艺术字,可进行如下操作。如图 4.20 所示,在缩略图中右击"标题幻灯片版式"幻灯片，在弹出的快捷菜单中选择"设置背景格式"命令，在"设置背景格式"窗格的"填充"选项卡中，选中"隐藏背景图形"，则在标题幻灯片中就不显示该水印文字。

图 4.20　在"标题幻灯片版式"上不显示水印文字

真题链接

若需要在 PowerPoint 演示文稿的每张幻灯片中添加包含单位名称的水印效果，最优的操作方法是（　　　）。

A）制作一个带单位名称的水印背景图片，然后将其设置为幻灯片背景

B）利用 PowerPoint 插入"水印"功能实现

C）在幻灯片母版的特定位置放置包含单位名称的文本框

D）添加包含单位名称的文本框，并置于每张幻灯片的底层

答案：C。

3.通过母版修改特定版式的幻灯片

（1）设置背景

【例 4.6】 为"我的家乡——大连.pptx"中所有使用"标题和竖排文字幻灯片 版式"的幻灯片设置背景图片。

操作步骤：

①打开"幻灯片母版"视图。单击"视图"选项卡→"母版视图"功能区→"幻灯片母版"按钮，打开幻灯片母版视图。

②右击"标题和竖排文字幻灯片 版式"。在左侧窗格中右击"标题和竖排文字幻灯片版式"缩略图（将鼠标指向缩略图可弹出名称提示和"由××幻灯片使用"的提示），在弹出的快捷菜单中选择"设置背景格式"命令，弹出"设置背景格式"窗格，如图 4.21 所示。

③插入图片。在"设置背景格式"窗格中单击"填充"功能下的"图片或纹理填充（P）"选项，然后单击"文件"按钮，在弹出的"插入图片"对话框中选中目标图片，单击"插入"按钮；修改图片透明度，至满意为止。

修改背景前后的效果如图 4.22 所示，这里只修改了"标题和竖排文字幻灯片版式"，其他的版式不受影响。关闭"幻灯片母版视图"返回到普通视图，就会看到使用了这个版式的两张幻灯片已被添加了图片背景。

图 4.21　"设置背景格式"对话框的图片或纹理填充

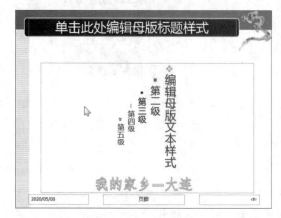

图 4.22　修改图片背景前后效果对比

拓展——不同视图下设置幻灯片背景

在幻灯片普通视图中单击"设计"选项卡→"自定义"功能区→"设置背景格式"按钮，在弹出的"设置背景格式"窗格中，也可以为幻灯片设置背景图片，但这个操作只修改了一张具体的幻灯片背景，而不是一类幻灯片。而在幻灯片母版中操作修改的是一类具有相同版式的

Office 高级应用

幻灯片。

（2）插入徽章

【例 4.7】为"标题幻灯片 版式"插入校徽。

操作步骤：

①打开"幻灯片母版"视图。单击"视图"选项卡→"母版视图"功能区→"幻灯片母版"按钮，打开幻灯片母版视图。

②选择幻灯片。在左侧窗格中选中"标题幻灯片 版式"缩略图。

③插入"校徽"。单击"插入"选项卡→"图像"功能区→"图片"按钮，在弹出的"插入图片"对话框中选择图片文件"大连民族大学徽章.png"，单击"插入"按钮，将图片插入到幻灯片中，同时会自动显示"格式"选项卡，调整图片大小后使用鼠标左键拖移图片到适当的位置（例如幻灯片的右上角）。单击"格式"选项卡"大小"功能区右下角的按钮 弹出"设置图片格式"窗格，如图 4.23 所示，在这里可以对图片的大小、位置等进行精确的设置。

图 4.23　插入徽章

高级技巧——双击目标实现快捷操作

快速完成插入操作。每次插入图片、音频或其他素材时，双击目标文件，等同于单击"打开"按钮。在 Windows 操作系统中，很多应用程序的打开或插入操作，都可以使用该方法快速完成操作。

快速切换到"格式"选项卡。双击幻灯片上的目标图片，会自动显示并切换到"格式"选项卡。在微软的办公软件中，双击目标操作对象，通常都会出现类似的效果。

（3）插入页眉、页脚、页码等

【例 4.8】 为"我的家乡——大连.pptx"插入页码。

操作步骤：

①开"幻灯片母版"视图。单击"视图"选项卡→"母版视图"功能区→"幻灯片母版"按钮，打开幻灯片母版视图。

②选择幻灯片。选中左侧缩略图中的第一张"幻灯片"即"幻灯片母版"。

③插入页码。单击"插入"选项卡→"文本"功能区→"页眉和页脚"按钮，在弹出的"页眉和页脚"对话框（见图 4.24）中，选中"幻灯片编号"和"标题幻灯片中不显示"复选框，单击"应用"按钮确定当前操作。

图 4.24　"页眉和页脚"对话框

拓展——插入页码注意事项

在普通视图下插入页码，方法类似前面所述，只不过最后需要单击"全部应用"按钮，才会为每个内容幻灯片添加页码，否则只对当前幻灯片生效。

4．修改母版

（1）重命名母版和版式

【例 4.9】 将"我的家乡——大连.pptx"的母版重命名为"我的家乡"。

操作步骤：

①选择"幻灯片母版"。在母版视图的左侧缩略图窗格中，单击"幻灯片母版"。

②重命名"母版"。单击"幻灯片母版"选项卡→"编辑母版"功能区→"重命名"按钮，或右击从弹出的快捷菜单中选择"重命名母版"命令，在弹出的对话框中输入新的名字"我的家乡"，单击"重命名"按钮即可，如图 4.25 所示。

图 4.25　重命名母版或版式

（2）新建和删除版式

默认情况下，母版包含 11 种内置的标准幻灯片版式，如果系统预设的版式不能满足需要，还可新建自己的版式。单击"幻灯片母版"选项卡→"编辑母版"功能区→"插入版式"按钮，则在左侧缩略图中会添加一个"自定义版式 版式"，重命名后，在该版式的右侧编辑区进行新的布局，安排新的内容元素。一旦创建完成，则在演示文稿中轻松添加与此新版式相匹配的幻灯片。

在母版中不需要的版式单击删除按钮或按 Del 键可以删除，但在删除前要确定所有幻灯片都没有使用这个版式，正在使用的版式不能删除。

（3）新建和删除母版

在演示文稿中应用了多种主题时，即在同一演示文稿中同时存在了多个母版，也可自行新建母版。单击"幻灯片母版"选项卡"编辑母版"功能区中的"插入幻灯片母版"按钮，则在左侧缩略图中会插入一个新的母版，其下有若干版式。关闭母版视图，退回到幻灯片普通视图，可见"开始"选项卡"版式"按钮的下拉菜单中分别列出了两个主题下的版式。两个不同母版可有同名版式，但它们的格式不同。当为幻灯片应用了主题后，默认情况下未使用主题的母版将自动从演示文稿中删除，除非在母版视图中单击了"保留"按钮。

4.3.4　幻灯片内容

到目前为止，我们学会了使用"主题"和"幻灯片母版"为演示文稿设计统一的风格，每页幻灯片的内容布局方式不尽相同，可以根据需要选择适当的"幻灯片版式"。接下来需要将演讲内容输入到演示文稿中，我们一起看一看如何在 PowerPoint 中插入各种元素展示演讲内容。

1. 文本

文本是演示文稿中最普通的信息传递元素，从准备好的大段文字中提炼出关键词以后，可

以将这些文本输入到占位符或文本框等容器中。占位符是幻灯片母版和版式的基本容器，设计
幻灯片版式时可以设置占位符的格式，保持整体风格的一致性，并且方便统一修改格式，输入
相同格式的文本时（例如幻灯片标题），建议尽量使用占位符。当然，添加独立格式的文本时，
文本框是不错的选择。

（1）封面

【例 4.10】为"我的家乡——大连.pptx"制作封面页。

操作步骤：

①文本占位符。选择第一张幻灯片，单击标题占位符"单击此处添加标题"，输入"北方
明珠 浪漫之都"，单击副标题占位符"单击此处添加副标题"，输入"美丽的海滨城市——大
连"，效果如图 4.26 所示。

②文本框。选择第一张幻灯片，选择"插入"选项卡→"文本"功能区→"文本框"→"横
排文本框"命令，在幻灯片右上角适当位置画出文本框，输入文字"演讲者：于玉海"，效果如
图 4.26 所示。

图 4.26　封面效果

（2）封底

【例 4.11】为"我的家乡.pptx"制作封底。

①更换幻灯片主题。新建一张版式为"空白"的幻灯片，右击"设计"选项卡"主题"功
能区的"Office 主题"，在弹出的快捷菜单中选择"应用于选定幻灯片"命令，得到一张没有任
何设置的幻灯片。

②插入选好的图片，将图片覆盖于整个幻灯片，效果如图 4.27 所示。

③插入艺术字。单击"插入"选项卡→"文本"功能区→"艺术字"按钮，在弹出的艺术
字列表中，选择第 3 行第 2 列艺术字样式，在幻灯片中输入"大连欢迎您！"；然后，选中艺术

字，在"开始"选项卡中，修改字体为"隶书"，大小为 90；在"格式"选项卡中，修改"艺术字样式"为"文字效果"里的 "波形 2" 转换弯曲效果，结果如图 4.27 所示。

图 4.27　封底效果

2. 图像

一图在手，胜过千言万语。图文并茂的演示文稿不仅画面丰富生动，还能形象化地传递信息。PowerPoint 中可以插入图片、联机图片、屏幕截图等多种形式的图像。

用户可以利用"插入"选项卡中对应的命令完成各种对象的插入，也可以通过单击幻灯片版式提供的占位符完成相应的操作；如果想直接使用其他文档中的图片（如 Word 文档）也可以用"复制/粘贴"的方法将位于其他文档中的图片直接粘贴到幻灯片中。

【例 4.12】在"我的家乡——大连.pptx"中为"区域教育"幻灯片插入图片。

操作步骤：

①利用图片占位符插入图片。将"区域教育"幻灯片设为"两栏内容"版式，如图 4.28 所示，在其右侧占位符中，单击其中的"图片"图标，打开"插入图片"对话框，选中目标图片文件，单击"插入"按钮，在"区域教育"幻灯片中插入"图书馆"图片，如图 4.29 所示。

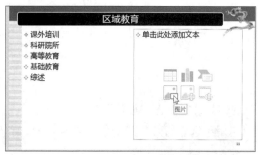
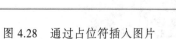

图 4.28　通过占位符插入图片　　　　　　　图 4.29　插入图片后效果

②设置图片格式。将"图片样式"选为"圆形对角 白色"；单击"图片工具-格式"选项卡"大小"功能区右下角的任务窗格启动器 ，打开"设置图片格式"窗格，如图 4.30 所示，

图片的大小和位置及旋转角度等可做精确调整。

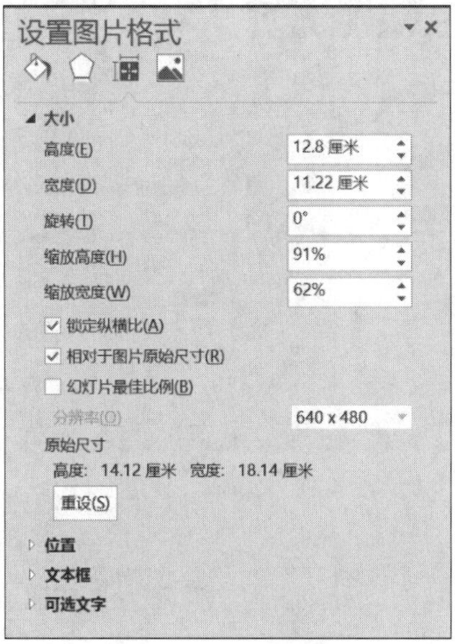

图 4.30　设置图片格式

如果选中了"锁定纵横比",则在更改图片的高度同时宽度会随之变化,反之亦然,以适应纵横比例;要分别设置高度和宽度则应先取消选中"锁定纵横比",然后再分别设置。

真题链接

在 PowerPoint 中,旋转图片的最快捷方法是（　　　）。

A）设置图片格式

B）拖动图片上方绿色控制点

C）设置图片效果

D）拖动图片四个角的任一控制点

答案：B。

3. 插入相册

PowerPoint 提供了相册功能。利用该功能,可以很方便地将大量照片做成可以演示的幻灯片。既是一个独立的演示文稿文件,也可以将其插入到其他演示文稿文件中,便于展示照片。

创建相册可以通过预置的模板创建,也可以通过添加图片创建。

【例 4.13】创建"大连城市风光"相册。

操作步骤：

（1）打开"相册"对话框

单击"插入"选项卡→"图像"功能区→"相册"按钮,从下拉列表中选择"新建相册"命令,弹出"相册"对话框,如图 4.31 所示。

Office 高级应用

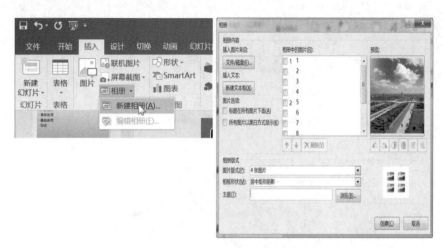

图 4.31 "相册"设置窗口

（2）插入新图片

在相册对话框"插入图片来自"处单击"文件/磁盘"按钮，弹出"插入新图片"对话框，如图 4.32 所示。

图 4.32 "插入新图片"对话框

（3）选择图片

打开图片所在文件夹，同时选中 12 张图片（可按 Shift 键连续多选，或按 Ctrl 键选择不连续的图片），单击"插入"按钮，返回到"相册"对话框。

（4）设置图片版式、相框等内容

在"相册"对话框中单击"图片版式"下拉按钮选择 4 张图片，则在一张幻灯片上同时显示 4 张图片，见右下角预览所示；单击"相框形状"，选择"居中矩形阴影"；单击"主题"框旁边的"浏览"按钮，可以加载主题文件；单击"创建"按钮，则自动创建了一个新演示文稿，其中创建了包含这些图片的若干张幻灯片，并创建了标题幻灯片，创建后的相册效果如图 4.33 所示。

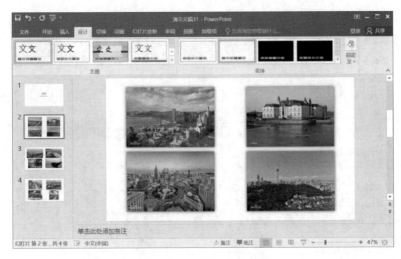

图 4.33 "相册"完成效果

（5）输入幻灯片名称

在"标题幻灯片"中输入"大连城市风光"，保存相册文件。

真题链接

在一次校园活动中拍摄了很多数码照片，现需将这些照片整理到一个 PowerPoint 演示文稿中，快速制作的最优操作方法是（　　）。

A）创建一个 PowerPoint 演示文稿，然后在每页幻灯片中插入图片

B）创建一个 PowerPoint 演示文稿，然后批量插入图片

C）在文件夹中选中所有照片，然后右击发送到 PowerPoint 演示文稿中

D）创建一个 PowerPoint 相册文件

答案：D。

4. 使用表格和图表

当出现大量比较数据时，由于篇幅所限，平铺直叙的描述性文本不如表格简洁，而表格不如图表形象，因此本书建议，能使用图表时不用表格，能使用表格时不用描述性文本。

在幻灯片中插入表格、图表及对表格、图表的编辑修改，与在 Word 文档中用法类似。下面用案例说明两者的使用。

【例 4.14】将"我的家乡——大连.pptx"中"基本信息"幻灯片中的内容用表格形式展示。

操作步骤：

（1）插入 11×4 表格

在"基本信息"幻灯片中单击"插入"选项卡→"表格"功能区的"表格"按钮，在下拉列表中选择"插入表格"命令，弹出"插入表格"对话框，如图 4.34 所示。

分别输入行数 11 和列数 4，单击"确定"按钮，在幻灯片中插入一个 11 行、4 列的表格，依次在单元格中输入相关文本。

图 4.34 插入表格对话框

（2）为表格应用样式

选中表格，在"表格工具–设计"选项卡→"表格样式"功能区中选中"浅色样式 1–强调

6"，幻灯片效果如图 4.35 所示。

图 4.35　插入表格效果

【例 4.15】为"我的家乡——大连.pptx"中"人口民族"幻灯片制作图表。

在"人口民族"这张幻灯片中利用大连市各市区人口数量数据制作一个簇状柱形图，可以清晰地反映出大连市人口数量分布状态。

操作步骤：

（1）打开"插入图表"对话框

单击"插入"选项卡→"插图"功能区→"图表"命令，也可单击内容占位符中的"插入图表"按钮，弹出"插入图表"对话框，如图 4.36 所示。

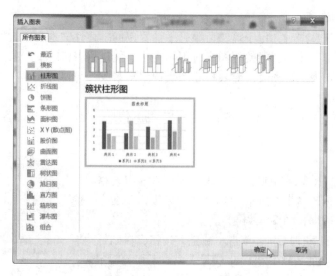

图 4.36　"插入图表"对话框

（2）选择图表类型，输入数据

在"插入图表"对话框中选择"柱形图"→"簇状柱形图"，单击"确定"按钮，自动打开 Excel 应用程序，参照图 4.37 输入相关数据，关闭 Excel 应用程序，自动创建人口分布图表。

（3）为图表应用样式

选中图表，在"图表工具-设计"选项卡"图表样式"中选择"样式 8"，在"图表标题"中输入"大连市人口分布图"；选择"图表工具-设计"选项卡→"图表布局"功能区→"添加图表元素"→"数据标签"→"数据标签外"命令，为图表添加数据标签。幻灯片效果如图 4.38 所示。

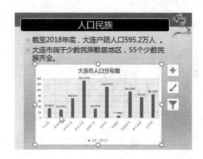

图 4.37 大连市人口数量分布表　　　图 4.38 "插入图表"后幻灯片效果

5. SmartArt 图形

SmartArt 图形是预先组合并设计好样式的一组文本框、形状、线条等，和在 Word 文档中插入 SmartArt 图形用法相似。SmartArt 图形是信息和观点的视觉表示形式，可以快速、轻松、有效地传达信息，并且只需几个简单的操作，就能创建具有设计师水准的图形，让用户将主要精力放在内容的精练上。在幻灯片中更会大量使用 SmartArt 图形，以加强图文效果，提高幻灯片的表现力。

用户可以尝试不同类型的不同布局，直至找到一个最适合当前信息进行图解的布局为止。而且，切换布局时，大部分文字和其他内容、颜色、样式、效果和文本格式会自动带入新布局中。如果找不到所需的准确布局，可以在 SmartArt 图形中添加和删除形状以调整布局结构。

如果觉得 SmartArt 图形看起来不够生动，用户可以利用"设计"或"格式"选项卡修改 SmartArt 图形样式、形状样式和文本样式等。

（1）插入 SmartArt 图形

【例 4.16】为"我的家乡——大连.pptx"中"历史沿革"幻灯片插入 SmartArt 图形。

操作步骤：

①打开"选择 SmartArt 图形"对话框。单击"插入"选项卡→"插图"功能区→SmartArt 按钮（在某些有占位符版式的幻灯片中，也可以单击占位符的"插入 SmartArt 图形"的图标 ），弹出"选择 SmartAtr 图形"对话框，如图 4.39 所示。

Office 高级应用

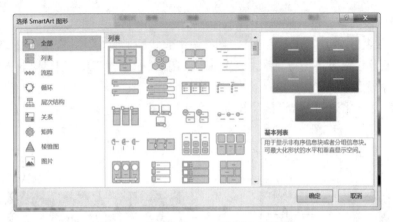

图 4.39 "选择 SmartArt 图形"对话框

②选择"流程"→"连续块状流程"。首先在"选择 SmartArt 图形"对话框的左侧窗格中选中"流程",然后在中间窗格中选中"连续块状流程",单击"确定"按钮,在幻灯片上生成该 SmartArt 图形。

③在形状文本框中输入朝代名称。在图形对象的文本框中依次输入各朝代的名称,用于展示建都朝代的更迭,更形象化地表现出历史的发展进程。完成效果如图 4.40 所示。

图 4.40 插入 SmartArt 图形幻灯片

（2）在 SmartArt 图形中添加和删除形状

如果 SmartArt 中的形状元素不够,还可以添加。

选中一个形状元素,在"SmartArt 工具-设计"选项卡→"创建图形"功能区→"添加形状"按钮打开下拉菜单,如图 4.41 所示,再从下拉菜单中选择所需选项。例如,"在后面/前面添加形状"是添加与选中形状同级别的形状,"在上方/下方添加形状"是添加选中形状的上一级或下一级形状。在"创建图形"功能区中单击"升级""降级"按钮可进一步调整形状的级别,单击"上移""下移"按钮可进一步调整形状在同一层次中的先后次序。

要删除 SmartArt 中的形状元素,选中形状元素,按 Delete 键或 Backspace 键即可。

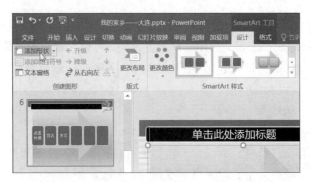

图 4.41　在 SmartArt 图形中添加形状

拓展——固定形状个数的 SmartArt 图形

某些 SmartArt 类型的布局包含的形状个数是固定的，如关系类型中的"反相箭头"布局用于显示两个对立的观点或概念，只能有两个形状，不能添加更多的形状。

高级技巧——调整 SmartArt 中文字层次

单击 SmartArt 图形边框上的按钮 ，或在"创建图形"功能区中单击"文本窗格"按钮，打开文本窗格，如图 4.42 所示。

在"文本窗格"中不仅可直接输入每个形状中的文字，而且也能控制增加或删除形状，并能调整形状的层次。

文本窗格的工作方式类似于大纲或项目符号列表，按 Enter 键新增一行文本即对应插入一个形状，删除一行文本则对应删除一个形状。按 Tab 键使文字降低一个层次，按 Shift+Tab 组合键使文字提高一个层次；也可单击"创建图形"功能区中的"升级/降级"按钮调整层次（但不能跳跃层次升降级，也不能对顶层形状升降级）。通过在文本窗格中直接输入和调整带层次的文本，控制 SmartArt 中的形状更为方便。

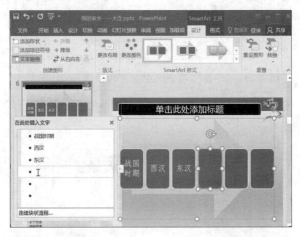

图 4.42　利用"SmartArt 文本窗格"添加或删除形状

（3）SmartArt 样式

PowerPoint 提供了很多预设的 SmartArt 样式和颜色方案，利用其中一种便可快速修饰美化 SmartArt 图形，方便易用；如果不满意还可进行修改。使用方法如下：单击"SmartArt 工具–

设计"选项卡→"SmartArt 样式"功能区右下角的按钮，在打开的下拉列表中选择一种预设样式即可；单击"更改颜色"按钮，选择一种颜色方案，可以对颜色进行修改；单击"SmartArt 工具–格式"选项卡，可以对形状、形状样式、艺术字样式等进行修改，创建有自己特色的 SmartArt 图形。

（4）SmartArt 图形的转换

在 PowerPoint 中，可将文本直接转换为 SmartArt 图形；SmartArt 图形也可被转换回文本，转换后的文本自动带有项目符号；SmartArt 图形也可被转换为多个普通形状，其中的任何形状都可被独立移动位置、调整大小、设置格式或删除。

【例 4.17】将"我的家乡——大连.pptx"中"自然资源"幻灯片内容转换成 SmartArt 图形。

操作步骤：

① 选中"自然资源"幻灯片中的文本内容。

② 文本转换为 SmartArt 图形的两种操作。

单击"开始"选项卡→"段落"功能区的"转换为 SmartArt 图形"按钮，打开 SmartArt 图形列表，如图 4.43 所示。

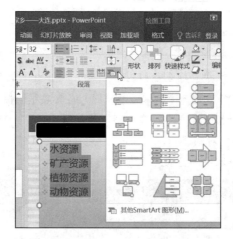

图 4.43 "段落"功能区中的"转换为 SmartArt"

右击选中的文本，在弹出的快捷菜单中选择"转换为 SmartArt 图形"命令，打开 SmartArt 图形列表，如图 4.44 所示。

图 4.44 选择"转换为 SmartArt"命令

③选择 SmartArt 图形完成转换。从下拉列表里选择"其他 SmartArt 图形"命令，弹出"选择 SmartArt 图形"对话框，从对话框中选择"图片"中的"垂直图片重点列表"，单击"确定"按钮，文本即被转换成 SmartArt 图形。

④修饰 SmartArt 图形。为 SmartArt 图形做一些修饰，在"SmartArt 样式"功能区中选择"三维-优雅"样式效果，颜色选"彩色填充-个性色 1"颜色方案，结果如图 4.45 所示。

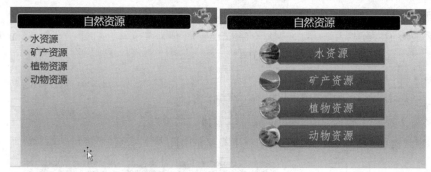

图 4.45　文本转换为 SmartArt 图形

6. 组织结构图

组织结构图是 SmartArt 图形的一种，除了常规 SmartArt 具有的设置外，还有一些特殊的设置。在"选择 SmartArt 图形"对话框中选择"层次结构"中的"组织结构图"即可插入一个组织结构图的 SmartArt 图形。

在组织结构图中有一种特殊的形状：助理级别的形状，如图 4.46 所示。

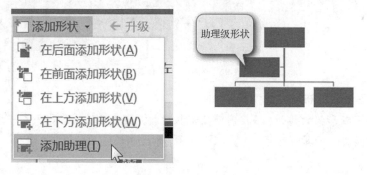

图 4.46　助理级形状

选择"SmartArt 工具-设计"选项卡→"创建图形"功能区→"添加形状"→"添加助理"命令，即添加一个助理形状。助理形状不同于下级层次形状，它是一种特殊类别的形状。在"在此处键入文字"窗格中可见此形状前面的符号与普通的项目符号不同，如图 4.47 所示。

组织结构图也是分层次的形状，与一般分层次的 SmartArt 图形相同，从"添加形状"按钮的下拉菜单中选择"在后面/前面添加形状"添加与选中形状同级别的形状，选择"在上方/下方添加形状"添加选中形状的上一级或下一级形状。与一般分层次的 SmartArt 图形不同的是，

图 4.47　助理级别图标

对拥有下级形状的形状，组织结构图还可以设置下级形状的布局。单击"创建图形"功能区中"布局"命令按钮，在其下拉菜单中有 4 种布局可供选择：分别为标准、两者、左悬挂、右悬挂，各种布局的含义由菜单项前的图示可见。

【例 4.18】为"我的家乡——大连.pptx"中"区域政治"幻灯片制作组织结构图。

操作步骤：

（1）创建"层次结构"→"组织结构图"

在"区域政治"幻灯片中单击"插入 SmartArt 图形"占位符，打开"选择 SmartArt 图形"对话框，选择"层次结构"→"组织结构图"。

（2）输入部门名称

在组织结构图对应位置上的文本处输入各部门名称。

（3）将第 2 层"市政府部门"的下属单位设成"右悬挂"布局

选中"市政府部门"形状，单击布局，在下拉菜单中选中"右悬挂"即可，结果如图 4.48 所示。

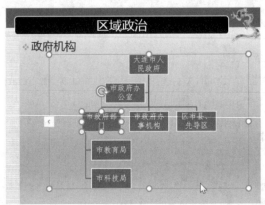

图 4.48　布局中的右悬挂

拓展——助理形状的布局方式

布局仅控制下级形状的排列，不控制助理形状的排列，助理形状总是一左一右排在两侧（即助理形状总是"两者"的排列方式）。

（真题链接）

小姚负责新员工的入职培训，在培训演示文稿中需要制作公司的组织结构图。在 PowerPoint 中最优的操作方法是（　　）。

A）直接在幻灯片的适当位置通过绘图工具绘制出组织结构图

B）通过插入图片或对象的方式，插入在其他程序中制作好的组织结构图

C）先在幻灯片中分级输入组织结构图的文字内容，然后将文字转换为 SmartArt 组织结构图

D）通过插入 SmartArt 图形制作组织结构图

答案：C。

7. 超链接

幻灯片并非一定按照固定顺序播放，可以使用超链接，自定义幻灯片跳转方式。在

PowerPoint 中，超链接可以是从一张幻灯片到同一演示文稿中另一张幻灯片的链接，也可以是从一张幻灯片到不同演示文稿中的另一张幻灯片，或者到电子邮件地址、网页和文件的链接。可以从文本或对象（如图片、图形、形状或艺术字）创建超链接或者使用动作按钮创建超链接。

（1）链接到本文档中的幻灯片

在幻灯片中选择要添加超链接的对象可以是一个文本框、一张图片或者是文本框中的一部分文字。

【例 4.19】为"我的家乡——大连.pptx"中的"目录"幻灯片设置超链接，实现单击文本标题即可跳转到对应幻灯片的目的。

操作步骤：

①打开"插入超链接"对话框。在"目录"幻灯片中选中"自然资源"文字，单击"插入"选项卡→"链接"功能区→"链接"按钮，弹出"插入超链接"对话框（或者右击选择的文字，在弹出的快捷菜单中选择"超链接"命令，也可打开该对话框），如图 4.49 所示。

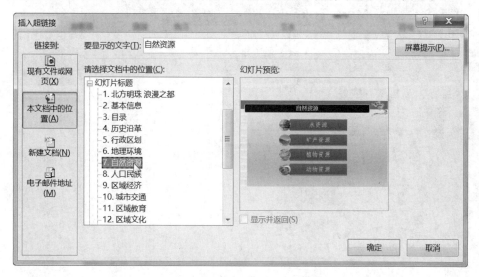

图 4.49　"插入超链接"对话框

②建立"本文档中的位置"超链接。在对话框的左侧选择"本文档中的位置"，然后在右侧列表中选择"7.自然资源"，单击"确定"按钮，即为该文字添加了超链接。在幻灯片放映时，单击该文字就可直接跳转到"自然资源"这张幻灯片。采用同样的方法，可以为目录幻灯片上的每个文本标题设置对应的超链接。

拓展——超链接的应用与更新

超链接只有在幻灯片放映时才能使用。在幻灯片放映时，单击其中的文字即可跳转到对应的幻灯片上，并从那张幻灯片继续播放。右击被添加了超链接的文字、图片等对象，从弹出的快捷菜单中选择"编辑超链接"可修改超链接；选择"取消超链接"则可删除超链接。

（2）链接到网页、电子邮件或文件

超链接还可以链接到网页、电子邮件、文件等。

【例 4.20】为"我的家乡——大连.pptx"中的"区域政治"幻灯片中"政府机构"设置网址链接。

操作步骤：

①在"区域政治"幻灯片中，选中文本"政府机构"。

②建立"现有文件或网页"超链接。

在插入超链接对话框中选中"现有文件或网页"，在地址栏中输入网页地址 http://www.dl.gov.cn，单击"确定"按钮（见图 4.50），即为该文字建立了网页链接。在幻灯片播放时，即可通过单击该链接打开网页。

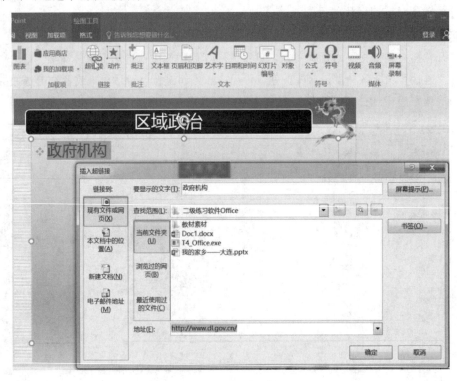

图 4.50　设置网址超链接

（3）插入动作

"动作"为所选对象提供鼠标单击或鼠标悬停时要执行的操作。例如，可以将鼠标悬停在某个对象上方以跳转到下一张幻灯片或单击它时打开某个程序。PowerPoint 的形状中提供了一组动作按钮（见图 4.51），是带有特定功能效果的图形按钮。例如，在幻灯片放映时单击它们，可实现"向前一张""向后一张""第一张""最后一张"等跳转功能，或者实现播放声音或打开文件的操作。

要在幻灯片中使用动作按钮，先要在幻灯片中插入按钮图形。单击"插入"选项卡→"插图"功能区→"形状"按钮，从下拉列表中选择"动作按钮"功能区中的某个按钮形状，然后在幻灯片中按住鼠标左键绘制一个按钮图形。释放左键时，将弹出"操作设置"对话框，如图 4.52 所示。

图 4.51　形状中的"动作按钮"　　　　图 4.52　"动作按钮"的操作设置

在对话框中选择"单击鼠标"选项卡或者"鼠标悬停"选项卡中的某种操作，如图 4.52 中的"上一张幻灯片"，在幻灯片放映过程中单击了该按钮，会返回上一张幻灯片，并从上一张幻灯片继续放映。

拓展——有关动作按钮的两点说明

动作按钮的功能效果必须在"操作设置"对话框中设置，如果仅在幻灯片上绘制按钮图形，没有在对话框中设置，则按钮的功能是无效的。动作按钮上的箭头形状也并不代表它就具有了这项功能。

除了绘制动作按钮的图形外，也可以让任意的文字、图片、图形等对象具有动作按钮的功能。选中文字或图形对象，单击"插入"选项卡"链接"功能区的"动作"按钮，也可打开"操作设置"对话框，为它设置"单击鼠标"或"鼠标悬停"的效果即可。

8.插入媒体

PowerPoint 提供了插入音频、视频及屏幕录制的功能。在演示文稿中适当使用这些媒体可以很好地起到烘托气氛，突出主题，吸引观众注意力的目的，让幻灯片更加生动有特色，增加新鲜感。

（1）插入音频

插入的声音即可以是声音文件也可以是录制的声音。

【例 4.21】为"我的家乡——大连.pptx"插入背景音乐。

操作步骤：

①插入音频文件。选中第一张幻灯片，选择"插入"选项卡→"媒体"功能区→"音频"→"PC上的音频"命令，在弹出的"插入音频"对话框中，选择音频文件"海边的星空.mp3"，单击"插入"按钮，在幻灯片中出现一个音频图标和一个预览声音的播放控制条，如图 4.53 所示。

图 4.53 音频图标和"音频播放"选项卡

　　②对幻灯片放映时播放声音进行设置。选中刚刚插入的音频图标，在"音频工具–播放"选项卡→"音频选项"功能区中，设置"开始"播放方式为"自动"，选中"跨幻灯片播放"复选框，选中"放映时隐藏"和"循环播放，直到停止"复选框，如图 4.53 所示。通过上面的设置，幻灯片在开始播放时声音就同步播放直到幻灯片播放完毕才停止。

　　如果希望声音在放映到某张幻灯片时能停止播放，而不是全程播放到所有幻灯片结束，可以按照如下步骤完成设置：单击"动画"选项卡"高级动画"功能区的"动画窗格"按钮，在"动画窗格"中可见插入的音频正是幻灯片中的一项动画，单击该音频右侧的按钮，从下拉列表中选择"效果选项"，在弹出的"播放音频"对话框中设置"停止播放"方式，如图 4.54 所示。例如，设置为"在 3张幻灯片之后"，则当放映完第 3 张幻灯片之后，从放映第 4 张幻灯片开始，音频停止播放。

图 4.54 利用动画的效果选项控制音频播放

高级技巧——制作声音播放"按钮"

播放声音实际也是幻灯片中的一个动画，它与幻灯片中的其他动画一起按顺序执行，只不过轮到它时是"播放声音"而不是"执行动作"。通过触发器可以控制动画的播放。方法是：选中幻灯片中的"音频"图标，在"动画"选项卡"高级动画"功能区中单击"触发"按钮，从下拉列表的"通过单击"级联菜单中选择要作为触发器的对象，如一个图片、一个文本框等（名称为系统默认名称，如需要修改名称，可事先在"开始"选项卡"编辑"功能区中选择"选择"→"选择窗格"命令，打开"选择"窗格，在窗格中选中对象修改名称）。这样，对应的图片或文本框将类似一个按钮，在幻灯片播放时可被单击而播放声音。

（2）插入视频

单击"插入"选项卡→"媒体"功能区→"视频"按钮，从下拉列表中选择"PC 上的视频"或"联机视频"命令，可分别插入对应来源的视频，方法与插入音频类似。

在放映幻灯片时，默认情况下也需要单击视频才能播放。如果希望自动播放，在"视频工具–播放"选项卡"视频选项"功能区中设置"开始"为"自动"即可（视频不能被设置为"跨幻灯片播放"），如图 4.55 所示。

图 4.55 插入视频文件

在该选项卡中可见视频与音频有许多类似的播放设置，如也可被剪裁一部分时间段播放、设置淡入淡出效果等。视频可设置为"全屏播放"，不能设置为"播放时隐藏"，但可设置为"未播放时隐藏"。

【例 4.22】 为"我的家乡——大连.pptx"中的"对外交流"幻灯片插入视频文件"大连夏季达沃斯宣传片.wmv"。

操作步骤：

①选择"对外交流"幻灯片，将其版式更改为"仅标题"版式。

②插入视频文件。选择"插入"选项卡→"媒体"功能区→"视频"→"PC 上的视频"命令，弹出"插入视频"对话框，选中"大连夏季达沃斯宣传片.mp4"，单击"插入"按钮。

③设置标牌框架。选中视频，单击"视频工具–格式"选项卡"调整"功能区的"标牌框架"按钮，从下拉列表中选择"文件中的图像"，弹出"插入图片"对话框，选择图片插入。标牌框架的图片代替了视频文件的开始画面，但并不影响视频的播放顺序，单击播放视频仍是从头开始。

拓展——链接外部视频文件

视频可以插入到演示文稿，也可以将演示文稿与外部视频文件进行链接，后者不需将视频文件插入到演示文稿中，可有效减少演示文稿的文件体积。要链接外部视频文件，在选择"PC 上的视频"后弹出的"插入视频文件"对话框中选择视频文件后，不直接单击"插入"按钮，而是单击"插入"按钮旁边的黑色下拉按钮，从下拉菜单中选择"链接到文件"即可，如图 4.56 所示。

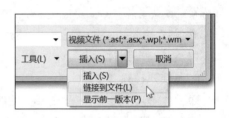

图 4.56　插入链接视频方法

高级技巧——压缩媒体

音频和视频等媒体文件通常较大，嵌入到幻灯片中后可导致演示文稿文件体积过大，通过压缩媒体文件，可减少演示文稿体积，节省磁盘空间。单击"文件"选项卡中的"信息"按钮，在右侧单击"压缩媒体"按钮，从下拉列表中选择一种质量选项，系统将弹出对话框对媒体按所选质量进行压缩处理。

真题链接

在 PowerPoint 中，如果需要降低包含了视频文件的演示文稿大小，最优的操作方法是（　　）。

A）对视频进行剪裁

B）减小视频的高度和宽度

C）对视频进行压缩

D）修改视频的样式

答案：C。

9.幻灯片分节

"分节"是组织管理演示文稿中幻灯片的好帮手，它类似于使用文件夹来整理文件。使用"节"把幻灯片整理成组，可以为各个同事分配一个节，从而确保在协作过程中明确责任；如果从空白文稿开始，可以使用"节"来列出演示文稿大纲。

（1）添加节

在普通视图或浏览视图中，在幻灯片之间右击，在弹出的快捷菜单中选择"新增节"命令，如图 4.57(a)所示，则在此位置划分出"无标题节"，上一节名称为"默认节"。右击节名称，选择"重命名节"命令[见图 4.57（b）]，弹出"重命名节"对话框，在"节名称"文本框中输入名称，单击"重命名"按钮即可。

分节操作也可以通过功能区的按钮完成，如图 4.57（c）所示。

（a）右键新增节　　　　　　（b）重命名节　　　　　　（c）新增节按钮

图 4.57　幻灯片分节

【例 4.23】为"我的家乡——大连.pptx"最后一张幻灯片分节。

操作步骤：

①右击左侧缩略图窗格中的最后一张幻灯片，选择"新增节"命令。或者单击"开始"选项卡"幻灯片"功能区的"节"按钮，从下拉列表中选择"新增节"命令。

②重命名节。再次单击"节"按钮，从下拉列表中选择"重命名节"，将这一节命名为"结束"。

（2）折叠节

单击该节名称左侧的三角形可将该节中的幻灯片展开或折叠。节名称后面的数字即为该节中幻灯片的数量。单击节名称的标签，可同时选中该节中所有的幻灯片。

（3）移动或删除节

右击节，在弹出的快捷菜单中选择相应的命令即可上下移动节或删除节。该操作也可在"幻灯片浏览"视图中完成。

真题链接

在 PowerPoint 演示文稿中通过分节组织幻灯片，如果要求一节内的所有幻灯片切换方式一致，最优的创作方法是（　　）。

A）分别选中该节的每一张幻灯片，逐个设置其切换方式

B）单击节标题，再设置切换方式

C）选中该节的第一张幻灯片，然后按住 Shift 键，单击该节的最后一张幻灯片，再设置切换方式

D）选中该节的一张幻灯片，然后按住 Ctrl 键，逐个选中该节的其他幻灯片，再设置切换方式

答案：B。

4.3.5　幻灯片动画

为幻灯片中的文本、形状、表格、图片等对象添加动画，让这些对象在幻灯片播放时按照一定的顺序和规则动起来，会使幻灯片更加生动形象，利于突出演讲的要点，加深观众的印象，有助于观众的理解。

PowerPoint 有 4 种不同类型的动画效果：

①"进入"效果：顾名思义，对象进入画面时的效果，例如，可以使对象逐渐淡入焦点、从边缘飞入幻灯片或者跳入视图中等。

②"退出"效果：对象退出画面时的效果，这些效果包括使对象飞出幻灯片、从视图中消失或者从幻灯片旋出等。

③"强调"效果：演讲者为目标对象添加的强调效果，这些效果包括使对象缩小或放大、更改颜色或沿着其中心旋转等。

④动作路径：指对象或文本移动的路径，它是幻灯片动画序列的一部分。通过路径可以使对象上下移动、左右移动或者沿着星形或圆形图案移动，并且可以和其他效果一起使用。

可以单独使用任何一种动画，也可以将多种效果组合在一起。例如，可以对一行文本应用"飞入"进入效果及"放大/缩小"强调效果，使它在从左侧飞入的同时逐渐放大。

1．为对象添加动画效果

【例 4.24】为"我的家乡——大连"第一张幻灯片中的对象分别添加"飞入""跷跷板""缩放"的"进入"动画效果，如图 4.58 所示。

图 4.58　给对象添加动画

操作步骤：

（1）进入效果

选择第一张幻灯片，同时选中主标题、副标题文本占位符，在"动画"选项卡的"动画"功能区中，选择"飞入"进入效果。

（2）效果选项

保持占位符的选中状态，在"动画"选项卡的"动画"功能区中，单击"效果选项"按钮，在弹出的下拉列表中，选择方向为"自右侧"。

（3）添加动画

选中副标题占位符，在"动画"选项卡的"高级动画"功能区中，单击"添加动画"按钮，在弹出菜单中选择"强调"→"跷跷板"动画效果。这样副标题就有两种动画效果，在第一种动画完成播放后进行第二次动画演示。

（4）添加其他效果选项

选中"演讲者：于玉海"占位符，添加"进入"→"缩放"动画效果。单击"动画"功能区右下角的对话框启动器，弹出"缩放"对话框，如图4.59所示，单击"效果"→"增强"功能区里的"声音"下拉按钮，选中"鼓掌"，单击"确定"按钮。该"缩放"动画在播放时会有"鼓掌"的音效。

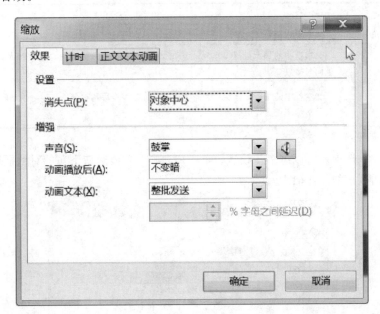

图 4.59 "缩放"动画效果设置

2. 动画的序列方式

当为包含多段文本的一个文本框设置动画效果后，还可以设置是将其中各段文本作为一个整体应用动画，还是每段文本分别应用动画。如图4.60所示，在"地理环境"幻灯片的文本框中有多个文本段落，在设置完"浮入"动画后，在效果选项列表中除了设置"方向"上浮或下浮外，还可以在"序列"中进行选择。序列有3种方式，其功能如表4.2所示。

Office 高级应用

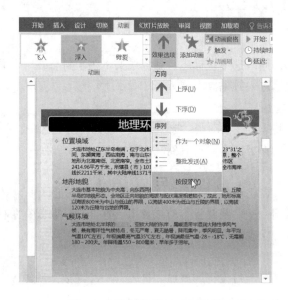

图 4.60　按段落设置动画效果

表 4.2　包含多段文字文本框动画的序列方式

序 列 方 式	功 能 作 用
作为一个对象	整个文本框中的文本将作为一个整体被创建一个动画
整批发送	文本框中的每个段落将作为一个动画单位，每个段落被分别创建一个动画，但这些动画将被同时播放
按段落	文本框中的每个段落将作为一个动画单位，每个段落被分别创建一个动画，这些动画将按照段落顺序依次先后播放

对于动画效果选项还可以进一步设置，单击"动画"功能区右下角的对话框启动器 ，弹出"上浮"对话框，如图 4.61 所示。

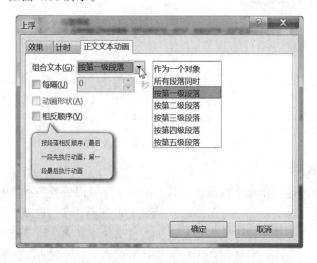

图 4.61　"上浮"对话框

在"正文文本动画"选项卡中，针对按"段落方式"，可进一步设置为按第一级段落、按第二级段落、按第三级段落等；若选中"相反顺序"则从最后一段开始执行动画。

对于 SmartArt 图形，也有类似的设置，但 SmartArt 图形中包含很多形状元素，有更多的序列方式，如表 4.3 所示。选择何种序列方式取决于表现的目的是要强调每个形状元素，还是强调每个层次，或者强调每个分支。

表 4.3 SmartArt 图形动画的序列方式

序 列 方 式	功 能 作 用
作为一个对象	SmartArt 图形中的全部形状元素一起作为一个整体被创建一个动画
整批发送	每个形状元素分别被创建一个动画，这些动画被同时播放。对有些动画类型，其播放效果与"作为一个对象"的效果相同，所有形状同时出现。但对另一些动画类型，可看出二者不同，例如，对旋转或展开的动画类型，"整批发送"是每个形状单独旋转或展开，"作为一个对象"是整个 SmartArt 图形旋转或展开
逐个	每个形状元素分别被创建一个动画，这些动画的顺序按在图形中的顺序依次进行（当形状有不同级别时会按分支顺序，而非按级别顺序）
逐个按级别	每个形状元素分别被创建一个动画，这些动画的顺序首先按级别进行，同级内再依次逐个进行。例如，如果 SmartArt 图形中有 3 个一级形状、5 个二级形状，则首先将 3 个一级形状的每个形状分别单独创建动画，然后再将 5 个二级形状的每个形状分别单独创建动画
一次按级别	一个级别创建一个动画（同级别的多个形状一起被创建一个动画）。例如，如果 SmartArt 图形中有 3 个一级形状、5 个二级形状，则首先将 3 个一级形状一起制成一个动画，然后再将 5 个二级形状一起制成一个动画
逐个按分支	同"逐个"

【例 4.25】为"我的家乡——大连"中"自然资源"幻灯片的 SmartArt 图形设置"轮子"动画效果并"逐个"演示。

操作步骤：

①在"自然资源"幻灯片中选中 SmartArt 图形。

②设置"轮子"动画样式。单击"动画"选项卡，在"动画"功能区"动画样式"中选择"进入丨轮子"动画样式。

③设置动画序列方式。单击"效果选项"，在下拉列表的"序列"中选择"逐个"。

拓展——为 SmartArt 或图表组件设置动画

可以为整个 SmartArt 图像设置动画，也可以只将其中的个别形状设置动画。方法是：为整个 SmartArt 图形设置动画后，选择"效果选项"中的"逐个"，然后单击"动画"→"高级动画"→"动画窗格"按钮，打开动画窗格，在动画窗格中，单击 SmartArt 动画条目的展开按钮，将其中所有形状的动画都在列表中显示出来，再在列表中单击选择某个形状的动画，在"动画"选项卡"动画"功能区中为其应用其他动画效果。有些动画效果无法应用于 SmartArt 图形，这时可右击 SmartArt 图形，从弹出的快捷菜单中选择"转换为形状"命令，然后再设置形状的动画就可以使用这种动画效果。

对于图表，也有类似的设置，图表除可"作为一个对象"整体被创建一个动画外，还可按"系列""类别"等分别被创建动画。

3. 多个动画的播放顺序

在幻灯片中添加多个动画效果后，同一幻灯片中会存在多个动画。这些动画之间默认的播放顺序就是添加动画的顺序。PowerPoint 在幻灯片中的对象旁边会以数字 1、2、3⋯⋯标出这个顺序（打印时该数字不会被打印）。在"动画"选项卡"计时"功能区中"向前移动""向后移动"两个按钮可对动画重新排序。打开动画窗格，在动画窗格中按照播放顺序，清晰地列出了本张幻灯片的所有动画，在动画窗格中，向上或向下直接拖动列表中的动画条目，即可调整动画之间的播放顺序；也可以在动画窗格中选中某个动画条目，单击"向上"或"向下"按钮来调整播放顺序。

4. 动画的开始方式

幻灯片中设置好的动画的开始方式有 3 种，如表 4.4 所示。

表 4.4　幻灯片中对象动画的开始方式

开 始 方 式	功 能 作 用
单击时	默认方式。在放映幻灯片时，单击鼠标才能播放动画，单击一次播放一个，设置这种方式的动画序号为上一个动画序号"+1"
与上一动画同时	在上一动画播放的同时就自动播放这一动画；如果动画是本幻灯片的第一个动画，则在幻灯片被切换后自动播放；设置为这种方式的动画序号与上一个动画的序号相同
上一动画之后	待上一个动画播放完后自动播放这一动画；如果动画是本幻灯片的第一个动画，则在幻灯片被切换后自动播放。设置为这种方式的动画序号与上一个动画的序号相同

要改变某对象动画的开始方式，可在幻灯片中单击该动画对象，然后在"动画"选项卡"计时"功能区中，在"开始"右侧下拉列表中选择一种开始方式；另外在动画窗格中单击某个动画条目右侧下拉按钮也可以选择开始方式；在单击"效果选项"右下角的 按钮弹出的对话框中打开"计时"选项卡，也可以在"开始"下拉菜单中进行设置。

一般情况下，当放映幻灯片时，在任意位置单击即可播放下一个动画。也可设置为只有单击幻灯片中的某个特定对象时才播放动画。例如，在放映幻灯片时，单击幻灯片标题则播放图片的动画。要达到后者的效果，选中要被触发的动画（如图片的动画），打开"效果选项"对话框，在"计时"选项卡中单击"触发器"按钮，选择"单击下列对象时启动效果"，并在后面的下拉列表中选择触发动画要单击的对象（如幻灯片标题）。

5. 动画的持续时间和延迟时间

动画的"持续时间"是指动画从开始播放到结束播放的时间长度，该值设置越大，动画持续时间越长，动画播放越慢；动画的"延迟时间"是指该动画要等待多久后才开始播放。在"动画"选项卡"计时"功能区的"持续时间"框中设置动画播放的持续时间，在"延迟"框中设置本动画与上一动画间隔的延迟时间。

6. 复制和删除动画

动画刷 的使用：选中设置好动画的对象，单击该按钮，再单击其他对象，即将同样的动画设置复制到了其他对象上。双击动画刷按钮，可连续将动画设置复制给多个对象，直到再次单击该按钮或按 Esc 键取消动画刷复制状态。

要删除动画，可以直接在幻灯片中选中对象设置的动画编号，按 Delete 键删除；也可在"动画"选项卡"动画"功能区中选择"无"的动画样式；或者在动画窗格中选择动画条目，按 Delete 键；或单击某个动画条目右侧的下三角按钮，从下拉菜单中选择"删除"命令。

真题链接

如果需要将 PowerPoint 演示文稿中的 SmartArt 图形列表内容通过动画效果一次性展现出来，最优的操作方法是（　　）。

A）将 SmartArt 动画效果设置为"逐个按级别"

B）将 SmartArt 动画效果设置为"逐个按分支"

C）将 SmartArt 动画效果设置为"一次按级别"

D）将 SmartArt 动画效果设置为"整批发送"

答案：D。

4.3.6　幻灯片切换

幻灯片切换效果是指在演示期间从一张幻灯片切换到下一张幻灯片时，在"幻灯片放映"视图中出现的动画效果。我们可以控制切换效果的速度，添加声音，还可以对切换效果的属性进行自定义。

1. 切换方式

选中要设置切换效果的幻灯片，在"切换"选项卡"切换到此幻灯片"功能区中，选择一种切换方式即可。如图 4.62 所示，选中第一张幻灯片，打开切换效果列表，单击细微型的"推进"方式，设置完成。当前选定的切换方式只适用于选定的幻灯片，若希望将该切换方式应用到整个演示文稿的所有幻灯片，可以单击"切换"选项卡"计时"功能区的"全部应用"按钮。

图 4.62　设置幻灯片切换效果

2. 效果选项

选好切换效果后，单击"效果选项"图标，在弹出的下拉菜单中可以做进一步设置，例如，选择切换方向为"自底部"。

3. 计时

在"计时"功能区中，单击"声音"下拉列表可以选择一种声音作为切换时的声音效果。例如，选择声音为"风铃"，持续时间为 1s。

【例 4.26】为演示文稿"大连风光.pptx"设置整体切换效果，并设置自动换片时间为 5 s。

操作步骤：

（1）设置"覆盖"切换效果。选择第一张幻灯片，单击"切换"选项卡，在"切换到此幻灯片"功能区的"切换效果"列表中选择"覆盖"效果。

（2）设置效果选项和计时。在"效果选项"中选择"从左下部"；在"计时"功能区中"设置自动换片时间"前打钩，并设置时间为 5s。

（3）在"计时"功能区中单击"全部应用"按钮。

拓展——幻灯片的切换时间和取消切换效果

幻灯片换片方式即可通过单击手动切换，也可通过设置自动换片时间来实现自动换片。先选中"计时"功能区"设置自动换片时间"复选框，再在其后的设置栏中设置时间，如设置 5 s，则该张幻灯片在经过播放 5s 时长后自动切换到下一张幻灯片播放。若幻灯片中设置的动画播放的时间较长，会等待动画播放完成后才切换到下一张幻灯片。

要取消幻灯片的切换效果，选中幻灯片，在"切换"选项卡"切换到此幻灯片"功能区中选择"无"选项。

4.3.7　幻灯片放映

PowerPoint 提供 4 种放映幻灯片的方式，单击"幻灯片放映"选项卡在"开始放映幻灯片"功能区中有"从头开始""从当前幻灯片开始""联机演示""自定义幻灯片放映"4个按钮。

1. 从头开始

单击"从头开始"按钮，或按下 F5 键，从第一张幻灯片开始按顺序放映。

2. 从当前幻灯片开始

单击"从当前幻灯片开始"按钮，或单击状态栏的视图按钮，从当前选中的幻灯片开始按顺序放映。

3. 联机演示

允许其他人在 Web 浏览器中查看幻灯片。

4. 自定义幻灯片放映

面对不同的观众，可建立多种不同的放映方案。每种方案只播放需要的幻灯片并根据需要更改幻灯片顺序。这样既不用调整幻灯片在演示文稿中的真正顺序，也大大节省了播放时间。例如，新建两个名称为"放映方案 1""放映方案 2"的放映方案。

操作步骤：

单击"幻灯片放映"选项卡→"开始放映幻灯片"功能区→"自定义幻灯片放映"按钮，弹出"自定义放映"对话框，如图4.63所示。

在对话框中单击"新建"按钮，弹出"定义自定义放映"对话框，如图4.64所示，在"幻灯片放映名称"框中为新放映方案命名，如输入"放映方案1"，然后在左侧列表中，选中1、2、4、8页幻灯片复选框，单击中间的"添加"按钮，将幻灯片添加到右侧列表，单击"确定"按钮，返回到"自定义放映"对话框；再定义一个放映方案，单击"新建"按钮，输入方案名字为"放映方案2"，包含1、2、5、7页幻灯片。返回到"自定义放映"对话框，可见对话框列出"放映方案1"和"放映方案2"两个放映方案，单击关闭对话框。

图 4.63　"自定义放映"对话框　　　　图 4.64　"定义自定义放映"对话框

这时，在"幻灯片放映"选项卡"开始放映幻灯片"功能区中单击"自定义幻灯片放映"按钮，在下拉列表中就出现了刚才设置好的放映方案名，如图4.65所示。单击某个方案就可以按照方案放映了。例如，单击"放映方案2"，就只放映1、2、5、7页幻灯片，其他幻灯片不播放。

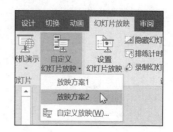

图 4.65　自定义幻灯片放映

拓展——转换文件类型

可以将演示文稿另存为放映文件，扩展名为.ppsx，.ppsm或者.pps，打开后直接放映，而不用进入编辑状态单击放映才能放映。方法是：选择"文件"→"另存为"命令，在弹出的"另存为"对话框中选择放映文件类型。另外，在"另存为"对话框中，还可以将演示文稿另存为图片文件（扩展名为.gif、.jpg、.bmp、.wmf等）、视频文件（扩展名为.wmv）等。

高级技巧——幻灯片的隐藏与显示

演示文稿做好后，若不希望放映所有幻灯片，可将不放映的幻灯片隐藏起来，单击"幻灯片放映"选项卡→"设置"功能区→"隐藏幻灯片"按钮即可，隐藏后在缩略图窗格中的幻灯片编号将显示一条斜杠，如2，要取消隐藏，再次单击"隐藏幻灯片"按钮或从右键菜单中选择"隐藏幻灯片"命令即可。

真题链接

PowerPoint 演示文稿包含了 20 张幻灯片，需要放映奇数页幻灯片，最优的操作方法是（　　）。

A）设置演示文稿的偶数张幻灯片的换片持续时间为 0.01 s，自动换片时间为 0 s，然后再放映

B）将演示文稿的所有奇数张幻灯片添加到自定义放映方案中，然后再放映

C）将演示文稿的偶数张幻灯片删除后再放映

D）将演示文稿的偶数张幻灯片设置为隐藏后再放映

答案：B。

5. 幻灯片放映中的操作

在幻灯片放映过程中，通过单击、按 PageDown 键、Enter 键或空格键可以切换到下一张幻灯片；要返回到上一张幻灯片或更多地控制放映，可在放映时右击，从弹出的快捷菜单中选择相应命令，如上一张、下一张、查看所有幻灯片（即以浏览视图显示所有幻灯片）等，如图 4.66 所示。

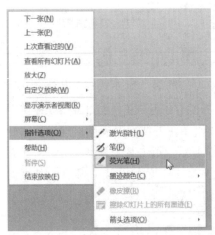

图 4.66　放映时的鼠标右键菜单

在幻灯片播放时将鼠标移到屏幕的左下角，也会出现一些控制按钮，如图 4.67 所示，有"前一张""下一张""笔""查看所有幻灯片""放大""其他"等按钮，更方便播放幻灯片时的操作。

图 4.67　幻灯片放映时在屏幕左下角的控制按钮

在放映的过程中，如果想做标记选取"笔"或"荧光笔"，可以将屏幕当作黑板边讲边画，也可指定不同的墨迹颜色，若想擦除在级联菜单中选择"橡皮擦"擦除已画的笔迹；选择"箭头选项"，可恢复鼠标为箭头形状。

退出放映时，系统将询问是否保留笔所绘制的痕迹，单击"保留"按钮，绘制痕迹将被保留在幻灯片中，单击"放弃"按钮，将不保留。

在放映过程中，随时可按 Esc 键或从鼠标右键菜单中选择结束放映命令结束放映。

高级技巧——放映状态下的工具快捷键

幻灯片放映时，可以按 Ctrl+P 组合键切换指针为"笔"，按 Ctrl+E 组合键切换指针为橡皮擦，按 Ctrl+A 组合键切换指针为箭头。而且使用鼠标书写或绘画十分不便，可以使用手绘板等外接设备，将屏幕替代黑板完成演示过程（如数学推导、绘画等）。

6. 设置放映类型

除以上常规放映方式外，为适应不同场合，在 PowerPoint 中还可设置不同的放映类型。

单击"幻灯片放映"→"设置"→"设置幻灯片放映"按钮，弹出"设置放映方式"对话框，如图 4.68 所示。可设置放映类型，有 3 种放映类型，如表 4.5 所示。

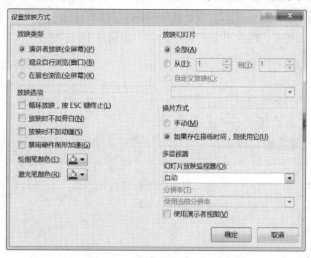

图 4.68 "设置放映方式"对话框

表 4.5 演示文稿的放映类型

放 映 类 型	功 能 说 明
演讲者放映（全屏幕）	最常用，也是默认的方式。演讲者具有完全的控制权，可采用人工或自动方式放映，也可暂停放映，添加更多的临场反应，适用于会议、教学等场合
观众自行浏览（窗口）	在标准窗口中放映，允许观众交互式控制播放过程。观众可利用窗口右下角的左右箭头按钮或按 PgUp、PgDn 键翻页，或者利用左右箭头按钮之间的菜单键弹出菜单做更多控制，适用于展会等场合
在展台浏览（全屏幕）	全屏幕放映，自动放映幻灯片，适用于无人管理放映的情况，如在会议进行时或展览会上在展示产品的橱窗中放映

在对话框的放映选项中，可以设置循环放映，按 Esc 键终止等放映选项。在设置幻灯片放映对话框的放映幻灯片中还可以指定幻灯片的放映范围，使仅放映指定的幻灯片。

在对话框的换片方式中可指定如何从一张幻灯片切换到另一张幻灯片。可以手动换片，也可用排练计时或自行设置的切换时间自动换片。

7．排练计时

排练计时是让演讲者实际演练一遍整个放映过程（演练时要演讲者手动换页），PowerPoint
会记录演讲者在排练中的换页时间和各张幻灯片的放映时间；然后在
正式放映时，PowerPoint 可根据这个时间自动放映和换页。单击"幻
灯片放映"选项卡"设置"功能区"排练计时"按钮，幻灯片自动进
入放映状态，屏幕左上角显示"录制"窗口，如图 4.69 所示。

图 4.69 "录制"窗口

系统将记录下每张幻灯片的放映时间和总放映时间。每翻页到下一张幻灯片，每张幻灯片
的放映时间重新计时，但总放映时间累加计时。整个演示文稿放映结束后，将提示放映总时间，
同时询问是否保留排练时间，单击"是"按钮，PowerPoint 就把这些时间记录下来。

切换到幻灯片浏览视图，在每张幻灯片下方将显示出"排练计时"时该幻灯片的放映时间。还
可在"切换"选项卡"计时"功能区中的"持续时间"编辑框中修改每张幻灯片的放映时间。

真题链接

李老师制作完成了一个带有动画效果的 PowerPoint 教案，她希望可以在课堂上按照自己讲
课的节奏自动播放，最优的操作方法是（　　　）。

A）为每张幻灯片设置特定的切换持续时间，并将演示文稿设置为自动播放

B）在练习过程中，利用"排练计时"功能记录适合的幻灯片切换时间，然后播放即可

C）根据讲课节奏，设置幻灯片中每一个对象的动画时间，以及每张幻灯片的自动换片时间

D）将 PowerPoint 教案另存为视频文件

答案：B。

4.3.8 演示文稿的输出和打印

1．演示文稿的输出

PowerPoint 为演示文稿提供了多种文件输出格式。选择"文件"｜"导出"命令，打开"导
出"界面，如图 4.70 所示。

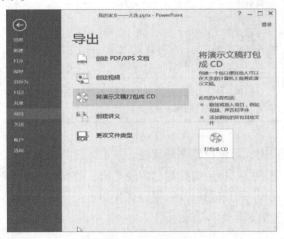

图 4.70 导出界面

可实现如下输出：

（1）创建 PDF/XPS 文档

演示文稿发布为 PDF/XPS 文档后布局、格式、字体和图像会被保留，内容不能被更改，可在 Web 上免费查看。

（2）创建视频

演示文稿另存为视频文件，其中的动画、切换和各种媒体（包括计时、旁白和激光笔势）都可被保留，还可根据需要选择视频文件的大小质量（包括演示文稿质量、互联网质量和最小文件大小质量）。

（3）将演示文稿打包成 CD

通过打包演示文稿，PowerPoint 会创建一个文件夹，其中包含演示文稿文档和一些必要的数据文件，这样演示文稿可以在大多数计算机上观看，即使没有安装 PowerPoint 的计算机中也能正常播放。

（4）创建讲义

利用导出功能创建讲义，是将幻灯片和备注放在 Word 文档中，在 Word 中编辑内容和设置内容格式，此演示文稿发生更改时，自动更新讲义中的幻灯片。单击"创建讲义"按钮后，在弹出的"发送到 Microsoft Word"对话框中选择一种讲义版式（见图 4.71），单击"确定"按钮，即将演示文稿发送到 Word 中做成讲义，如图 4.72 所示。

图 4.71　选择讲义版式

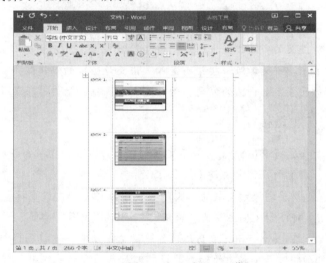

图 4.72　生成 Word 讲义

（5）更改文件类型

单击"另存为"按钮，弹出"另存为"对话框，在"保存类型"列表中选择文件类型，保存即可。

2.演示文稿的打印

选择"文件"→"打印"命令，打开打印设置界面。首先设置打印范围，可以选择打印全部幻灯片，打印所选幻灯片或自定义范围打印等；选择打印版式时，可选整页幻灯片、备注页、大纲；选择讲义形式打印，可在每页纸上打印一张、两张、三张或多张幻灯片等，如图 4.73

所示。选择每页纸上打印六张幻灯片，在界面的右侧有预览效果，单击"打印"按钮即可。

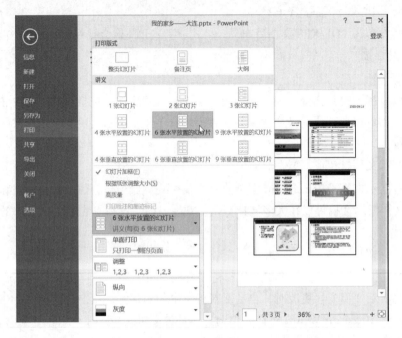

图 4.73   打印讲义

拓展——讲义母版

对讲义的布局排版可通过"讲义母版"修改。方法是单击"视图"选项卡→"母版视图"功能区→"讲义母版"按钮，进入"讲义母版"的编辑状态，通过讲义母版选项卡的功能对讲义进行设置，如讲义的方向、幻灯片大小、每页幻灯片数量等。

真题链接

小梅需将 PowerPoint 演示文稿内容制作成一份 Word 版本讲义，以便后续可以灵活编辑及打印，最优的操作方法是（   ）。

A）切换到演示文稿的"大纲"视图，将大纲内容直接复制到 Word 文档中

B）将演示文稿另存为"大纲"→"RTF 文件"格式，然后在 Word 中打开

C）在 PowerPoint 中利用"创建讲义"功能，直接创建 Word 讲义

D）将演示文稿中的幻灯片以粘贴对象的方式一张张复制到 Word 文档中

答案：C。

课 后 习 题

参照教材示例"我的家乡—大连"，利用互联网收集素材，制作以"我的家乡"为主题的演示文稿，具体要求如下：

1. 演示文稿应包含 18 张以上幻灯片，其中包括封面、简介、目录、封底等页。

2. 根据自己家乡的特点选择合适的设计主题。

3. 第一张幻灯片用自己最喜欢的家乡的风景图片作为封面的背景；给封面上的标题和副标题分别制定动画效果。

4. 第二张幻灯片用表格的形式介绍家乡的基本信息。

5. 第三张幻灯片应用节标题版式，在文本框中添加目录项，并为每项目录内容添加超链接，令其分别链接到本文档中相应的幻灯片。

6. 第四张幻灯片插入一个表示朝代更迭的 SmartArt 图形，并适当更改图形的颜色及样式。

7. 为第五张幻灯片应用两栏内容版式，在右侧的内容框中插入图片"行政区划.jpg"，调整图片的大小、改变图片的样式，并应用一个适当的艺术效果。

8. 利用母版制作水印"作者★★★"。

9. 为封底添加艺术字"★★欢迎你！"，并为艺术字设置按段落、自底部逐字"飞入"的动画效果，要求字与字之间延迟时间 100%。

10. 在第一张幻灯片中插入背景音乐，当放映演示文稿时自动隐藏该音乐图标，单击该幻灯片中的标题即可开始播放音乐，直到第 18 张幻灯片后音乐自动停止。

11. 为演示文稿整体应用一个切换方式，自动换片时间设为 5 s。

第5章

公共基础知识

全国计算机等级考试自 1994 年由国家教育部考试中心推出以来，受到了用人单位和各类学员的热烈欢迎，已成为我国规模最大的计算机类考试。本章主要介绍全国计算机等级考试二级科目的公共基础知识，包括数据结构与算法、软件工程基础以及数据库基础等内容。

5.1 数据结构与算法

使用计算机解决实际问题，需要编写程序。一个程序应该包括两方面内容：一是对数据的描述，即在程序中要指定数据的类型和数据的组织形式，即数据结构（Data Structure）；二是对操作的描述，即操作步骤，也就是算法（Algorithm）。这就是著名计算机科学家尼克劳斯·维尔特（Niklaus Wirth）提出的一个公式：

$$程序 = 数据结构 + 算法$$

5.1.1 算法

1. 算法的基本概念

用计算机解决实际问题，首先要找出解决问题的算法，然后根据算法编写程序。

（1）算法的定义

算法是解决问题的方法，是指对解决问题方案准确而完整的描述。对于一个实际问题来说，如果通过编写一个计算机程序，并在有限的存储空间内运行有限的时间而得到正确的结果，则称这个问题是算法可解的。

（2）算法的基本特征

①有穷性（Finiteness）：一个算法应包含有限的操作步骤而不能是无限的。数学中的无穷级数，在实际计算时只能取有限项之和。因此，一个数的无穷级数表示只是一个计算公式，而根据计算精度的要求所确定的计算过程才是有穷的算法。算法的有穷性还应该包括合理的执行时间的含义，因为如果一个算法需要执行一百年，显然失去了实用价值。

②确定性（Definiteness）：算法中的每一个步骤都应该是确定的，而不应当是含糊的、模棱两可的。例如，有一个健身操的动作，其中有一个动作是"手举过头顶"，这个步骤就是不确定的，含糊的。因为它有不同的解释：是双手都举过头顶？还是左手？或者是右手？举过头顶多少厘米？不同的人可能有不同的解释。算法中的每一个步骤应当不被解释成不同的含义，而应是十分明确无误的。

③可行性（Effectiveness）：一个算法应该可以有效地执行，即算法描述的每一步都可通过已实现的基本运算执行有限次来完成。例如，算法中不能出现分母为零的情况。

④输入（Input）：所谓输入是指在执行算法时需要从外界取得必要的信息，即一个算法有零个或多个输入。例如，判断一个整数 n 是否是素数就需要输入 n 的值。又如，求两个整数 m 和 n 的最大公约数，则需要输入 m 和 n 的值。一个算法也可以没有输入。

⑤输出（Output）：算法的目的是为了求解，"解"就是输出，一个算法可以有一个或多个输出，例如，判断一个整数是否是素数的算法，最终要输出"是素数"或"不是素数"的信息。没有输出的算法是没有意义的。

真题链接

1. 算法中，对需要执行的每一步操作，必须给出清楚、严格的规定，这属于算法的（　　）。

    A）正当性　　　　　　　　B）可行性　　　　　　C）确定性　　　　　　D）有穷性

答案：C。

2. 算法的有穷性是指（　　）。

    A）算法程序的运行时间是有限的

    B）算法程序所处理的数据量是有限的

    C）算法程序的长度是有限的

    D）算法只能被有限的用户使用

答案：A。

2. 算法的复杂度

设计算法不仅要考虑正确性，还要考虑执行算法所耗费的时间长短和所需存储空间的大小。算法的复杂度是衡量算法优劣的度量，可分为时间复杂度和空间复杂度。

（1）算法的时间复杂度

算法的时间复杂度是指执行算法所需要的计算工作量。如何度量一个算法的时间复杂度呢？而且这种度量能够比较客观地反映出一个算法的效率。这就需要在度量一个算法的工作量时，不仅应该与所使用的计算机、程序设计语言无关，而且还应该与算法实现过程中的许多细节无关。因此，算法的工作量可以用算法在执行过程中所需执行的基本运算次数来度量。例如，在考虑两个矩阵相乘时，可以将两个实数之间的乘法运算作为基本运算，而对于所用的加法（或减法）运算忽略不计，这是因为加法和减法需要的运算时间比乘法和除法少得多。

人们常用大 O 表示法表示时间复杂度，注意它是某一个算法的时间复杂度。在这种描述中使用的基本参数是 n，即问题实例的规模，把复杂度或运行时间表达为 n 的函数。这里的 O 表示量级（Order），记法 $O(f(n))$ 表示当 n 增大时，运行时间至多将以正比于 $f(n)$ 的速度增长。常见的时间复杂度量级排序为：

$$O(1)<O(\log n)<O(n)<O(n \log n)<O(n^2)<O(n^3)<O(2^n)$$

3. 算法的空间复杂度

算法的空间复杂度是指执行算法所需要的内存空间。类似算法的时间复杂度，空间复杂度作为算法所需存储空间的度量。一个算法所占用的存储空间包括算法程序所占用的空间、输入的初始数据所占用的存储空间以及算法执行过程中所需要的额外空间。其中，额外空间包括算法程序执行过程中的工作单元以及某种数据结构所需要的附加存储空间（例如，在链式结构中，除了要存储数据本身外，还需要存储链接信息）。

在许多实际问题中，为了减少算法所占的存储空间，通常采用压缩存储技术，以便尽量减少不必要的额外空间。当然，采用了压缩存储技术，虽然减少了算法的存储空间（空间复杂度减小了），却增加了算法执行的操作次数（需要对数据压缩和解压缩，即算法的时间复杂度增加了）。设计一个算法时，既要考虑到执行该算法的执行速度快（时间复杂度小），又要考虑到该算法所需的存储空间小（空间复杂度小），这常常是一个矛盾。通常，根据实际需要，有所侧重。

真题链接

1. 算法的时间复杂度是指（　　　）。

A）算法的执行时间

B）算法所处理的数据量

C）算法程序中的语句或指令条数

D）算法在执行过程中所需要的基本运算次数

答案：D。

2. 下列叙述中正确的是（　　　）。

A）一个算法的空间复杂度大，则其时间复杂度也必定大

B）一个算法的空间复杂度大，则其时间复杂度必定小

C）一个算法的时间复杂度大，则其空间复杂度必定小

D）上述三种说法都不对

答案：D。

解析：时间复杂度与空间复杂度没有必然联系。但是也有以空间换时间或时间换空间的，此时，它们就会有影响。因此本题选择答案为 D。

5.1.2　数据结构的基本概念

在利用计算机进行数据处理时，一般需要处理的数据元素很多，并且需要把这些数据元素都存放在计算机中，因此，大量的数据元素如何在计算机中存放，以便提高数据处理的效率，节省存储空间，这是数据处理的关键问题。显然，将大量的数据随意地存放在计算机中，这对数据处理是不利的。数据结构主要研究下面 3 个问题：

①数据集合中各数据元素之间所固有的逻辑关系，即数据的逻辑结构（Logical Structure）。

②当进行数据处理时，各数据元素在计算机中的存储关系，即数据的存储结构（Storage Structure）。

③对各种数据结构进行的运算。

讨论上述问题的主要目的是为了提高数据处理的效率，这包括提高数据处理的速度和节省数据处理所占用的存储空间。

下面主要讨论实际中常用的一些基本数据结构，它们是软件设计的基础。

1. 什么是数据结构

数据（Data）是计算机可以保存和处理的信息。数据元素（Data Element）是数据的基本单位，即数据集合中的个体。有时也把数据元素称作结点、记录等。实际问题中的各数据元素之间总是相互关联的。数据处理是指对数据集合中的各元素以各种方式进行运算，包括插入、删除、查找、更改等运算，也包括对数据元素进行分析。

数据结构（Data Structure）是指相互关联的数据元素的集合。例如，向量和矩阵就是数据结构，在这两个数据结构中，数据元素之间有着位置上的关系。又如，图书馆中的图书卡片目录，则是一个较为复杂的数据结构，对于写在各卡片上的各种书之间，可能在主题、作者等问题上相互关联。

数据元素的含义非常广泛，现实世界中存在的一切个体都可以是数据元素。例如，描述一年四季的季节名"春、夏、秋、冬"，可以作为季节的数据元素；表示数值的各个数据，如 26、56、65、73、26……可以作为数值的数据元素；再如，表示家庭成员的名字"父亲、儿子、女儿"，可以作为家庭成员的数据元素。

在数据处理中，通常把数据元素之间固有的某种关系（即联系）用前后件关系（或直接前驱与直接后继关系）来描述。例如，在考虑一年中的四个季节的顺序关系时，则"春"是"夏"前件，而"夏"是"春"的后件。同样，"夏"是"秋"的前件，"秋"是"夏"的后件；"秋"是"冬"的前件，"冬"是"秋"的后件。一般来说，数据元素之间的任何关系都可以用前后件关系来描述。

（1）数据的逻辑结构

数据的逻辑结构是指数据之间的逻辑关系，与它们在计算机中的存储位置无关。数据的逻辑结构有两个基本要素：

①表示数据元素的信息，通常记为 D。

②表示各数据元素之间的前后件关系，通常记为 R。

因此，一个数据结构可以表示成 $B = (D, R)$，其中 B 表示数据结构。为了表示出 D 中各数据元素之间的前后件关系，一般用二元组来表示。例如，假设 a 与 b 是 D 中的两个数据元素，则二元组 (a,b) 表示 a 是 b 的前件，b 是 a 的后件。

【例 5.1】一年四季的数据结构可以表示成：

$$B = (D, R)$$
$$D = \{春，夏，秋，冬\}$$
$$R = \{(春，夏)，(夏，秋)，(秋，冬)\}$$

【例 5.2】家庭成员数据结构可以表示成：

$B = \left(D，R\right)$

$D = \left\{父亲，儿子，女儿\right\}$

$R = \left\{\left(父亲，儿子\right)，\left(父亲，女儿\right)\right\}$

（2）数据的存储结构

前面讨论的数据的逻辑结构，是从逻辑上来描述数据元素间的关系的，是独立于计算机的。然而，研究数据结构的目的是为了在计算机中实现对它的处理，因此还要研究数据元素和数据元素之间的关系如何在计算机中表示，也就是数据的存储结构。数据的存储结构应包括数据元素自身值的存储表示和数据元素之间关系的存储表示两方面。在实际进行数据处理时，被处理的各数据元素在计算机存储空间中的位置关系与它们的逻辑关系不一定是相同的。例如，在家庭成员的数据结构中，"儿子"和"女儿"都是"父亲"的后件，但在计算机存储空间中，不可能将"儿子"和"女儿"这两个数据元素的信息都紧邻存放在"父亲"这个数据元素信息的后面。

数据的逻辑结构在计算机存储空间中的存放形式称为数据的存储结构（也称数据的物理结构）。由于数据元素在计算机存储空间中的位置关系可能与逻辑关系不同，因此，为了表示存放在计算机存储空间中的各数据元素之间的逻辑关系（即前后件关系），在数据的存储结构中，不仅要存放各数据元素的信息，还需要存放各数据元素之间的前后件关系的信息。实际上，一种数据的逻辑结构可以表示成多种存储结构。常用的存储结构有顺序、链接、索引等存储结构。对于一种数据的逻辑结构，如果采用不同的存储结构，则数据处理的效率是不同的。

真题链接

1. 数据的存储结构是指（　　　）。

　　A）存储在外存中的数据

　　B）数据所占的存储空间

　　C）数据在计算机中的顺序存储方式

　　D）数据的逻辑结构在计算机中的表示

答案：D。

2. 下列叙述中正确的是（　　　）。

　　A）一个逻辑数据结构只能有一种存储结构

　　B）数据的逻辑结构属于线性结构，存储结构属于非线性结构

　　C）一个逻辑数据结构可以有多种存储结构，且各种存储结构不影响数据处理的效率

　　D）一个逻辑数据结构可以有多种存储结构，且各种存储结构影响数据处理的效率

答案：D。

解析：一般来说，一种数据的逻辑结构根据需要可以表示成多种存储结构，常用的存储结构有顺序、链接、索引等存储结构。而采用不同的存储结构，其数据处理的效率是不同的。因此，选项 D 的说法正确。

2. 数据结构的图形表示

数据结构除了可以用前面所述的二元关系表示外，还可以用图形来表示。在数据结构的图

形表示中，对于数据集合 D 中的每一个数据元素用中间标有元素值的方框表示，称为数据结点，简称结点。为了表示各数据元素之间的前后件关系，对于关系 R 中的每一个二元组，用一条有向线段从前件结点指向后件结点。例如，一年四季的数据结构可以用如图 5.1 所示的图形来表示。对于家庭成员间辈分关系的数据结构可以用如图 5.2 所示的图形表示。

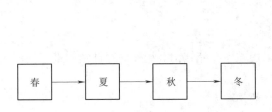

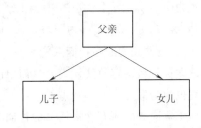

图 5.1　一年四季数据结构的图形表示　　　　图 5.2　家庭成员数据结构的图形表示

用图形方式表示一个数据结构不仅方便，并且直观。有时在不会引起误会的情况下，在前件结点到后件结点连线上的箭头可以省略。

在数据结构中，没有前件的结点称为根结点；没有后件的结点称为终端结点（也称为叶子结点）。例如，在图 5.1 所示的数据结构中，结点"春"为根结点，结点"冬"为终端结点；在图 5.2 所示的数据结构中，结点"父亲"为根结点，结点"儿子"与"女儿"都是终端结点。在数据结构中除了根结点与终端结点外的其他结点一般称为内部结点。

3. 线性结构与非线性结构

一个数据结构可以是空的，即一个数据元素都没有，称为空的数据结构。在一个空的数据结构中插入一个新的数据元素后就变为非空；在只有一个数据元素的数据结构中，将该元素删除后就变为空的数据结构。根据数据结构中各数据元素之间前后件关系的复杂程度，一般将数据结构分为两大类：线性结构与非线性结构。如果一个非空的数据结构满足下面两个条件：

①有且只有一个根结点；

②每个结点最多有一个前件，也最多有一个后件；

则称该数据结构为线性结构。线性结构又称线性表。

由此可见，在线性结构中，各数据元素之间的前后件关系是很简单的。例如，例 5.1 中的一年四季这个数据结构属于线性结构。需要说明的是，在一个线性结构中插入或删除任何一个结点后还应是线性结构。

如果一个数据结构不是线性结构，则称为非线性结构。例如，例 5.2 中家庭成员间辈分关系的数据结构就是非线性结构。

一个空的数据结构究竟是线性结构还是非线性结构，要根据具体情况来确定。如果对该数据结构的运算是按线性结构的规则处理的，则是线性结构；否则是非线性结构。

5.1.3　线性表及其顺序存储结构

1. 线性表的基本概念

线性表（Linear List）是最简单、最常用的一种数据结构，它由一组数据元素组成。例如，一年的月份号（1,2,3,…,12）是一个长度为 12 的线性表。再如，英文小写字母表（$a, b, c, \cdots, z$）是一个长度为 26 的线性表。

线性表是由 n（$n \geq 0$）个数据元素 $a_1, a_2, \ldots, a_n$ 组成的一个有限序列，表中的每个数据元素，除第一个元素外，有且只有一个前件，除最后一个元素外，有且只有一个后件。即线性表可以表示为 $(a_1, a_2, \ldots, a_n)$，其中 $a_i(i = 1, 2, \ldots, n)$ 是属于数据对象的元素，通常也称其为线性表中的一个结点。当 $n = 0$ 时，称为空表。

2. 线性表的顺序存储结构

在计算机中存放线性表，最简单的方法是采用顺序存储结构。用顺序存储结构来存储的线性表也称为顺序表。其特点如下：

①顺序表中所有元素所占的存储空间是连续的。

②顺序表中各数据元素在存储空间中是按逻辑顺序依次存放的。

可以看出，在顺序表中，其前后件两个元素在存储空间中是紧邻的，且前件元素一定存储在后件元素的前面。

图 5.3 所示为顺序表在计算机内的存储情况，其中 $a_1, a_2, \ldots, a_n$ 表示顺序表中的数据元素。

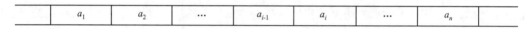

| | a_1 | a_2 | … | a_{i-1} | a_i | … | a_n | |

图 5.3　顺序表在计算机内的存储情况

假设长度为 n 的顺序表 $(a_1, a_2, \ldots, a_n)$ 中每个数据元素所占的存储空间相同（假设都为 k 个字节），则要在该顺序表中查找某一个元素是很方便的。假设第 i 个数据元素 a_i 的存储地址用 $\text{ADR}(a_i)$ 表示，则有

$$\text{ADR}(a_i) = \text{ADR}(a_1) + (i - 1)k$$

因此，只要记住顺序表的第一个数据元素的存储地址（指第一个字节的地址，即首地址），其他数据元素的地址可由上式算出。

在计算机程序设计语言中，一般是定义一个一维数组来表示线性表的顺序存储（即顺序表）空间。因为程序设计语言中的一维数组与计算机中实际的存储空间结构是类似的，这就便于对顺序表进行各种处理。实际上，在定义一个一维数组的大小时，总要比顺序表的长度大些，以便对顺序表能进行各种运算，如插入运算。

对于顺序表，可进行处理的几种主要运算有如下：

①在顺序表的指定位置处插入一个新的元素（即顺序表的插入）。

②在顺序表中删除指定的元素（即顺序表的删除）。

③在顺序表中查找满足给定条件的元素（即顺序表的查找）。

④按要求重排顺序表中各元素的顺序（即顺序表的排序）。

⑤按要求将一个顺序表分解成多个顺序表（即顺序表的分解）。

⑥按要求将多个顺序表合并成一个顺序表（即顺序表的合并）。

⑦复制一个顺序表（即顺序表的复制）。

⑧逆转一个顺序表（即顺序表的逆转）等。

1. 下列对于线性表的描述中正确的是（　　　）。

A）存储空间不一定是连续，且各元素的存储顺序是任意的

B）存储空间不一定是连续，且前件元素一定存储在后件元素的前面

C）存储空间必须连续，且各前件元素一定存储在后件元素的前面

D）存储空间必须连续，且各元素的存储顺序是任意的

答案：A。

解析：线性表的链式存储结构中的结点空间是动态生成的，它们在内存中的地址是随机的，可能是连续的，也可能是不连续的。因此选项 A 正确。

2. 下列关于线性表的叙述中，错误的是（　　　）。

A）线性表是 n 个结点的有穷序列

B）线性表可以为空表

C）线性表的每一个结点有且仅有一个前驱和后继

D）线性表结点间的逻辑关系是 1:1 的关系

答案：C。

解析：本题考查的是线性表的基本概念。线性表是 n 个数据元素的有限序列。线性表可以没有元素(即空表)；线性表的表头结点没有前驱，表尾结点没有后继；线性表结点间的逻辑关系是 1:1 的关系。因此应选择选项 C。

5.1.4　栈和队列

1. 栈及其基本运算

（1）栈的基本概念

栈（Stack）是一种特殊的线性表，它是限定仅在一端进行插入和删除运算的线性表。其中，允许插入与删除的一端称为栈顶（Top），而不允许插入与删除的另一端称为栈底（Bottom）。栈顶元素总是最后被插入的那个元素，从而也是最先能被删除的元素；栈底元素总是最先被插入的元素，从而也是最后才能被删除的元素。

栈是按照"先进后出"（First In Last Out, FILO）或"后进先出"（Last In First Out, LIFO）原则操作数据的，因此，栈也被称为"先进后出表"或"后进先出表"。由此可以看出，栈具有记忆作用。

如图 5.4 所示，通常用指针 top 来指向栈顶的位置，用指针 bottom 指向栈底。往栈中插入一个元素称为入栈运算，从栈中删除一个元素（即删除栈顶元素）称为退栈运算。

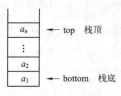

图 5.4　栈的示意图

在图 5.4 中，a_1 为栈底元素，a_n 为栈顶元素。栈中的元素按照 $a_1, a_2, ..., a_n$ 的顺序进栈，退栈的顺序则相反。

（2）栈的顺序存储及基本运算

栈的顺序存储结构是利用一组地址连续的存储单元依次存放自栈底到栈顶的数据元素，并设有指针指向栈顶元素的位置，如图 5.4 所示。用顺序存储结构来存储的栈简称为顺序栈。

栈的基本运算有 3 种：入栈、出栈与读栈顶元素。下面分别介绍在顺序存储结构下栈的这 3 种运算。

①入栈运算：指在栈顶位置插入一个新元素。

运算过程：

● 修改指针，将栈顶指针加 1（top 加 1）。

● 插入，在当前栈顶指针所指位置将新元素插入。

当栈顶指针已经指向存储空间的最后一个位置时，说明栈空间已满，不可能再进行入栈操作。

②出栈运算：指取出栈顶元素并赋给某个变量。

运算过程：

● 出栈，将栈顶指针所指向的栈顶元素读取后赋给一个变量。

● 修改指针，将栈顶指针减 1（top 减 1）。

当栈顶指针为 0 时（即 top=0），说明栈空，不可能进行出栈运算。

③读栈顶元素运算：读栈顶元素是指将栈顶元素赋给一个指定的变量。

运算过程：

● 将栈顶指针所指向的栈顶元素读取并赋给一个变量，栈顶指针保持不变。

● 当栈顶指针为 0 时（即 top=0），说明栈空，读不到栈顶元素。

2. 队列及其基本运算

（1）队列的基本概念

队列（Queue）是一种特殊的线性表，是限定仅在表的一端进行插入，而在表的另一端进行删除的线性表。在队列中，允许插入的一端称为队尾，允许删除的一端称为队头。

队列是按照"先进先出"（First In First Out，FIFO）或"后进后出"（Last In Last Out，LILO）的原则操作数据的，因此，队列也被称为"先进先出表"或"后进后出表"。在队列中，通常用指针 front 指向队头，用 rear 指向队尾，如图 5.5 所示。

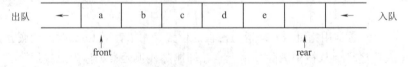

图 5.5　队列示意图

队列的基本运算有两种：往队列的队尾插入一个元素称为入队运算，从队列的队头删除一个元素称为出队运算。与栈类似，在程序设计语言中，用一维数组作为队列的顺序存储空间。用顺序存储结构存储的队列称为顺序队列。

（2）循环队列及其运算

为了充分利用存储空间，在实际应用中，队列的顺序存储结构一般采用循环队列的形式，将顺序存储的队列的最后一个位置指向第一个位置，从而使顺序队列形成逻辑上的环状空间，称为循环队列（Circular Queue），如图 5.6 所示。

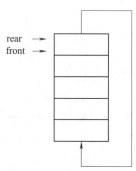

图 5.6 循环队列存储空间示意图

在循环队列结构中，当存储空间的最后一个位置已被使用而再要进行入队运算时，只要存储空间的第一个位置空闲，就可以将元素插入到第一个位置，即将第一个位置作为新的队尾。可以设置 n 表示循环队列的最大存储空间。

在循环队列中，从队头指针 front 指向的位置直到队尾指针 rear 指向的前一个位置之间所有的元素均为队列中的元素。循环队列的初始状态为空，即 rear=front=n，参见图 5.6。

循环队列主要有两种基本运算：入队运算与出队运算。每进行一次出队运算，队头指针加 1。当队头指针 front=n+1 时，则设置 front=1。每进行一次入队运算，队尾指针加 1。当队尾指针 rear=n+1 时，则设置 rear=1。

当循环队列满时有 front=rear，而当循环队列空时也有 front=rear。有多种策略用于检测缓冲区是满还是空。例如，为了能区分队列是满还是空，设置一个标志 sign，用 sign=0 时表示队列是空的，用 sign=1 时表示队列是非空的，从而可给出队列空与队列满的条件：

- 队列空的条件为 sign=0。
- 队列满的条件为 sign=1，且 front=rear。

下面具体介绍循环队列入队与出队的运算。

假设循环队列的初始状态为空，即 sign=0，且 front=rear=n。

① 入队运算：指在循环队列的队尾位置插入一个新元素。

运算过程：

- 插入元素，将新元素插入到队尾指针指向的位置。
- 修改队尾，将队尾指针加 1（即 rear=rear+1），此时若 rear=n+1 则设置 rear=1。

当 sign=1 并且 rear=front 时，说明循环队列已满，不能进行入队运算，否则会产生"上溢"错误。

② 出队运算

出队运算是指在循环队列的队头位置退出一个元素并赋给指定的变量。

运算过程：

- 退出元素，即将队头指针指向的元素赋给指定的变量。
- 修改对头，将队头指针加 1（即 front=front+1），此时若 front=n+1 则设置 front=1。

当 sign=0 时，不能进行退队运算，否则会产生"下溢"错误。

🖐 **真题链接**

1. 下列关于栈的描述中错误的是（　　）。

A）栈是先进后出的线性表

B）栈只能顺序存储

C）栈具有记忆作用

D）对栈的插入和删除操作中，不需要改变栈底指针

答案：B。

2. 对于循环队列，下列叙述中正确的是（　　）。

A）队头指针是固定不变的

B）队头指针一定大于队尾指针

C）队头指针一定小于队尾指针

D）队头指针可以大于队尾指针，也可以小于队尾指针

答案：D。

解析：所谓循环队列，就是将队列存储空间的最后一个位置绕到第一个位置，形成逻辑上的环状空间，供队列循环使用。在循环队列中，用队尾指针 rear 指向队列中的队尾元素后一个位置，用对头指针 front 指向队头元素。循环队列的主要操作是：入队运算和出队运算。每进行一次入队运算，队尾指针就加 1。每进行一次出队运算，排头指针就加 1。当 rear 或 front 等于队列的长度加 1 时，就把 rear 或 front 值置为 1。所以在循环队列中，队头指针可以大于队尾指针，也可以小于队尾指针。因此选项 D 为答案。

5.1.5　线性链表

1. 线性链表的基本概念

前面讨论了线性表的顺序存储结构及其运算。线性表的顺序存储结构具有简单、运算方便等优点，特别是对于小线性表或长度固定的线性表，采用顺序存储结构的优越性更为突出。线性表的顺序存储结构在有些情况下并不十分方便，运算效率也不高。例如，要在顺序存储的线性表中插入一个新元素或删除一个元素，为保证插入或删除后的线性表仍然是顺序存储，就要移动大量的数据元素。又如，在顺序存储结构下，线性表的存储空间不便于扩充。如果线性表的存储空间已满，但还要插入新的元素时，就会发生"上溢"错误。再如，在实际应用中，经常用到若干个线性表（包括栈与队列），如果将存储空间平均分配给各线性表，则有可能造成有的线性表的空间不够用，而有的线性表的空间根本用不着或用不满，这就使得有的线性表空间处于空闲状态，而另外一些线性表却产生"上溢"，使操作无法进行。

因此，对于数据元素需要频繁变动的大线性表应采用下面介绍的链式存储结构。

（1）线性链表

线性表的链式存储结构称为线性链表。

为了表示线性表的链式存储结构，计算机存储空间被划分为一个个小块，每一小块占若干

字节，通常称这些小块为存储结点。为了存储线性表中的元素，一方面要存储数据元素的值，另一方面还要存储各数据元素之间的前后件关系。这就需要将存储空间中的每一个存储结点分为两部分：一部分用于存储数据元素的值，称为数据域；另一部分用于存放下一个数据元素的存储结点的地址，称为指针域。

在线性链表中，一个专门的指针 HEAD 指向线性链表中第一个数据元素的结点，即用 HEAD 存放线性表中第一个数据元素的存储结点的地址。在线性表中，最后一个元素没有后件，所以，线性链表中最后一个结点的指针域为空（用 NULL 或 0 表示），表示链表终止。

下面举例说明线性链表的存储结构。

假设有 4 个学生的某门功课的成绩分别是 a_1、a_2、a_3 和 a_4，这 4 个数据在内存中的存储单元地址分别是 1248、1488、1366 和 1522，其链表结构如图 5.7（a）所示。实际上，常用图 5.7（b）来表示它们的逻辑关系。

在线性表的链式存储结构中，各数据结点的存储地址并非连续的，而且各结点在存储空间中的位置关系与逻辑关系一般也是不一致的。在线性链表中，各数据元素之间的前后件关系是由各结点的指针域来指示的。对于线性链表，可以从头指针，沿着各结点的指针扫描到链表中的所有结点。

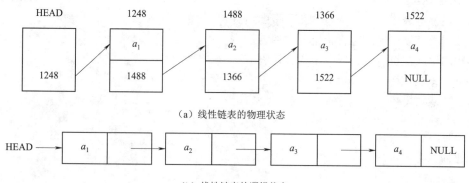

（a）线性链表的物理状态

（b）线性链表的逻辑状态

图 5.7　线性链表示意图

前面讨论的线性链表又称线性单链表。在线性单链表中，每个结点只有一个指针域，由这个指针只能找到后件结点。因此，在线性单链表中，只能沿着指针向一个方向进行扫描，这对于有些问题是不方便的。为了解决线性单链表的这个缺点，对线性链表中的每个结点设置两个指针域，一个指向其前件结点，称为前件指针或左指针；另一指向其后件结点，称为后件指针或右指针。这样的线性链表称为双向链表，其逻辑状态如图 5.8 所示。

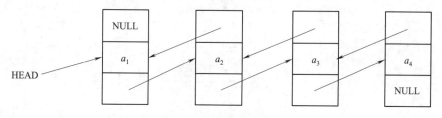

图 5.8　双向链表示意图

（2）带链的栈

与一般的线性表类似，在设计程序时，栈也可以使用链式存储结构。用链式存储结构来存

Office 高级应用

储的栈，称为带链的栈，简称为链栈。图 5.9 所示为栈在链式存储时的逻辑状态示意图。

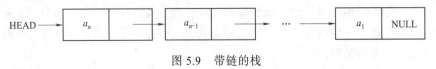

图 5.9　带链的栈

（3）带链的队列

与一般的线性表类似，在设计程序时，队列也可以使用链式存储结构。用链式存储结构来存储的队列，称为带链的队列，简称为链队列。图 5.10 所示为带链的队列在链式存储时的逻辑状态示意图。

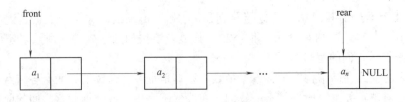

图 5.10　带链的队列

2. 线性链表的基本运算

①在线性链表中插入一个包含新元素的结点。

②在线性链表中删除包含指定元素的结点。

③将两个线性链表合并成一个线性链表。

④将一个线性链表按要求进行分解。

⑤逆转线性链表。

⑥复制线性链表。

⑦线性链表的排序。

⑧线性链表的查找。

3. 循环链表

循环链表（Circular Linked List）的结构具有下面两个特点：

①在循环链表中增加了一个表头结点。表头结点的数据域为任意或者根据需要来设置，指针域指向线性表的第一个元素的结点。循环链表的头指针指向表头结点。

②循环链表中最后一个结点的指针域不是空的，而是指向表头结点。即在循环链表中，所有结点的指针构成了一个环状链，如图 5.11 所示。其中图 5.11（a）是一个非空循环链表，图 5.11（b）是一个空循环链表。

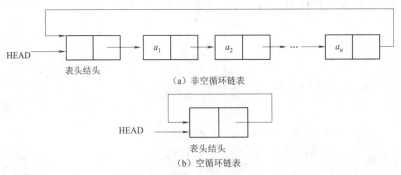

（a）非空循环链表

（b）空循环链表

图 5.11　循环链表的逻辑状态

在循环链表中，从任何一个结点的位置出发，都可以访问到表中其他所有的结点。另外，由于在循环链表中设置了一个表头结点，循环链表中至少有一个结点存在，从而使空表与非空表的运算统一。

真题链接

1. 链表不具有的特点是（　　）。

　　A）不必事先估计存储空间　　　　　　B）可随机访问任一元素

　　C）插入删除不需要移动元素　　　　　D）所需空间与线性表长度成正比

答案：B。

2. 下列叙述中正确的是（　　）。

　　A）线性表的链式存储结构与顺序存储结构所需要的存储空间是相同的

　　B）线性表的链式存储结构所需要的存储空间一般要多于顺序存储结构

　　C）线性表的链式存储结构所需要的存储空间一般要少于顺序存储结构

　　D）上述 3 种说法都不对

答案：B。

解析：与顺序存储结构相比，线性表的链式存储结构需要更多的空间存储指针域，因此，线性表的链式存储结构所需要的存储空间一般要多于顺序存储结构。因此，选项 B 为答案。

5.1.6　树与二叉树

1. 树的基本概念

树（Tree）是一种非线性结构。在树状数据结构中，所有数据元素之间的关系具有明显的层次特点。图 5.12 所示为一棵树的一般形式。

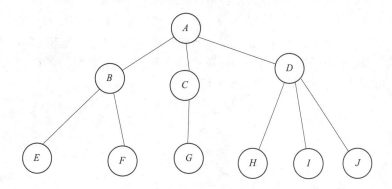

图 5.12　树的结构图

由图 5.12 可以看出，用图形表示树结构时，很像自然界中的一棵倒立着的树，因此，用"树"来命名这种数据结构。在树的图形表示中规定，在用直线连起来的两端结点中，上端结点是前件，下端结点是后件。这样，表示前后件关系的箭头就可以省略。

下面介绍树状数据结构中的基本特征和基本术语。

在树的结构中，没有前件的结点只有一个，称为根结点（简称根），如图 5.12 中，结点 A 是树的根结点。除根结点外，每个结点只有一个前件，称为该结点的父结点。

在树结构中，每个结点可以有多个后件，它们都称为该结点的子结点。没有后件的结点称为叶子结点。例如，图 5.12 中，结点 E、F、G、H、I、J 均为叶子结点。

在树结构中，一个结点所拥有的后件的个数称为该结点的度。例如，图 5.12 中，根结点 A 的度为 3；结点 B 的度为 2；结点 C 的度为 1；叶子结点的度为 0。

在树结构中，所有结点中的最大的度称为树的度。例如，图 5.12 所示的树的度为 3。

由于树结构具有明显的层次关系，即树是一种层次结构，所以在树结构中，按如下原则分层：根结点在第 1 层。同一层上所有结点的所有子结点都在下一层。例如，在图 5.12 中，根结点 A 在第 1 层；结点 B、C、D 在第 2 层；结点 E、F、G、H、I、J 在第 3 层。

树的最大层数称为树的深度。例如，图 5.12 所示的树的深度为 3。

在树结构中，以某结点的一个子结点为根构成的树称为该结点的一棵子树。例如，在图 5.12 中，根结点 A 有 3 棵子树，分别以 B、C、D 为根结点；结点 B 有 2 棵子树，分别以 E、F 为根结点。在树结构中，叶子结点没有子树。

2. 二叉树及其基本运算

由于二叉树的操作算法简单，而且任何树都可以转换为二叉树进行处理，所以二叉树在树结构的实际应用中起着重要的作用。

（1）二叉树的基本概念

二叉树（Binary Tree）是一种非常有用的非线性数据结构。二叉树与前面介绍的树结构很相似，并且，有关树结构的所有术语都可以用到二叉树上。

二叉树的特点：

①非空二叉树只有一个根结点。

②每个结点最多有两棵子树，且分别称为该结点的左子树与右子树。

图 5.13 所示为一棵二叉树，根结点为 A，其左子树包含结点 B、D、G、H，右子树包含结点 C、E、F、I、J。根 A 的左子树又是一棵二叉树，其根结点为 B，有非空的左子树（由结点 D、G、H 组成）和空的右子树。根 A 的右子树也是一棵二叉树，其根结点 C，有非空的左子树（由结点 E、I、J 组成）和右子树（由结点 F 组成）。

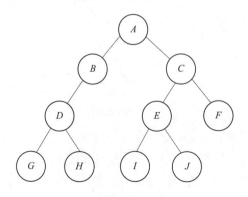

图 5.13 二叉树

在二叉树中，每个结点的度最大为 2，即所有子树（左子树或右子树）也均为二叉树，而树结构中的每一个结点的度可以是任意的。另外，二叉树中的每一个结点的子树区分为左子树与右子树。例如，图 5.14 中所示的是四棵不同的二叉树，但如果作为树，它们就相同了。

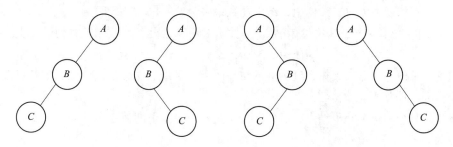

图 5.14　四棵不同的二叉树

（2）满二叉树与完全二叉树

满二叉树与完全二叉树是两种特殊的二叉树。

①满二叉树：在一棵二叉树中，如果所有分支结点都存在左子树和右子树，并且所有叶子结点都在同一层上，这样的二叉树称为满二叉树。图 5.15（a）、图 5.15（b）分别是深度为 2、3 的满二叉树。

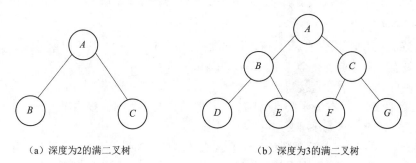

（a）深度为2的满二叉树　　　　　　（b）深度为3的满二叉树

图 5.15　满二叉树

②完全二叉树：指除最后一层外，每一层上的结点数均达到最大值，而在最后一层上只缺少右边的若干结点。更确切地说，一棵深度为 m 的有 n 个结点的二叉树，对树中的结点按从上到下、从左到右的顺序编号，如果编号为 i（$1 \leq i \leq n$）的结点与满二叉树中的编号为 i 的结点在二叉树中的位置相同，则这棵二叉树称为完全二叉树。显然，满二叉树也是完全二叉树，而完全二叉树不一定是满二叉树。图 5.16 所示为两棵深度为 3 的完全二叉树。

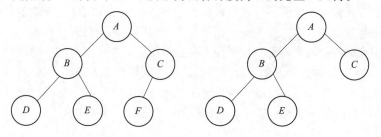

图 5.16　两棵深度为 3 的完全二叉树

（3）二叉树的基本性质

性质 1　在二叉树中，第 i 层的结点数最多为 2^{i-1} 个（$i \geqslant 1$）。

根据二叉树的特点，这个性质是显然的。

性质 2　在深度为 k 的二叉树中，结点总数最多为 $2^k - 1$ 个（$k \geqslant 1$）。

深度为 k 的二叉树是指二叉树共有 k 层。由性质 1 可知，深度为 k 的二叉树的最大结点数为：

$$2^0 + 2^1 + 2^2 + \cdots + 2^{k-1} = 2^k - 1$$

性质 3　对任意一棵二叉树，度为 0 的结点（即叶子结点）总是比度为 2 的结点多一个。

这个性质说明如下：

假设二叉树中有 n_0 个叶子结点，n_1 个度为 1 的结点，n_2 个度为 2 的结点，则该二叉树中总的结点数为

$$n = n_0 + n_1 + n_2 \tag{5.1}$$

又假设该二叉树中总的分支数目为 m，因为除根结点外，其余结点都有一个分支进入，所以 m=n-1。但这些分支是由度为 1 或度为 2 的结点发出的，所以又有 $m = n_1 + 2n_2$，于是得

$$n = n_1 + 2n_2 + 1 \tag{5.2}$$

由式（5.1）和（5.2）可得 $n_0 = n_2 + 1$，即在二叉树中，度为 0 的结点（即叶子结点）总是比度为 2 的结点多一个。

例如，在图 5.13 所示的二叉树中，有 5 个叶子结点，有 4 个度为 2 的结点，度为 0 的结点比度为 2 的结点多一个。

性质 4　①具有 n 个结点的二叉树，其深度至少为 $[\log_2 n] + 1$，其中 $[\log_2 n]$ 表示取 $\log_2 n$ 的整数部分。②具有 n 个结点的完全二叉树的深度为 $[\log_2 n] + 1$。

这个性质可以由性质 2 直接得到。

性质 5　如果对一棵有 n 个结点的完全二叉树的结点从 1 到 n 按层序（每一层从左到右）编号，则对任一结点 i（$1 \leqslant i \leqslant n$），有：

①如果 $i=1$，则结点 i 是二叉树的根，它没有父结点；如果 $i>1$，则其父结点编号为 $[i/2]$。

②如果 $2i>n$，则结点 i 无左子结点（结点 i 为叶子结点）；否则，其左子结点是结点 $2i$。

③如果 $2i+1>n$，则结点 i 无右子结点；否则，其右子结点是结点 $2i+1$。

根据完全二叉树的这个性质，如果按从上到下、从左到右顺序存储完全二叉树的各结点，则很容易确定每一个结点的父结点、左子结点和右子结点的位置。

3. 二叉树的存储结构

与一般的线性表类似，在设计程序时，二叉树也可以使用顺序存储结构和链式存储结构，不同的是此时表示一种层次关系而不是线性关系。

对于一般的二叉树，通常采用链式存储结构。用于存储二叉树中各元素的存储结点由两部分组成：数据域与指针域。在二叉树中，由于每个元素可有两个后件（即两个子结点），因此，二叉树的存储结点的指针域有两个：一个用于存放该结点的左子结点的存储地址，称为左指针域；同理可得一个右指针域。图 5.17 所示为二叉树存储结点的示意图。其中：L（i）是结点 i 的左指针域，即 L（i）为结点 i 的左子结点的存储地址；R（i）是结点 i 的右指针域，即 R（i）为结点 i 的右子结点的存储地址；V（i）是数据域。

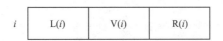

i	L(i)	V(i)	R(i)

图 5.17　二叉树存储结点的结构

由于在二叉树的存储结构中每个存储结点有两个指针域，因此，二叉树的链式存储结构也称为二叉链表。图 5.18 所示为二叉链表的存储示意图。

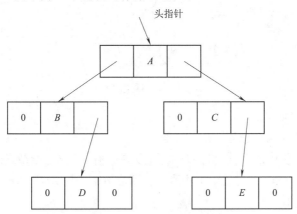

图 5.18　二叉链表存储示意图

对于满二叉树与完全二叉树来说，根据二叉树的性质 5，可按层序进行顺序存储，这样，不仅节省存储空间，又方便确定每个结点的父结点与左右子结点的位置，但顺序存储结构对于一般的二叉树不适用。

4．二叉树的遍历

在树的应用中，常常要求查找具有某种特征的结点，或者对树中全部结点逐一进行某种处理，因此引入了遍历二叉树。

二叉树的遍历是指按一定的次序访问二叉树中的每一个结点，使每个结点被访问一次且只被访问一次。根据二叉树的定义可知，一棵二叉树可看作由三部分组成，即根结点、左子树和右子树。在这三部分中，究竟先访问哪一部分？也就是说，遍历二叉树的方法实际上是要确定访问各结点的顺序，以便访问到二叉树中的所有结点，且各结点只被访问一次。

在遍历二叉树的过程中，通常规定先遍历左子树，然后再遍历右子树。在先左后右的原则下，根据访问根结点的次序，二叉树的遍历可以分为 3 种：前序遍历、中序遍历、后序遍历。下面分别介绍这 3 种遍历的方法，并用 D、L、R 分别表示"访问根结点"、"遍历根结点的左子树"和"遍历根结点的右子树"。

（1）前序遍历（DLR）

前序遍历是指首先访问根结点，然后遍历左子树，最后遍历右子树；并且，在遍历左、右子树时，仍然先访问根结点，然后遍历左子树，最后遍历右子树。可以看出，前序遍历二叉树的过程是一个递归的过程。下面给出二叉树前序遍历的过程：

若二叉树为空，则遍历结束。否则，①访问根结点；②前序遍历左子树；③前序遍历右子树。

例如，对图 5.19 中的二叉树进行前序遍历，则遍历的结果为 *ABDGCEHIF*。

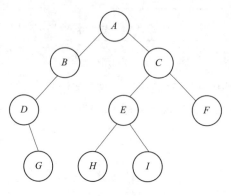

图 5.19   一棵二叉树

（2）中序遍历（LDR）

与前序遍历类似，二叉树中序遍历的过程为：

若二叉树为空，则遍历结束。否则，①中序遍历左子树；②访问根结点；③中序遍历右子树。

例如，对图 5.19 中的二叉树进行中序遍历，则遍历结果为 *DGBAHEICF*。

（3）后序遍历（LRD）

与前序遍历类似，二叉树后序遍历的过程为：

若二叉树为空，则遍历结束。否则，①后序遍历左子树；②后序遍历右子树；③访问根结点。

例如，对图 5.19 中的二叉树进行后序遍历，则遍历结果为 *GDBHIEFCA*。

真题链接

1. 在深度为 7 的满二叉树中，叶子结点的个数为（   ）。

    A）32   B）31   C）64   D）63

答案：C。

解析：由满二叉树的定义可知，叶子结点个数为 2^{n-1}（n 为深度），因此选项 C 为答案。

2. 一棵二叉树中共有 70 个叶子结点与 80 个度为 1 的结点，则该二叉树中的总结点数为（   ）。

    A）219   B）221   C）229   D）231

答案：A。

解析：本题考查对二叉树性质的综合运用能力，由二叉树性质 3 可知，度为 0 的节点比度为 2 的节点多 1 个，故度为 2 的节点有 69，则全部节点为 70+80+69，故答案为 A。

3. 对如下二叉树进行后序遍历的结果为（   ）。

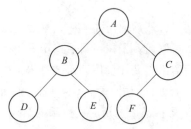

A）*ABCDEF*　　　　B）*DBEAFC*　　　　C）*ABDECF*　　　　D）*DEBFCA*

答案：D。

4．已知二叉树后序遍历序列是 *DABEC*，中序遍历序列是 *DEBAC*，它的前序遍历序列是（ ）。

A）*ACDED*　　　　B）*DECAB*　　　　C）*DEABC*　　　　D）*CEDBA*

答案：D。

解析：本题考查的内容是对于二叉树 3 种遍历的综合运用能力，从题干可知，后续遍历序列为 *DABEC*，则可以得到二叉树的根为 *C*，而中序遍历序列为 *DEBAC*，则可知二叉树的左子树包含 *DEBA* 节点，无右子树。从前序遍历序列中可知，*DEBA* 四个节点中，*E* 为左子树的根节点。而从中序遍历序列可知，左子树有左子树和右子树，节点分别为 *D* 和 *BA*。同理可得左子树的右子树根节点为 *B*，左子节点为 *A*，故该二叉树的前序遍历结果为 D。

5.1.7　查找技术

查找又称检索，是数据处理领域中的一个重要内容。所谓查找是指在一个给定的数据结构中查找某个指定的元素。根据不同的数据结构，应采用不同的查找方法。这里主要介绍顺序查找和二分查找这两种主要方法。

1．顺序查找

顺序查找又称顺序搜索，基本方法是：从线性表的第一个元素开始，依次与被查找元素进行比较，若相等则查找成功；若所有的元素都与被查元素进行了比较，都不相等，则查找失败。

在顺序查找过程中，如果线性表中的第一个元素就是要查找的元素，则只需要做一次比较就查找成功；但如果被查找的元素是线性表中的最后一个元素，或者不在线性表中，则需要与线性表中所有的元素进行比较，这是顺序查找的最坏情况。在平均情况下，用顺序查找法在线性表中查找一个元素，大约要与线性表中一半的元素进行比较。可见，对于比较大的线性表来说，顺序查找法的效率是比较低的。虽然顺序查找的效率不高，但是对于下列两种情况，也只能采用顺序查找法：

①如果线性表是无序表（即表中元素的排列是没有顺序的），则不管是顺序存储结构还是链式存储结构，都只能用顺序查找。

②如果线性表是有序线性表，但采用链式存储结构，也只能用顺序查找。

2．二分法查找

二分法查找只适用于顺序存储的有序表，即要求线性表中的元素按元素值的大小排列。假设有序线性表是按元素值递增排列的，并设表的长度为 n，被查元素为 x，则二分法查找过程如下。

将 x 与线性表的中间元素进行比较：

①若中间元素的值等于 x，则查找成功，查找结束。

②若 x 小于中间元素的值，则在线性表的前半部分以相同的方法查找。

③若 x 大于中间元素的值，则在线性表的后半部分以相同的方法查找。

④重复以上过程，直到查找成功；或子表长度为 0，此时查找失败。

可以看出，当有序的线性表为顺序存储时才能采用二分查找。可以证明，对于长度为 n 的有序线性表，在最坏情况下，二分查找只需要比较$\log_2 n$次，顺序查找需要比较 n 次。可见，二分查找的效率要比顺序查找高得多。

真题链接

1. 对长度为 n 的线性表进行顺序查找，在最坏的情况下所需要的比较次数为（　　　　）。

   A）$\log_2 n$　　　　　　　B）$n/2$　　　　　　　C）n　　　　　　　D）$n+1$

答案：C。

2. 下列叙述中正确的是（　　　　）。

   A）对长度为 n 的有序链表进行查找，最坏情况下需要的比较次数为 n

   B）对长度为 n 的有序链表进行对分查找，最坏情况下需要的比较次数为（$n/2$）

   C）对长度为 n 的有序链表进行对分查找，最坏情况下需要的比较次数为（$\log_2 n$　）

   D）对长度为 n 的有序链表进行对分查找，最坏情况下需要的比较次数为（$n\log_2 n$）

答案：A。

解析：本题考查学生对二分法的理解，二分法仅能应用与有序的存储的顺序存储结构，故答案为 A。

5.1.8　排序技术

排序是指将一个无序的序列整理成有序的序列。排序的方法有很多，本小节主要介绍三类常用的排序方法：交换类排序法、插入类排序法和选择类排序法。

1. 交换类排序法

交换类排序法是指借助数据元素之间的互相交换进行排序的一种方法，如冒泡排序法。

（1）冒泡排序

冒泡排序法是一种最简单的交换类排序方法，它是通过相邻数据元素的交换逐步将线性表变成有序的。升序冒泡排序法的操作过程如下：

首先，从表头开始往后扫描线性表，在扫描过程中依次比较相邻两元素的大小，若前面的元素大于后面的元素，则将它们互换，称为消去了一个逆序。显然，在扫描过程中，不断地将两相邻元素中的大者往后移动，最后就将线性表中的最大者换到了表的最后，如图 5.20（a）所示，图中有下划线的元素表示要比较的元素。可以看出，若线性表有 n 个元素，则第 1 趟排序要比较 $n-1$ 次。

经过第 1 趟排序后，最后一个元素就是最大者。对除了最后一个元素剩下的 $n-1$ 个元素构成的线性表进行第二趟排序，依此类推，直到剩下的元素为空或者在扫描过程中没有交换任何元素，此时，线性表变为有序，如图 5.20（b）所示。图中由方括号括起来的部分表示已排成有序的部分。可以看出，若线性表有 n 个元素，则最多要进行 $n-1$ 趟排序。在图 5.20 所示的例子中，在进行了第 4 趟排序后，线性表已排成有序。

原序列	6	2	8	1	3	1	7
第 1 次比较	2	6	8	1	3	1	7
第 2 次比较	2	6	8	1	3	1	7
第 3 次比较	2	6	1	8	3	1	7
第 4 次比较	2	6	1	3	8	1	7
第 5 次比较	2	6	1	3	1	8	7
第 6 次比较	2	6	1	3	1	7	8

（a）第 1 趟排序

原序列	6	2	8	1	3	1	7
第 1 趟排序	2	6	1	3	1	7	[8]
第 2 趟排序	2	1	3	1	6	[7	8]
第 3 趟排序	1	2	1	3	[6	7	8]
第 4 趟排序	1	1	2	[3	6	7	8]
第 5 趟排序	1	1	[2	3	6	7	8]
第 6 趟排序	1	[1	2	3	6	7	8]
排序结果	1	1	2	3	6	7	8

（b）各趟排序

图 5.20 冒泡排序示意图

从冒泡排序法的操作过程可以看出，对长度为 n 的线性表，在最坏的情况下需要进行（$n-1$）+（$n-2$）+…+2+1=$n(n-1)/2$ 次比较。

（2）快速排序

快速排序是对冒泡排序的一种改进。它的基本思想是：任取待排序序列中的某个元素作为基准（一般取第一个元素），通过一趟排序，将排序元素分为左右两个子序列，左子序列元素的值（以元素值作为排序依据）均小于或等于基准元素的值，右子序列的所有元素值大于基准元素值。然后，分别对两个子序列继续进行排序，直到整个序列有序。快速排序算法通过多次比较和交换来实现排序。

2. 插入类排序法

冒泡排序法与快速排序法本质上都是通过数据元素的交换来逐步消除线性表中的逆序。下面讨论另一类排序的方法——插入类排序法。

插入类排序的基本思想是：每次将一个待排序的记录，按其关键字大小插入到前面已经排序好的序列中的适当位置，直到全部记录插入完成为止。

（1）简单插入排序

简单插入排序法（又称直接插入排序法）是指将元素依次插入到已经有序的线性表中。

简单插入排序的升序排序过程为：假设线性表中前 $i-1$ 个元素已经有序，首先将第 i 个元素放到一个变量 T 中，然后从第 $i-1$ 个元素开始，往前逐个与 T 进行比较，将大于 T 的元素均依次向后移动一个位置，直到发现一个元素不大于 T 为止，此时就将 T 插入到刚移出的空位置，有序子表的长度就变为 i 了。

在实际应用中，先将线性表中第 1 个元素看成是一个有序表，然后从第 2 个元素开始逐个进行插入。图 5.21 所示为插入排序的示意图。图中方括号[ ]中为已排序的元素。

Office 高级应用

原序列	[33]	18	21	89	40	16
第 1 趟排序	[18	33]	21	89	40	16
第 2 趟排序	[18	21	33]	89	40	16
第 3 趟排序	[18	21	33	89]	40	16
第 4 趟排序	[18	21	33	40	89]	16
第 5 趟排序	[16	18	21	33	40	89]

图 5.21　简单插入排序示意图

在简单插入排序法中，每一次比较后最多移掉一个逆序，因此，这种排序方法的效率与冒泡排序法相同。在最坏情况下，简单插入排序法需要比较的次数为 $n(n-1)/2$。

（2）希尔排序

希尔排序法的基本思想是：先将整个待排序的序列分割成若干个子序列（由相隔某个"增量"的元素组成）分别进行直接插入排序，待整个序列中的元素基本有序（增量足够小）时，再对全体元素进行一次直接插入排序。

希尔排序的效率与所选取的增量序列有关。最坏情况下，希尔排序的时间复杂度为 $O(n\log_2 n)$。

3. 选择类排序法

选择排序的基本思想是：每一趟从待排序的记录中选出关键字最小记录，顺序放在已经排好的子序列的最后，直到全部记录排序完毕。

（1）简单选择排序

简单选择排序法也称直接选择排序法，其升序排序过程如下：

扫描整个线性表，从中选出最小的元素，将它与表中第一个元素交换；然后对剩下的子表采用同样的方法，直到子表只有一个元素为止。对于长度为 n 的序列，简单选择排序需要扫描 $n-1$ 遍，每一遍扫描均从剩下的子表中选出最小的元素，然后将该最小的元素与子表中的第一个元素交换。图 5.22 所示为这种排序法的示意图，图中方括号 [ ] 中为已排序的元素，有下画线的元素表示要交换位置的元素。

原序列	33	18	21	89	19	16
第 1 遍选择	[16]	18	21	89	19	33
第 2 遍选择	[16	18]	21	89	19	33
第 3 遍选择	[16	18	19]	89	21	33
第 4 遍选择	[16	18	19	21]	89	33
第 5 遍选择	[16	18	19	21	33]	89

图 5.22　简单选择排序法示意图

简单选择排序法在最坏情况下需要比较 $n(n-1)/2$ 次。

（2）堆排序

堆排序是指利用堆这种数据结构所设计的一种排序算法。

堆是具有以下性质的完全二叉树：每个节点的值都大于或等于其左右孩子节点的值，称为大顶堆；或者每个节点的值都小于或等于其左右孩子节点的值，称为小顶堆，如图 5.23 所示。

同时，对堆中的结点按层进行编号，将这种逻辑结构映射到数组中就是图 5.24 的形式。

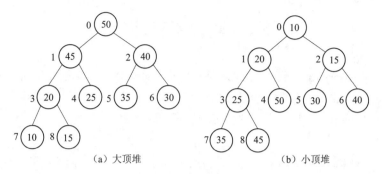

图 5.23　大顶堆和小顶堆

	0	1	2	3	4	5	6	7	8
arr	50	45	40	20	25	35	30	10	15

图 5.24　堆结构映射数组示意图

该数组从逻辑上讲就是一个堆结构，我们用简单的公式来描述一下堆的定义就是：

大顶堆：arr[i] >= arr[2i+1] 且 arr[i] >= arr[2i+2]

小顶堆：arr[i] <= arr[2i+1] 且 arr[i] <= arr[2i+2]

堆排序的基本思想是：将待排序序列构造成一个大顶堆，此时，整个序列的最大值就是堆顶的根节点。将其与末尾元素进行交换，此时末尾就为最大值。然后将剩余 $n-1$ 个元素重新构造成一个堆，这样会得到 n 个元素的次小值。如此反复执行，便能得到一个有序序列。

下面我们总结了上述几种算法的时间复杂度对比情况，如表 5.1 所示。

表 5.1　各种排序方法时间复杂度对比

排序方法	时间复杂度		
	平均情况	最坏情况	最好情况
直接插入排序	$O(n^2)$	$O(n^2)$	$O(n)$
冒泡排序	$O(n^2)$	$O(n^2)$	$O(n)$
希尔排序	$O(nlog_2n)$	$O(nlog_2n)$	
快速排序	$O(nlog_2n)$	$O(n^2)$	$O(nlog_2n)$
直接选择排序	$O(n^2)$	$O(n^2)$	$O(n^2)$
堆排序	$O(nlog_2n)$	$O(nlog_2n)$	$O(nlog_2n)$

真题链接

1. 对于长度为 n 的线性表，在最坏的情况下，下列各排序法所对应的比较次数中正确的是（　　）。

A）冒泡排序为 $n/2$　　　　　　　　　B）冒泡排序为 n

C）快速排序为 n　　　　　　　　　　D）快速排序为 $n(n-1)/2$

答案：D。

2. 下列排序方法中，最坏情况下比较次数最少的是（　　）。

A）冒泡排序　　　　B）简单选择排序　　　　C）直接插入排序　　　　D）堆排序

答案：D。

5.2 软件工程基础

软件工程（Software Engineering，SE）是一门指导计算机软件系统开发和维护的工程学科，它涉及计算机科学、数学、管理科学以及工程科学等多个学科。软件工程的研究范围包括软件系统的开发方法和技术、管理技术、软件工具、环境和软件开发的规范。

5.2.1 软件工程的基本概念

1. 软件危机与软件工程

（1）软件危机

随着计算机硬件性能的大幅提高、计算机技术的发展和计算机应用范围的扩大，而相应的开发的软件可靠性没有保障、维护工作量大、开发费用不断上升、进度无法预测、成本增长无法控制、开发人员无限度增加等，这就是所谓的"软件危机"。

在软件开发和维护过程中，软件危机主要表现在：

①软件需求的增长得不到满足；用户对系统不满意的情况经常发生。

②软件开发成本和进度无法控制。

③软件质量难以保证。

④软件不可维护或维护程度非常低。

⑤软件的开发成本不断提高。

⑥软件开发生产率的提高赶不上硬件的发展和应用需求的增长。

（2）软件工程

为了消除软件危机，1968年北大西洋公约组织的计算机科学家在联邦德国召开国际会议，第一次讨论软件危机问题，并正式提出"软件工程"一词，从此一门新兴的工程学科"软件工程学"为研究和克服软件危机而诞生。软件工程就是试图用工程、科学和数学的原理与方法研制、维护计算机软件的有关技术及管理方法。

软件工程包括3个要素：方法、工具和过程。方法是完成软件工程项目的技术手段；工具支持软件的开发、管理、文档生成；过程支持软件开发的各个环节的控制、管理。

软件工程的核心思想是把软件产品作为一个工程产品来处理。

真题链接

1. 下面描述中，不属于软件危机表现的是（　　　）。

    A）软件过程不规范　　　　　　　　B）软件开发生产率低

    C）软件质量难以控制　　　　　　　　D）软件成本不断提高

答案：A。

2. 下列描述中正确的是（　　　）。

    A）软件工程只是解决软件项目的管理问题

    B）软件工程主要解决软件产品的生产率问题

    C）软件工程的主要思想是强调在软件开发过程中需要应用工程化原则

    D）软件工程只是解决软件开发中的技术问题

答案：C。

解析：软件工程学是研究软件开发和维护的普遍原理与技术的一门工程学科，选项 A 说法错误。软件工程是指采用工程的概念、原理、技术和方法指导软件的开发与维护，软件工程学的主要研究对象包括软件开发与维护的技术、方法、工具和管理等，选项 B 和选项 D 的说法均过于片面，选项 C 正确。

2. 软件的定义与分类

（1）软件

计算机系统由硬件和软件两部分组成。计算机软件是计算机系统中与硬件相互依赖的另一部分，是与计算机系统操作相关的计算机程序、规程、规则，以及可能有的文件、文档及数据。其中，程序是软件开发人员根据用户需求开发的、用程序设计语言描述的、适合计算机执行的指令（语句）序列。数据是使程序能够正常操纵和处理的内容。文档是便于了解程序所需资源与程序开发、维护和使用有关的资料。由此可见，软件由两部分组成：

①机器可执行的程序和数据。

②机器不可执行的，与软件开发、运行、维护和使用有关的文档。

（2）软件的分类

软件按功能可以分为：系统软件、支撑软件（或工具软件）和应用软件。

系统软件是计算机管理自身资源，提高计算机使用效率并为计算机用户提供各种服务的软件。例如，操作系统、编译程序、汇编程序、网络软件、数据库管理系统等。

支撑软件是介于系统软件和应用软件之间、协助用户开发软件的工具性软件。例如，需求分析工具软件、设计工具软件、编码工具软件、测试工具软件、维护工具软件等。

应用软件是为解决特定领域的应用而开发的软件。例如，事务处理软件、工程与科学计算软件、实时处理软件、嵌入式软件，以及人工智能软件等各种应用性质不同的软件。

3. 软件的生存周期

通常，将软件产品提出、实现、使用、维护到停止使用退役的过程称为软件的生存周期（Software Life Cycle）。软件开发通常分为软件定义、软件开发及软件运行维护 3 个阶段。图 5.25 所示称为软件生存周期的瀑布模型。

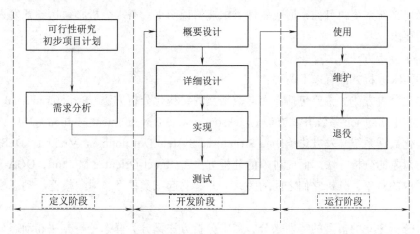

图 5.25 软件生命周期的瀑布模型

真题链接

1. 下列描述中正确的是（　　　）。

　　A）程序就是软件

　　B）软件开发不受计算机系统的限制

　　C）软件既是逻辑实体，又是物理实体

　　D）软件是程序、数据与相关文档的集合

答案：D。

2. 下列叙述中正确的是（　　　）。

　　A）软件交付使用后还需要进行维护

　　B）软件一旦交付使用就不需要再进行维护

　　C）软件交付使用后其生命周期就结束

　　D）软件维护是指修复程序中被破坏的指令

答案：A。

解析：本题考核软件维护的概念。维护是软件生命周期的最后一个阶段，也是持续时间最长、代价最大的阶段。在软件交付使用后，还需要进行维护。软件维护通常有以下 4 类：为纠正使用中出现的错误而进行的改正性维护；为适应环境变化而进行的适应性维护；为改进原有软件而进行的完善性维护；为将来的可维护性和可靠性而进行的预防性维护。软件维护不仅包括程序代码的维护，还包括文档的维护。综上所述，本题的正确答案是选项 A，其余选项的说法错误。

5.2.2　软件需求分析

1. 需求分析与需求分析方法

（1）需求分析

软件需求是指用户对目标软件系统在功能、行为、性能、设计约束等方面的期望和要求。目的是准确定义新系统的目标，形成软件需求规格说明书。需求分析必须达到开发人员和用户完全一致的要求。

（2）需求分析方法

常见的需求分析方法有以下两种：

①结构化分析方法。主要包括：面向数据流的结构化分析方法（Structured Analysis、SA）、面向数据结构的 Jackson 系统开发方法（Jackson System Development Method，JSD）、面向数据结构的结构化数据系统开发方法（Data Structured System Development Method，DSSD）。

②面向对象的分析方法。面向对象的分析方法（Object-Oriented Method，OOA）的关键是识别问题域内的对象，分析它们之间的关系，并建立起三类模型：对象模型、动态模型和功能模型。

从需求分析建立的模型的特性来分，需求分析方法又分为静态分析方法和动态分析方法。

2. 结构化分析方法

结构化分析方法（Structured Analysis，SA）着眼于数据流，自顶向下，逐层分解，建立系统的处理流程。它以数据流图和数据字典为主要工具，建立系统的逻辑模型。适合分析大型的数据处理系统。

结构化分析的常用工具有数据流图、数据字典等。

（1）数据流图

数据流图（Data Flow Diagram，DFD）是描述数据处理过程的工具，是从数据传递和加工的角度，以图形的方式描绘数据在系统中流动和处理的过程。

（2）数据字典

数据字典（Data Dictionary，DD）是结构化分析方法的另一个工具。它与数据流图配合，能清楚地表达数据处理的要求。仅靠数据流图人们很难理解它所描述的对象。数据字典是对所有与系统相关的数据元素的一个有组织的列表，以及精确的、严格的定义，使得用户和系统分析员对于输入、输出、存储成分和中间计算结果有共同的理解。

3. 软件需求规格说明书

软件需求规格说明书（Software Requirement Specification，SRS）是需求分析阶段的最后成果，是软件开发中的重要文档之一。

（1）软件需求规格说明书的作用

①便于用户、开发人员进行理解和交流。

②反映出用户问题的结构，可以作为软件开发工作的基础和依据。

③作为确认测试和验收的依据。

（2）软件需求规格说明书的内容

软件需求规格说明书是作为需求分析的一部分而制定的可交付文档。该说明将在软件计划中确定的软件范围加以展开，制定出完整的信息描述、详细的功能说明、恰当的检验标准，以及其他与要求有关的数据。

真题链接

1. 数据流图（DFD图）是（   ）。
    A）软件概要设计的工具
    B）软件详细设计的工具
    C）结构化方法的需求分析工具
    D）面向对象方法的需求分析工具
答案：C。

2. 在软件设计中，不属于过程设计工具的是（   ）。
    A）PDL（过程设计语言）   B）PAD图
    C）N-S图   D）DFD图
答案：D。

5.2.3 软件设计

软件设计是软件工程的重要阶段，是一个把软件需求转换为软件表示的过程。在此过程中，要形成各种设计文档，即各种设计书，它是设计阶段最终产品。软件设计阶段是软件开发过程中的一个关键阶段，对未来软件的质量有决定性的影响。

1. 软件设计的基本概念

分析阶段的工作结果是需求说明书，它明确地描述了用户要求软件系统"做什么"。但对于大型系统来说，为了保证软件产品的质量，并使开发工作顺利进行，必须预先为编写的程序制订一个计划，这项工作称为软件设计，设计实际上是为需求说明书到程序之间的过渡架起一座桥梁。

（1）软件设计的基本原理

在软件开发实践中，有许多软件设计的概念和原则，它们对提高软件的设计质量有很大的帮助。

①模块化。模块是指整个程序中一些相对对独立的程序单元，例如过程、函数、子程序、宏等。模块是构成软件系统的基本元素，可以对模块单独命名，而且可通过名字访问。

模块化是指将软件系统划分成若干模块，每个模块完成一个子功能。模块化的目的是将系统"分而治之"，因此能够降低问题的复杂度，使软件结构清晰、易阅读、易理解、易测试和调试，因而有助于提高软件的可靠性。

模块化可以减少开发工作量，降低开发成本和提高软件生产率。但是，划分模块并不是越多越好，因为这会增加模块之间接口的工作量，所以划分模块的层次和数量应该避免过多或过少。

②抽象。在现实世界中，事物、状态或过程之间存在共性。把这些共性集中且概括起来，忽略它们之间的差异，这就是抽象。简而言之，抽象就是抽出事物的本质特性而暂时不考虑它们的细节。软件设计中考虑模块化解决方案时，可以定出多个抽象级别。抽象的层次从概要设计到详细设计逐步降低。在概要设计中的模块分层也是由抽象到具体逐步分析和构造出来的。

③信息隐蔽。信息隐蔽是指每个模块的实现细节对于其他模块来说是隐蔽的，也就是说，模块中所包括的信息不允许其他不需要这些信息的模块调用。

④模块独立性。模块独立性是指每个模块只完成系统要求的独立的功能，而模块之间无过多相互作用。这是评价设计好坏的重要标准。

模块的独立性可由内聚性和耦合性两个标准来度量。耦合表示不同模块之间联系的紧密程度，内聚表示一个模块内部联系的紧密程度。

- 耦合性（Coupling）：是对一个软件结构内不同模块之间互连程度的度量。耦合性强弱取决于模块间接口的复杂程度、调用模块的方式以及通过接口的是哪些信息。一个模块与其他模块的耦合性越强，则其模块独立性越弱。

- 内聚性（Cohesion）。内聚性是一个模块内部各种数据和各种处理之间联系的紧密程度的度量，是从功能角度来度量模块内的联系。简单地说，理想内聚的模块只完成一个子功能。内聚性是信息隐蔽和局部化概念的自然扩展。一个模块的内聚性越强则其模块独立性越强。作为软件结构设计的设计原则，要求每一个模块的内部都具有很强的内聚性，它的各个组成部分彼此都密切相关。

耦合性与内聚性是模块独立性的两个定性标准，耦合与内聚是相互关联的。在程序结构中，各模块的内聚性越强，它们的耦合性越弱。一般来说，软件设计时应尽量做到高内聚，低耦合，即减弱模块之间的耦合性和提高模块的内聚性，从而提高模块的独立性。

（2）结构化设计方法

结构化设计方法的要求是在详细设计阶段，为了保证模块逻辑清楚，应该要求所有的模块只使用单入口、单出口以及顺序、选择和循环 3 种控制结构。这样，不论一个程序包含多少个模块，每个模块包含多少个基本的控制结构，整个程序仍能保持一条清晰的线索。

真题链接

1. 为了使模块尽可能独立，要求（　　　）。

A）模块的内聚程度要尽量高，且各模块间的耦合程度要尽量强

B）模块的内聚程度要尽量高，且各模块间的耦合程度要尽量弱

C）模块的内聚程度要尽量低，且各模块间的耦合程度要尽量弱

D）模块的内聚程度要尽量低，且各模块间的耦合程度要尽量强

答案：B。

2. 两个或两个以上模块之间关联的紧密程度称为（　　　）。

A）耦合度　　　　　　B）内聚度　　　　　　C）复杂度　　　　　　D）数据传输特性

答案：A。

2. 概要设计

概要设计的任务如下：

①设计软件系统结构。在需求分析阶段，已经把系统分解成层次结构，而在概要设计阶段，需要进一步分解，划分为模块以及模块的层次结构。

②数据结构及数据库设计。数据设计是实现需求定义和规格说明过程中提出的数据对象的逻辑表示。数据设计的具体任务是：确定输入、输出文件的详细数据结构；结合算法设计，确定算法所必需的逻辑数据结构及其操作；确定对逻辑数据结构所必需的那些操作的程序模块，限制和确定各个数据设计决策的影响范围；需要与操作系统或调度程序接口所必需的控制表进行数据交换时，确定其详细的数据结构和使用规则；数据的保护性设计：防卫性、一致性、冗余性设计。

③编写概要设计文档。在概要设计阶段，需要编写的文档有概要设计说明书、数据库设计说明书、集成测试计划等。

④概要设计文档评审。在概要设计中，对设计部分是否完整地实现了需求中规定的功能、性能等要求，设计方案的可行性，关键的处理及内外部接口定义正确性、有效性，各部分之间的一致性等都要进行评审，以免在以后的设计中出现大的问题而返工。

3. 详细设计

在概要设计阶段，已经确定了软件系统的总体结构，给出了系统中各个组成模块的功能和模块间的联系。而详细设计的任务，是为软件系统的总体结构中的每一个模块确定实现算法和

局部数据结构，用某种选定的表达工具表示算法和数据结构的细节。

下面介绍几种常用的工具。

（1）程序流程图

程序流程图是软件开发者最熟悉的一种算法描述工具。它的主要优点是独立于任何一种程序设计语言，比较直观、清晰，易于学习掌握。

在程序流程图中常用的图形符号如图 5.26 所示。

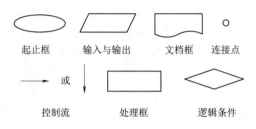

图 5.26　程序流程图的基本图符

流程图中的流程线用以指明程序的动态执行顺序。结构化程序设计限制流程图只能使用 5 种基本控制结构，如图 5.27 所示。

①顺序结构反映了若干个模块之间连续执行的顺序。

②在选择结构中，由某个条件 P 的取值来决定执行两个模块之间的哪一个。

③在当型循环结构中，只有当某个条件成立时才重复执行特定的模块（称为循环体）。

④在直到型循环结构中，重复执行一个特定的模块，直到某个条件成立时才退出该模块的重复执行。

⑤在多重选择结构中，根据某控制变量的取值来决定选择多个模块中的哪一个。

通过把程序流程图的 5 种基本控制结构相互组合或嵌套，可以构成任何复杂的程序流程图。

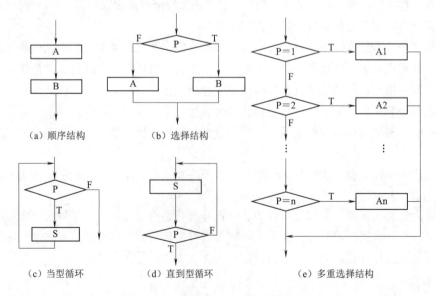

图 5.27　流程图的 5 种基本控制结构

（2）N-S 图

为了避免流程图在描述程序逻辑时的随意性与灵活性，1972 年 Isaac Nassi 及其学生 Ben Shneiderman 提出了用方框图来代替传统的程序流程图，通常也把这种图称为 N-S 图。N-S 图是一种不允许破坏结构化原则的图形算法描述工具，又称盒图。在 N-S 图中，去掉了流程图中容易引起麻烦的流程线，全部算法都写在一个框内，每一种基本结构也是一个框。5 种基本结构的 N-S 图如图 5.28 所示。

N-S 图有以下几个基本特点：

①功能域比较明确，可以从图的框中直接反映出来。

②不能任意转移控制，符合结构化原则。

③容易确定局部和全程数据的作用域。

④容易表示嵌套关系，也可以表示模块的层次结构。

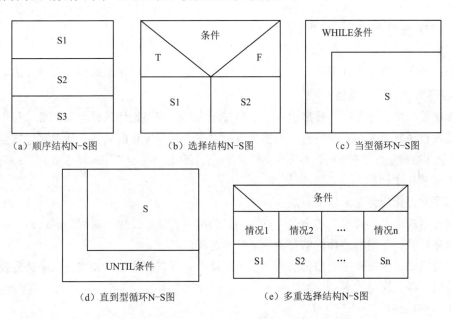

图 5.28　N-S 图的 5 种基本控制结构

（3）过程设计语言

过程设计语言（Procedure Design Language，PDL）又称伪码或结构化的语言。它是一种混合语言，采用英语的词汇和结构化程序设计语言的语法，类似编程语言。

用 PDL 表示的基本控制结构的常用词汇如下：

①条件：IF/THEN/ELSE/ENDIF。

②循环：DOWHILE/ENDDO。

③循环：REPEATUNTIL/ENDREPEAT。

④分支：CASE_OF/WHEN/SELECT/ENDCASE。

一般来说，PDL 具有以下特征：

①有为结构化构成元素、数据说明和模块化特征提供的关键词语法。

②处理部分的描述采用自然语言语法。

③可以说明简单和复杂的数据结构。

④支持各种接口描述的子程序定义和调用技术。

真题链接

1. 从工程管理角度，软件设计一般分为两步完成，分别是（   ）。

    A）概要设计与详细设计　　　　　　　　B）数据设计与接口设计

    C）软件结构设计与数据设计　　　　　　D）过程设计与数据设计

答案：A。

2. 程序流程图中指有箭头的线段表示的是（   ）。

    A）图元关系　　　　　B）数据流　　　　　C）控制流　　　　　D）调用关系

答案：C。

5.2.4　程序设计基础

本节主要介绍程序设计方法与风格、结构化程序设计和面向对象的程序设计方法。

1. 程序设计方法与风格

在程序设计中，除了好的程序设计方法和技术之外，程序设计风格也很重要。程序设计风格是指编写程序时所表现出的特点、习惯和逻辑思路。程序设计的风格总体而言应该强调简单和清晰，程序必须是可以理解的。要形成良好的程序设计风格，主要应注重和考虑下述一些因素。

（1）源程序文档化

源程序文档化应该考虑以下几点：

①符号名的命名：符号名的命名应具有一定的实际含义，以便于对程序的理解。

②程序注释：正确的注释能够帮助阅读者理解程序。

③书写格式：为使程序的结构清晰、便于阅读，可以在程序中利用空行、缩进等技巧使程序层次分明，提高视觉效果。

（2）语句的结构

程序应该简洁易懂，语句的书写应注意以下几点：

①在一行内只写一条语句。

②程序编写要做到清晰第一，效率第二。

③首先要保证程序正确，然后才要求提高速度。

④要模块化，并且模块功能尽可能单一。

（3）输入和输出

输入和输出的格式应方便用户使用，一个程序能否被用户接受，往往取决于输入和输出的风格。

2. 结构化程序设计

由于软件危机的出现，人们开始研究程序设计方法，其中早期最受关注的是结构化程序设计方法。它强调程序设计风格和程序结构的规范化，提倡清晰的结构。

（1）结构化程序设计的原则

结构化程序设计方法的主要原则可以概括为自顶向下、逐步求精、模块化、限制使用GOTO语句。

①自顶向下：程序设计时，应先考虑总体，后考虑细节；先考虑全局目标，后考虑局部目标。先从最上层总目标开始设计，逐步使问题具体化。

②逐步求精：对复杂问题，可以设计一些子目标作为过渡，逐步细化。

③模块化：模块化是把程序要解决的总目标分解为分目标，再进一步分解为具体的小目标，把每个小目标称为一个模块。

④限制使用GOTO语句。

结构化程序设计方法的起源来自对GOTO语句的认识和争论。最终的结果证明，取消GOTO语句后，程序易理解、易排错、易维护，程序容易进行正确性证明。

（2）结构化程序的基本结构

1966年，科拉多·伯姆（Corrado Böhm）及朱塞佩·贾可皮尼（Giuseppe Jacopini）提出了3种基本结构，即顺序结构、选择结构和循环结构，并证明了使用这3种结构可以构造出任何复杂结构的程序设计方法。

（3）结构化程序设计原则和方法的应用

在结构化程序设计的具体实施中，要注意以下要点：

①使用程序设计中的顺序、选择、循环等基本结构表示程序的控制流程。

②选用的控制结构只允许有一个入口和一个出口。

③程序语句组成容易识别的程序块，每块只有一个入口和一个出口。

④复杂结构通过基本控制结构的组合嵌套形式来实现。

👉 真题链接

1. 下列选项中不属于结构化程序设计方法的是（　　）。

   A）自顶向下　　　　　　B）逐步求精　　　　　　C）模块化　　　　　　D）可复用

答案：D。

2. 结构化程序设计的3种结构是（　　）。

   A）顺序结构、选择结构、转移结构

   B）分支结构、等价结构、循环结构

   C）多分支结构、赋值结构、等价结构

   D）顺序结构、选择结构、循环结构

答案：D。

3. 面向对象程序设计

（1）关于面向对象方法

随着软件形式化方法及新型软件的开发，传统的软件开发方法的局限性逐渐暴露出来，传统的软件开发方法是面向过程的，将数据和处理过程分离，增加了软件开发的难度。同时，传统的软件工程方法难于支持软件复用。

由于上述缺陷已不能满足大型软件开发的要求，一种全新的软件开发技术应运而生，这就是面向对象的程序设计（Object-oriented programming，OOP）。面向对象的程序设计是 20 世纪 60 年代末就提出的，起源于 Smalltalk 语言。

面向对象方法的本质，就是主张从客观世界固有的事物出发来构造系统，提倡用人类在现实生活中常用的思维方法来认识、理解和描述客观事物，强调最终建立的系统中的对象以及对象之间的关系能够如实地反映问题域中固有事物及其关系。

（2）面向对象方法的基本概念

面向对象的方法是以对象作为最基本的元素，它是分析问题、解决问题的核心。对象与类是讨论面向对象方法最基本，最重要的概念。

①对象：对象（Object）是客观事物或概念的抽象表述，不仅能表示具体的实体，也能表示抽象的规则、计划和事件。对象本身的性质称为属性（Attribute），对象通过其运算所展示的特定行为称为对象行为（Behavior），对象将其自身的属性及运算"包装起来"称为"封装"（Encapsulation）。

在面向对象的系统中，对象是一个封装数据属性和操作行为的实体。

②类：类（Class）又称为对象类，是具有相同属性和方法的对象的抽象，是一组具有相同数据结构和相同操作对象的集合。类是对象的模板，一个对象则是其对应类的一个实例（Instance）。要注意的是，当使用"对象"这个术语时，既可以指一个具体的对象，也可以泛指一般的对象，但是，当使用"实例"这个术语时，必然是指一个具体的对象。

③消息：消息（Message）是指对象之间在交互中所传送的通信信息。消息使对象之间互相联系、协同工作，实现系统的各种服务。

一个消息包括以下三部分：

- 接收消息的对象名称。
- 消息标识符（消息名）。
- 零个或多个参数。

（3）继承

继承（Inheritance）是面向对象程序设计的一个主要特征。继承是使用已有的类来创建新类的一种技术。已有的类（父类）和新类（子类）之间共享数据结构的方法的机制，这是类之间的一种关系。在定义和实现一个类时，可以在一个已经存在的类的基础上来进行，把这个已经存在的类所定义的内容作为自己的内容，并加入新的内容。

继承分为单继承与多重继承：

①单继承是指一个子类只有一个父类，即子类只继承一个父类的数据结构和方法。

②多重继承是指，一个子类可以有多个父类。继承多个父类的数据结构和方法。

继承性的优点是，相似的对象可以共享程序代码和数据结构，从而大大减少了程序中的冗余信息，提高软件的可重用性，便于软件修改维护。另外，继承性使得用户在开发新的应用系统时不必完全从零开始。

（4）多态性

多态性（Polymorphism）是指相同的操作或函数、过程作用于不同的对象上，并获得不同的结果。即相同操作的消息发给不同的对象时，每个对象将根据自己所属类中定义的操作去执行，而产生不同的结果。

多态性允许每个对象以适合自身的方式去响应共同的消息，这样就增强了操作的透明性、可理解性和可维护性。

真题链接

1. 在面向对象方法中，实现信息隐蔽是依靠（ ）。

 A）对象的继承 B）对象的多态

 C）对象的封装 D）对象的分类

答案：C。

2. 面向对象方法中，继承是指（ ）。

 A）一组对象所具有的相似性质 B）一个对象具有另一个对象的性质

 C）各对象之间的共同性质 D）类之间共享属性和操作的机制

答案：D。

5.2.5 软件测试

软件测试是保证软件质量的重要手段，其主要过程涵盖了整个软件的生命期，包括需求定义阶段的需求测试、编码阶段的单元测试、集成测试以及后期的确认测试、系统测试，验证软件是否合格、能否交付用户使用等。

1. 软件测试的目的

关于软件测试目的，Glenford J. Myers 在 *The Art of Software Testing* 给出了深刻的阐述：

①软件测试是为了发现错误而执行程序的过程。

②一个好的测试用例是指很可能找到迄今为止尚未发现的错误的用例。

③一个成功的测试是发现了至今尚未发现的错误的测试。

Myers 的观点告诉人们测试要以查找错误为中心，而不是为了演示软件的正确功能。因此，软件测试的目的是尽可能多地发现错误和缺陷。

2. 软件测试技术与方法

软件测试的方法和技术是多种多样的。对于软件测试方法和技术，可以从不同的角度加以分类。若从是否需要执行被测软件的角度，可以分为静态测试和动态测试方法。若按照功能划分可以分为白盒测试和黑盒测试方法。

（1）静态测试和动态测试

①静态测试：指不运行被测程序本身，仅通过分析或检查源程序的语法、结构、过程、接口等来检查程序的正确性。静态测试包括代码检查、静态结构分析、代码质量度量等。它可以由人工进行，充分发挥人的逻辑思维优势，也可以借助软件工具自动进行。

②动态测试：指通过运行被测程序，检查运行结果与预期结果的差异，并分析运行效率和健壮性等性能。这种方法由三部分组成：构造测试实例、执行程序、分析程序的输出结果。

测试是否能够发现错误取决于测试实例的设计。动态测试的常用方法有黑盒测试和白盒测试。

（2）白盒测试与黑盒测试

①白盒测试：软件的白盒测试是对软件的过程性细节进行细致的检查。这一方法是把测试对象看作一个打开的盒子，它允许测试人员利用程序内部的逻辑结构及有关信息，设计或选择测试用例，对程序所有逻辑路径进行测试。通过在不同点检查程序的状态，确定实际的状态是否与预期的状态一致。因此，白盒测试又称结构测试或逻辑驱动测试。

白盒测试的主要方法有逻辑覆盖、基本路径测试等。

②黑盒测试：也称功能测试，它是通过测试来检测每个功能是否都能正常使用。在测试中，把程序看作一个不能打开的黑盒子，在完全不考虑程序内部结构和内部特性的情况下，在程序接口进行测试，它只检查程序功能是否按照需求规格说明书的规定正常使用，程序是否能适当地接收输入数据而产生正确的输出信息。黑盒测试着眼于程序外部结构，不考虑内部逻辑结构，主要针对软件界面和软件功能进行测试。

用黑盒测试发现程序中的错误，必须在所有可能的输入条件和输出条件中确定测试数据，检查程序是否都能产生正确的输出。

黑盒测试主要有等价类划分法、边界值分析法、错误推测法几种方法。

3. 软件测试的实施

软件测试是保证软件质量的重要手段，软件测试是一个过程，一般按 4 个步骤进行，即单元测试、集成测试、确认测试（验收测试）和系统测试。通过这些步骤的实施来验证软件是否合格，能否交付用户使用。

（1）单元测试

单元测试也称模块测试，测试的目的是发现各模块内部可能存在的错误。单元测试的依据是详细的设计说明书和源程序。单元测试的技术可以采用静态分析和动态测试。对动态测试通常以白盒测试为主，黑盒测试为辅。

（2）集成测试

集成测试是在单元测试的基础上，将所有模块按照设计的要求组装成一个完整的系统而进行的测试和组装软件的过程。它是把模块在按照设计要求组装起来的同时进行测试，也称联合测试或组装测试。重点是发现与接口有关的错误。集成测试的依据是概要设计说明书，测试的方法以黑盒测试为主。

（3）确认测试

确认测试的任务是验证软件的功能和性能及其他特性是否满足了需求规格说明中确定的各种需求，以及软件配置是否完全、正确。

（4）系统测试

系统测试是将通过测试确认的软件，作为整个基于计算机系统的一个元素，与计算机硬件、外设、支持软件、数据和人员等其他系统元素组合在一起，在实际运行（使用）环境下对计算机系统进行一系列的集成测试和确认测试。由此可知，系统测试必须在目标环境下运行，其功用在于评估系统环境下软件的性能，发现和捕捉软件中潜在的错误。

真题链接

1. 下列对于软件测试的描述中正确的是（　　）。
　　A）软件测试的目的是证明程序是否正确
　　B）软件测试的目的是使程序运行结果正确
　　C）软件测试的目的是尽可能地多发现程序中的错误
　　D）软件测试的目的是使程序符合结构化原则
答案：C。

2. 为了提高测试的效率，应该（　　）。
　　A）随机选取测试数据
　　B）取一切可能的输入数据作为测试数据
　　C）在完成编码以后制订软件的测试计划
　　D）集中对付那些错误群集的程序
答案：D。

5.2.6　程序的调试

在对程序进行了成功的测试之后将进入程序调试（通常称 Debug，即排错）。程序调试的任务是诊断和改正程序中的错误。由程序调试的概念可知，程序调试活动由两部分组成：其一是根据错误的迹象确定程序中错误的确切性质、原因和位置；其二，对程序进行修改，排除这个错误。

真题链接

1. 下列叙述中正确的是（　　）。
　　A）软件测试应该由程序开发者来完成
　　B）程序经调试后一般不需要再测试
　　C）软件维护只包括对程序代码的维护
　　D）以上 3 种说法都不对
答案：D。
解析：本题考核软件测试、软件调试和软件维护的概念。软件测试的目标是设法暴露程序中的错误和缺陷，测试是程序执行的过程，目的在于发现错误；由于测试的这一特征，一般应当避免由开发者测试自己的程序。所以，选项 A 错误。调试也称排错，是发现错误，并改正错误，经测试发现错误后，可以立即进行调试并改正错误；经过调试后的程序还需要进行回归测试，以检查调试的效果，同时也可防止在调试过程中引进新的错误。所以，选项 B 错误。软件维护有 4 类：改正性维护、适应性维护、完善性维护、预防性维护，不仅包括程序代码的维护，还包括文档的维护。无论是用户文档还是系统文档，都必须与程序代码同时维护。所以，选项 C 错误。选项 D 为正确答案。

2. 下面叙述中错误的是（　　）。
　　A）软件测试的目的是发现错误并改正错误

B）对被调试程序进行"错误定位"是程序调试的必要步骤

C）程序调试也称为 Debug

D）软件测试应严格执行测试计划，排除测试的随意性

答案：A。

5.3　数据库基础

数据库技术是研究数据库的结构、存储、设计和使用的一门软件学科，是计算机领域的一个重要分支。在计算机应用的三大领域（科学计算、数据处理和过程控制）中，数据处理约占其中的 70%，而数据库技术就是作为一门数据处理技术发展起来的。

5.3.1　数据库系统的基本概念

近年来，数据库在计算机应用中的地位与作用日益重要，它在商业中、事务处理中占有主导地位。它在多媒体领域、统计领域及智能化应用领域中的地位与作用也变得十分重要。随着网络应用的普及，它在网络中的应用也日渐重要。因此，数据库已成为构成一个计算机应用系统的重要的支持性软件。

1. 数据、数据库、数据库管理系统

（1）数据

数据（Data）是载荷或记录信息的按一定规则排列组合的物理符号。

在计算机科学中，数据是指所有能输入到计算机并被计算机程序处理的符号的介质的总称，是用于输入电子计算机进行处理，具有一定意义的数字、字母、符号和模拟量等的通称。

计算机中的数据有临时性（Transient）数据和持久性（Persistent）数据。数据库系统中处理的就是持久性数据。

（2）数据库

数据库（Database，DB）是一个长期存储在计算机内的、有组织的、可共享的、统一管理的数据集合。数据库具有以下的特点：

①数据按一定的数据模式组织、描述和存储。

②可以为各种用户服务。

③冗余度小。

④数据独立性高。

⑤易扩展。

（3）数据库管理系统

数据库管理系统（Database Management System，DBMS）是一种操纵和管理数据库的大型软件，用于建立、使用和维护数据库。它是数据库系统的核心组成部分，负责数据库中的数据组织、数据操纵、数据维护、控制及保护和数据服务等。为完成这些功能，数据库管理系统提供相应的数据语言（Data Language），分别是：

①数据定义语言（Data Definition Language，DDL）：负责数据的模式定义与数据的物理存取构建。

②数据操纵语言（Data Manipulation Language，DML）：负责数据的操纵，包括查询及增、删、改等操作。

③数据控制语言（Data Control Language，DCL）：负责数据完整性、安全性的定义与检查，以及并发控制、故障恢复等功能。

（4）数据库管理员

数据库管理员（Database Administrator，DBA）是专门对数据库的规划、设计、维护、监视等工作进行管理的人员。

（5）数据库系统

数据库系统（Database System，DBS）是以数据库为核心的完整的运行实体，由数据库、数据库管理系统、数据库管理员、硬件平台、软件平台组成。

（6）数据库应用系统

数据库应用系统（Database Application System，DBAS）是在数据库管理系统（DBMS）支持下建立的计算机应用系统。数据库应用系统是由数据库系统、应用程序系统、用户组成的，具体包括数据库、数据库管理系统、数据库管理员、硬件平台、软件平台、应用软件、应用界面。

真题链接

1. 数据库（DB）、数据库系统（DBS）、数据库管理系统（DBMS）之间的关系是（　　）。

A）DB 包含 DBS 和 DBMS
B）DBMS 包含 DB 和 DBS
C）DBS 包含 DB 和 DBMS
D）没有任何关系

答案：C。

2. 下列叙述中正确的是（　　）。

A）数据库系统是一个独立的系统，不需要操作系统的支持

B）数据库技术的根本目标是要解决数据的共享问题

C）数据库管理系统就是数据库系统

D）以上 3 种说法都不对

答案：B。

解析：数据库技术的根本目的是要解决数据的共享问题；数据库需要操作系统的支持；数据库管理系统对数据库进行统一地管理和控制，以保证数据库的安全性和完整性。它是数据库系统的核心软件。因此选项 B 正确。

2. 数据库系统的发展

数据管理发展至今已经历了 3 个阶段：人工管理阶段、文件系统阶段和数据库系统阶段。

（1）人工管理阶段

数据的人工管理阶段是在 20 世纪 50 年代中期以前，主要用于科学计算。当时在硬件方面无磁盘，软件方面没有操作系统，靠人工管理数据。

（2）文件系统阶段

20 世纪 50 年代后期到 20 世纪 60 年代中期，数据管理进入了文件系统阶段。文件系统是

数据库系统发展的初级阶段，它提供了简单的数据共享与数据管理能力，但是它无法提供完整的、统一的管理和数据共享的能力。由于它的功能简单，因此它附属于操作系统而不成为独立的软件，目前一般仅将其看成是数据库系统的雏形，而不是真正的数据库系统。

（3）数据库系统阶段

20 世纪 60 年代之后，数据管理进入数据库系统阶段。随着计算机应用领域不断扩大，数据库系统的功能和应用范围也越来越广，到目前已成为计算机系统的基本及主要的支撑软件。

从 20 世纪 60 年代末期起，真正的数据库系统——层次数据库与网状数据库开始发展，它们为统一管理与共享数据提供了有力支撑，这个时期数据库系统蓬勃发展形成了有名的"数据库时代"。但是，这两种系统也存在不足，主要是它们脱胎于文件系统，受文件系统的影响较大，给数据库使用带来诸多不便，同时，此类系统的数据模式构造烦琐不宜于推广使用。

关系数据库系统出现于 20 世纪 70 年代，在 80 年代得到蓬勃发展，并逐渐取代前两种系统。关系数据库系统结构简单，使用方便，逻辑性强，物理性少，因此在 80 年代以后一直占据数据库领域的主导地位。

3. 数据库系统的主要特点

数据库技术是在文件系统基础上发展产生的，两者都以数据文件的形式组织数据。但由于数据库系统在文件系统之上加入了 DBMS 对数据进行管理，从而使得数据库系统具有以下特点。

（1）数据的集成性

数据库系统的数据集成性主要表现在如下几方面：

①在数据库系统中采用统一的数据结构方式，如在关系数据库中采用二维表作为统一结构方式。

②在数据库系统中按照多个应用的需要组织全局的统一的数据结构（即数据模式），数据模式不仅可以建立全局的数据结构，还可以建立数据间的语义联系从而构成一个内在紧密联系的数据整体。

③数据库系统中的数据模式是多个应用共同的、全局的数据结构，而每个应用的数据则是全局结构中的一部分，称为局部结构（即视图），这种全局与局部的结构模式构成了数据库系统数据集成性的主要特征。

（2）数据的高共享性与低冗余性

由于数据的集成性使得数据可为多个应用所共享，特别是在网络发达的今天，数据库与网络的结合扩大了数据关系的应用范围。数据的共享自身又可极大地减少数据冗余性，不仅减少了不必要的存储空间，更为重要的是可以避免数据的不一致性。所谓数据的一致性是指在系统中同一数据的不同出现应保持相同的值，而数据的不一致性指的是同一数据在系统的不同复制处有不同的值。因此，减少冗余性以避免数据的不同出现是保证系统一致性的基础。

（3）数据独立性

数据独立性是数据与程序间的互不依赖性，即数据库中数据独立于应用程序而不依赖于应用程序。也就是说，数据的逻辑结构、存储结构与存取方式的改变不会影响应用程序。

数据独立性一般分为物理独立性与逻辑独立性两种：

①物理独立性：物理独立性即是数据的物理结构（包括存储结构、存取方式等）的改变，如存储设备的更换、物理存储的更换、存取方式改变等都不影响数据库的逻辑结构，从而不致引起应用程序的变化。

②逻辑独立性：数据库总体逻辑结构的改变，如修改数据模式、增加新的数据类型、改变数据间联系等，不需要相应修改应用程序，这就是数据的逻辑独立性。

真题链接

下列叙述中错误的是（　　　　）。

A）在数据库系统中，数据的物理结构必须与逻辑结构一致

B）数据库技术的根本目标是要解决数据的共享问题

C）数据库设计是指在已有数据库管理系统的基础上建立数据库

D）数据库系统需要操作系统的支持

答案：A。

解析：数据库系统具有数据独立性的特点，数据独立性一般分为物理独立性与逻辑独立性两级。物理独立性即数据的物理结构的改变不影响数据库的逻辑结构；逻辑独立性即数据库总体逻辑结构的改变不需要相应修改应用程序。所以，在数据系统中，数据的物理结构并不一定与逻辑结构一致。选项 A 错误。

4．数据库的体系结构

数据库的体系结构分为三级，也称为三级模式，即内部级模式、概念级模式、外部级模式。数据库的三级体系结构是数据的 3 个抽象级别，它把数据的具体组织留给 DBMS 管理，使用户能抽象地处理数据，而不必关心数据在计算机中的表示和存储。这三级结构之间差别很大，为实现这 3 个抽象级别的转换，DBMS 在这三级结构之间提供了两种映射，即外部级到概念级的映射和概念级到内部级的映射，如图 5.29 所示。

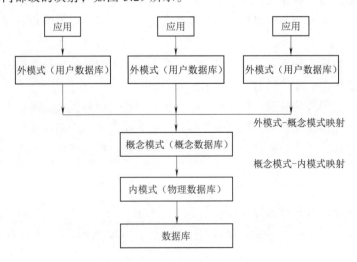

图 5.29　三级模式、两种映射关系图

（1）数据库系统的三级模式

数据模式是数据库系统中数据结构的一种表示形式，它具有不同的层次与结构方式。

①概念模式（Conceptual Schema）：用于描述数据库系统中全局数据逻辑结构，是全体用户（应用）公共数据视图。此种描述是一种抽象的描述，它不涉及具体的硬件环境与平台，也与具体的软件环境无关。

概念模式主要描述数据的概念记录类型以及它们之间的关系，它还包括一些数据间的语义约束，对它的描述可用 DBMS 中的 DDL 语言定义。

②外模式（External Schema）：也称子模式或用户模式。它是用户的数据视图，也就是用户所见到的数据模式，它由概念模式推导而出。概念模式给出了系统全局的数据描述，而外模式则给出每个用户的局部数据描述。一个概念模式可以有若干个外模式，每个用户只关心与它有关的模式，这样不仅可以屏蔽大量无关信息，而且有利于数据保护。

③内模式（Internal Schema）：又称物理模式（Physical Schema），它给出了数据库物理存储结构与物理存取方法。内模式对一般用户是透明的，但它的设计直接影响数据库的性能。内模式给出了数据库的数据框架结构，数据是数据库中真正的实体，但这些数据必须按框架所描述的结构去组织。

以概念模式为框架所组成的数据库称为概念数据库，以外模式为框架所组成的数据库称为用户数据库，以内模式为框架所组成的数据库称为物理数据库。这 3 种数据库中只有物理数据库真实存在于计算机外存中，其他两种数据库并不真正存在于计算机中，而是通过两种映射由物理数据库映射而成。

模式的 3 个级别层次反映了模式的 3 个不同环境以及它们的不同要求，其中内模式处于最内层，它反映了数据在计算机物理结构中的实际存储形式；概念模式处于中层，它反映了设计者的数据全局逻辑要求；而外模式处于最外层，它反映了用户对数据的要求。

（2）数据库系统的两级映射

数据库通过两级映射建立了模式间的联系与转换，使得概念模式与外模式虽然并不具备物理存在，但是也能通过映射而获得其实体。此外，两级映射也保证了数据库系统中数据的独立性，即数据的物理组织改变与逻辑概念级改变相互独立，使得只要调整映射方式而不必改变用户模式。

①概念模式到内模式的映射。该映射给出了概念模式中数据的全局逻辑结构到数据的物理存储结构间的对应关系，此种映射一般由 DBMS 实现。

②外模式到概念模式的映射。概念模式是一个全局模式而外模式是用户的局部模式。一个概念模式中可以定义多个外模式，而每个外模式是概念模式的一个基本视图。外模式到概念模式的映射给出了外模式与概念模式的对应关系，这种映射一般也是由 DBMS 来实现的。

真题链接

在数据库系统中，用户所见的数据模式为（　　　）。

A）概念模式　　　　　　B）外模式　　　　　　C）内模式　　　　D）物理模式

答案：B。

解析：数据库管理系统的三级模式结构由外模式、模式和内模式组成。外模式也称子模式或用户模式，是指数据库用户所看到的数据结构，是用户看到的数据视图。

5.3.2 数据模型

1. 数据模型的基本概念

数据是描述事物的符号记录；模型是现实世界的抽象；数据模型是数据特征的抽象。数据模型所描述的内容包括三部分：数据结构、数据操作、数据约束。

（1）数据结构

数据模型中的数据结构主要描述数据的类型、内容、性质，以及数据间的联系等。

（2）数据操作

数据模型中数据操作主要描述在相应的数据结构上的操作类型和操作方式。

（3）数据约束

数据模型中的数据约束主要描述数据结构内数据间的语法、词义联系、它们之间的制约和依存关系，以及数据动态变化的规则，以保证数据的正确、有效和相容。

数据模型按不同的应用层次分成 3 种类型：概念数据模型（Conceptual Data Model）、逻辑数据模型（Logic Data Model）、物理数据模型（Physical Data Model）。

概念数据模型简称概念模型，它是一种面向客观世界、面向用户的模型。它与具体的数据库管理系统无关，与具体的计算机平台无关。概念模型着重于对客观世界复杂事物的结构描述，以及它们之间内在联系的刻画。概念模型是整个数据模型的基础。目前，较为有名的概念模型有 E-R 模型、扩充的 E-R 模型、面向对象模型及谓词模型等。

逻辑数据模型又称数据模型，它是一种面向数据库系统的模型，该模型着重于在数据库系统一级的实现。概念模型只有在转换成数据模型后才能在数据库中得以表示。目前，逻辑数据模型也有很多种，较为成熟并先后被人们大量使用过的有：层次模型、网状模型、关系模型、面向对象模型等。

物理数据模型又称物理模型，它是一种面向计算机物理表示的模型，此模型给出了数据模型在计算机上物理结构的表示。

2. E-R 模型

概念模型是面向现实世界的，它的出发点是有效和自然地模拟现实世界，给出数据的概念化结构。长期以来被广泛使用的概念模型是 E-R 模型（Entity-Relationship Model，实体–联系模型），它于 1976 年由 Peter Chen 首先提出。该模型将现实世界的要求转化成实体、联系、属性等几个基本概念，以及它们之间的两种基本连接关系，并且可以用一种图直观地表示出来。

（1）E-R 模型的基本概念

①实体：现实世界中的事物可以抽象成为实体，实体是概念世界中的基本单位，它们是客观存在的且又能相互区别的事物。凡是有共性的实体可组成一个集合，称为实体集（Entity Set）。例如，张三、李四是实体，他们又都是学生而组成一个实体集。

②属性：现实世界中事物均有一些特性，这些特性可以用属性来表示。属性刻画了实体的特征。一个实体往往可以有若干个属性，每个属性可以有值，一个属性的取值范围称为该属性的域。例如，张三年龄取值为 17，李四为 20。

③联系：现实世界中事物之间的关联称为联系。在概念世界中联系反映了实体集之间的一

Office 高级应用

定关系，如教师与学生之间的教学关系，父亲、儿子之间的父子关系，卖方与买方之间的供求关系等。

两个实体集间的联系实际上是实体集间的函数关系，这种函数关系可以有下面几种：

- 一对一的联系，简记为 1:1。这种函数关系是常见的函数关系之一，如班级与班长间的联系，一个班级与一个班长间相互一一对应。
- 一对多或多对一联系，简记为 $1:M(1:m)$ 或 $M:1(m:1)$。这两种函数关系实际上是一种函数关系，如学生与其班级间的联系是多对一的联系（反之，则为一对多联系），即多个学生对应一个班级。
- 多对多联系，简记为 $M:N$ 或 $m:n$。这是一种较为复杂的函数关系，如教师与学生这两个实体集之间的教与学的联系是多对多的，因为一个教师可以教授多个学生，而一个学生又可以受教于多个教师。

（2）实体、联系、属性之间的连接关系

E-R 模型由实体、联系、属性这 3 个基本概念组成，由这三者结合起来才能表示现实世界。

①实体集（联系）与属性间的连接关系。实体是概念世界中的基本单位，属性附属于实体，它本身并不构成独立单位。一个实体可以有若干个属性，实体以及它的所有属性构成了实体的一个完整描述。因此，实体与属性间有一定的连接关系。例如，在学生档案中每个学生（实体）可以有：学号、姓名、性别、出生年月、籍贯、民族等属性，它们组成了一个有关学生（实体）的完整描述。

属性有属性域，每个实体可取属性域内的值。一个实体的所有属性取值组成了一个值集，称为元组（Tuple）。在概念世界中，可以用元组表示实体，也可用它区别不同的实体。例如，在学生档案表 5.2 中，每一行表示一个实体，这个实体可以用一组属性值表示。例如，（0403102，王芳，女，10/25/86，陕西，汉）、（0403103，刘岩，男，08/16/87，吉林，朝），这两个元组分别表示两个不同的实体。

表 5.2　学生档案表

学　　号	姓　　名	性　　别	出 生 年 月	籍　　贯	民　　族
0403101	张平	男	02/18/86	辽宁	汉
0403102	王芳	女	10/25/86	陕西	汉
0403103	刘岩	男	08/16/87	吉林	朝鲜
0403104	高丽	女	06/10/85	广西	壮

实体有型与值之别，一个实体的所有属性构成了这个实体的型，如学生档案中的实体，它的型是由学号、姓名、性别、出生年月、籍贯、民族等属性组成，而实体中属性值的集合（即元组）则构成了这个实体的值。

相同型的实体构成了实体集。例如，表 5.2 中的每一行是一个实体，它们均有相同的型，因此表内诸实体构成了一个实体集。

联系也可以附有属性，联系和它的所有属性构成了联系的一个完整描述，因此，联系与属性间也有连接关系。例如，教师与学生这两个实体集间的教与学的联系，该联系可有属性"教室号"。

②实体（集）与联系。实体集间可通过联系建立连接关系，一般而言，实体集间无法建立直接关系，它只能通过联系才能建立起连接关系。例如，教师与学生之间无法直接建立关系，只有通过"教与学"的联系才能在相互之间建立关系。

在 E-R 模型中有 3 个基本概念以及它们之间的两种基本连接关系。它们将现实世界中错综复杂的现象抽象成简单明了的几个概念与关系，具有极强的概括性和表达能力。因此，E-R 模型目前已成为表示概念世界的有力工具。

（3）E-R 模型的图示法

E-R 模型可以用一种非常直观的图的形式表示，这种图称为 E-R 图。在 E-R 图中分别用下面不同的几何图形表示 E-R 模型中的 3 个概念与两个连接关系。

①实体集表示法。在 E-R 图中用矩形表示实体集，在矩形内写上该实体集的名字。例如，实体集学生可用图 5.30（a）表示。

②属性表示法。在 E-R 图中用椭圆形表示属性，在椭圆形内写上该属性的名称。例如，学生有属性学号，可以用图 5.30（b）表示。

③联系表示法。在 E-R 图中用菱形（内写上联系名）表示联系。例如，学生与课程间的联系选课，用图 5.30（c）表示。

(a)实体集表示法图　　　(b)属性表示法图　　　(c)联系表示法

图 5.30　E-R 图中各种元素表示方式

3 个基本概念分别用 3 种几何图形表示，它们之间的连接关系也可用图形表示。

④实体集（联系）与属性间的连接关系。属性依附于实体集，因此，它们之间有连接关系。在 E-R 图中这种关系可用连接这两个图形间的无向线段表示（一般情况下可用直线）。例如，实体集学生有属性学号、姓名及年龄；实体集课程有属性课程号、课程名及预修课号，此时它们可用图 5.31 连接。

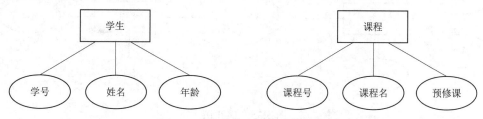

图 5.31　实体集与属性间的连接

属性也依附于联系，它们之间也有连接关系，因此也可用无向线段表示。例如，联系选课可与学生的课程成绩属性建立连接并可用图 5.32 联系与属性间的连接表示。

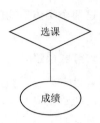

图 5.32   联系与属性间的连接

⑤实体集与联系间的连接关系。在 E-R 图中实体集与联系间的连接关系可用连接这两个图形间的无向线段表示。例如，实体集"学生"与联系"选课"间有连接关系，实体集"课程"与联系"选课"间也有连接关系，因此它们之间可用无向线段相连。实体集与联系间的连接关系如图 5.33 所示。

为了进一步刻画实体间的函数关系，可在线段边上注明其对应的函数关系。实体集间的联系表示图如图 5.34 所示。

图 5.33   实体集与联系间的连接关系

图 5.34   实体集间的联系表示图

由矩形、椭圆形、菱形及按一定要求相互间连接的线段构成了一个完整的 E-R 图。

【例 5.3】由前面所述的实体集学生、课程以及附属于它们的属性和它们间的联系选课的属性成绩，构成了一个学生与课程联系的概念模型，可用图 5.35 所示的 E-R 图表示。

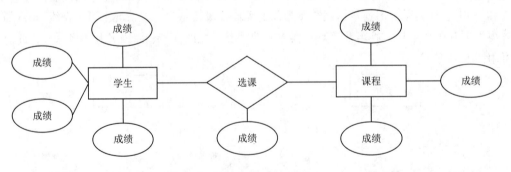

图 5.35   E-R 图

真题链接

1. "商品"与"顾客"两个实体集之间的联系一般是（   ）。

    A）一对一   B）一对多   C）多对一   D）多对多

答案：D。

2. 在 E-R 图中，用来表示实体之间联系的图形是（　　　）。

　A）矩形　　　　　　B）椭圆形　　　　　　C）菱形　　　　　　D）平行四边形

答案：C。

3. 层次模型

层次模型是最早发展起来的数据库模型。层次模型的基本结构是树状结构，这种结构方式在现实世界中很普遍，如家族结构、行政组织机构，它们自顶向下、层次分明，如图 5.36 所示。

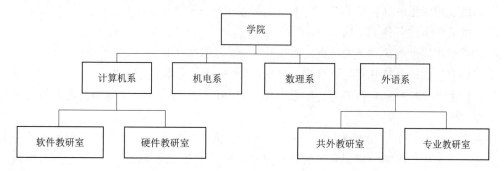

图 5.36　层次模型

4. 网状模型

网状模型的出现略晚于层次模型。网状模型在结构上较层次模型好，不像层次模型那样要满足严格的条件，如图 5.37 所示。

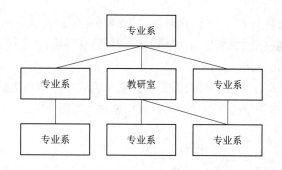

图 5.37　网状模型

真题链接

用树状结构表示实体之间联系的模型是（　　　）。

　A）关系模型　　　　B）网状模型　　　　　C）层次模型　　　　D）以上 3 个都是

答案：C。

5. 关系模型

关系模型采用二维表来表示，简称表。二维表由表框架（Frame）及表的元组（Tuple）组成。表框架由 n 个命名的属性（Attribute）组成，n 称为属性元数（Arity）。每个属性有一个取值范围称为值域（Domain）。

在表框架中按行可以存放数据，每行数据称为元组，实际上，一个元组是由 n 个元组分量所组成，每个元组分量是表框架中每个属性的投影值。一个表框架可以存放 m 个元组，m 称为表的基数（Cardinality）。

二维表一般满足下面 7 个性质：

①二维表中元组个数是有限的——元组个数有限性。

②二维表中元组均不相同——元组的唯一性。

③二维表中元组的次序可以任意交换——元组的次序无关性。

④二维表中元组的分量是不可分割的基本数据项——元组分量的原子性。

⑤二维表中属性名各不相同——属性名唯一性。

⑥二维表中属性与次序无关，可任意交换——属性的次序无关性。

⑦二维表属性的分量具有与该属性相同的值域——分量值域的同一性。

满足以上 7 个性质的二维表称为关系（Relation），以二维表为基本结构所建立的模型称为关系模型。

关系模型中的一个重要概念是键（Key）或码。键具有标识元组、建立元组间联系等重要作用。在二维表中凡能唯一标识元组的最小属性集称为该表的键或码。

二维表中可能有若干个键，称为该表的候选码或候选键（Candidate Key）。从二维表的所有候选键中选取一个作为用户使用的键称为主键（Primary Key）或主码，一般主键也简称键或码。

表 R 中的某属性集是某表 S 的键，则称该属性集为 R 的外键（Foreign Key）或外码。表中一定要有键，因为如果表中所有属性的子集均不是键，则表中属性的全集必为键（称为全键），因此也一定有主键。

关系框架与关系元组构成了一个关系。一个语义相关的关系集合构成一个关系数据库（Relational Database）。关系的框架称为关系模式，而语义相关的关系模式集合构成了关系数据库模式（Relational Database Schema）。

关系模式支持子模式，关系子模式是关系数据库模式中用户所见到的那部分数据模式描述。关系子模式也是二维表结构，对应的用户数据库称为视图（View）。

真题链接

1. 设有表示学生选课的三张表：学生 S（学号，姓名，性别，年龄，身份证号）、课程 C（课号，课名）、选课 SC（学号，课号，成绩），则表 SC 的关键字（键或码）为（   ）。

A）课号，成绩　　　　　　　　　　B）学号，成绩

C）学号，课号　　　　　　　　　　D）学号，姓名，成绩

答案：C。

解析："选课表" SC 是"学生表" S 和"课程表" C 的映射表，主键是两个表主键的组合。

2. 将 E-R 图转换为关系模式时，实体和联系都可以表示为（   ）。

A）属性　　　　　B）键　　　　　C）关系　　　　　D）域

答案：C。

解析：从 E-R 图到关系模式的转换是比较直接的，实体与联系都可以表示成关系，E-R 图中属性也可以转换成关系的属性。实体集也可以转换成关系。

5.3.3 关系代数

关系数据库系统的特点之一是它建立在数学理论的基础之上。有很多数学理论可以表示关系模型的数据操作，其中最为著名的是关系代数（Relational Algebra）与关系演算（Relational Calculus）。数学上已经证明两者在功能上是等价的。下面主要介绍关系代数，它是关系数据库系统的理论基础。

1. 关系模型的基本操作

关系是由若干个不同的元组所组成。关系模型有插入、删除、修改和查询 4 种操作，它们又可以进一步分解成 6 种基本操作：

①关系的属性指定。指定一个关系内的某些属性，用它确定关系这个二维表中的列，它主要用于检索或定位。

②关系的元组选择。用一个逻辑表达式给出关系中所满足此表达式的元组，用它确定关系这个二维表的行，它主要用于检索或定位。

用上述两种操作即可确定一张二维表内满足一定行、列要求的数据。

③两个关系的合并。将两个关系合并成一个关系，用此操作可以不断合并从而可以将若干个关系合并成一个关系，以建立多个关系间的检索与定位。

用上述 3 个操作可以进行多个关系的定位。

④关系的查询。在一个关系或多个关系间做查询，查询的结果也为关系。

⑤关系元组的插入。在关系中增添一些元组，用它完成插入与修改。

⑥关系元组的删除。在关系中删除一些元组，用它完成删除与修改。

2. 关系模型的基本运算

由于操作是对关系的运算，而关系是有序组的集合，因此，可以将操作看成是集合的运算。

（1）插入

设有关系 R 需插入若干元组，要插入的元组组成关系 S，则插入可用集合并运算表示为：

$$R \cup S$$

（2）删除

设有关系 R 需删除一些元组，要删除的元组组成关系 S，则删除可用集合差运算表示为：

$$R-S$$

（3）修改

修改关系 R 内的元组内容可用下面的方法实现。

①设需要修改的元组构成关系 S，则先做删除得：

$$R-S$$

②设修改后的元组构成关系 T，此时将其插入即得到结果：

$$(R-S) \cup T$$

关系 R、S 及其插入和删除运算如图 5.38 所示。

R		
A	B	C
a	b	c
d	a	f
c	b	d

S		
A	B	C
b	g	a
d	a	f

R∪S		
A	B	C
a	b	c
d	a	f
c	b	d
b	g	a

R－S		
A	B	C
a	b	c
c	b	d

图 5.38　关系 R、S 及其插入和删除运算

（4）查询

用于查询的 3 个操作无法用传统的集合运算表示，需要引入一些新的运算。

①投影运算：投影（Projection）运算是对表的垂直筛选，就是"筛选列"，是一个一元运算，一个关系通过投影运算（并由该运算给出所指定的属性）后仍为一个关系 S。S 是这样一个关系，它是 R 中投影运算所指出的那些域的列所组成的关系。设 R 有 n 个域：$A_{i1}, A_{i2}, \cdots, A_{im}(A_{ij} \in \{A_1, A_2, \cdots, A_n\})$，则在 R 上对域的投影可表示成为下面的一元运算：

$$\pi_{A_{i1}, A_{i2}, \cdots, A_{im}}(R)$$

②选择运算：选择（Selection）运算是对表的水平筛选，就是"筛选行"，也是一个一元运算。关系 R 通过选择运算（并由该运算给出所选择的逻辑条件）后仍为一个关系。这个关系是由 R 中那些满足逻辑条件的元组所组成。设关系的逻辑条件为 F，则 R 满足 F 的选择运算可写成为：

$$\sigma_F(R)$$

其中，逻辑条件 F 是一个逻辑表达式。

图 5.39 给出了两个关系 R、S 的实例以及 R 与 S 的投影运算 $\pi_{A,C}(R)$ 和选择运算 $\sigma_{B=b}(R)$。

R		
A	B	C
a	b	c
d	a	f
c	b	d

S		
A	B	C
b	g	a
d	a	f

$\pi_{A,C}(R)$	
A	C
a	c
d	f
c	d
b	a

$\sigma_{B=b}(R)$		
A	B	C
a	b	c
c	b	d

图 5.39　关系 R，S 及 $\pi_{A,C}(R)$，$\sigma_{B=b}(R)$

③笛卡儿积运算：对于两个关系的合并操作可以用笛卡儿积（Cartesian Product）表示。设有 n 元关系 R 及 m 元关系 S，它们分别有 p、q 个元组，则关系 R 与 S 经笛卡儿积记为 $R \times S$，该关系是一个 $n+m$ 元关系，元组个数是 $p \times q$，由 R 与 S 的有序组组合而成。

图 5.40 给出了两个关系 R、S 的实例以及 R 与 S 的笛卡儿积 $T=R \times S$。

R		
R_1	R_2	R_3
a	b	c
d	e	f

S		
S_1	S_2	S_3
j	k	l
m	n	o

$T=R \times S$					
R_1	R_2	R_3	S_1	S_2	S_3
a	b	c	j	k	l
a	b	c	m	n	o
d	e	f	j	k	l
d	e	f	m	n	o

图 5.40　关系 R、S 及 $R \times S$

3. 关系代数中的扩充运算

关系代数中除了上述几个最基本的运算外，为操纵方便还需要增添一些运算，这些运算均可由基本运算导出。常用的扩充运算有交、除、连接及自然连接等。

（1）交运算

关系 R 与 S 经交（Intersection）运算后所得到的关系是由那些既在 R 内又在 S 内的有序组所组成，记为 $R \cap S$。图 5.41 所示的关系 R、S 及 $R \cap S$ 给出了两个关系 R 与 S 及它们经交运算后得到的关系 T。

交运算可由基本运算推导而得：

$$R \cap S = R - (R - S)$$

R			
A	B	C	D
1	2	3	4
8	6	9	3

S			
A	B	C	D
2	5	0	6
1	2	3	4

$T=R \cap S$			
A	B	C	D
1	2	3	4

图 5.41　关系 R、S 及 $R \cap S$

（2）除（Division）运算

如果将笛卡儿积运算看作乘运算，那么除运算就是它的逆运算。当关系 $T = R \times S$ 时，则可将除运算写为：

$$T \div R = S \text{ 或 } T/R = S$$

其中，S 称为 T 除以 R 的商（Quotient）。

由于除是采用的逆运算，因此除运算的执行是需要满足一定条件的。设有关系 T、R，则 T 能被 R 除的充分必要条件是：T 中的域包含 R 中的所有属性；T 中有一些域不出现在 R 中。

在除运算中 S 的域由 T 中那些不出现在 R 中的域所组成，对于 S 中任一有序组，由它与关系 R 中每个有序组所构成的有序组均出现在关系 T 中。

图 5.42 给出了关系 T 及一组 R，对这组不同的 R 给出了经除法运算后对应的一组商 S。

T			
A	B	C	D
m	n	1	2
x	y	3	4
x	y	1	2
m	n	3	4
m	n	5	6

R_2	
C	D
1	2
3	4

R_2	
C	D
1	2

R_3	
C	D
1	2
3	4
5	6

S_1	
A	B
m	n
x	y

S_2	
A	B
m	n
x	y

S_3	
A	B
m	n

图 5.42　3 个除法

（3）连接与自然连接运算

连接（Join）运算又可称为 θ 运算，这是一种二元运算，通过它可以将两个关系合并成一个大关系。设有关系 R、S 以及比较式 $i\theta j$，其中 i 为 R 中的域，j 为 S 中的域，则可以将 R、S 在域 i、j 上的 θ 连接记为：

$$R_{i\theta j}^{\bowtie}S$$

它的含义可用下式定义：

$$R_{i\theta j}^{\bowtie}S = \sigma_{i\theta j}(R \times S)$$

在 θ 连接中如果 θ 为 "="，就称此连接为等值连接，否则称为不等值连接；当 θ 为 "<" 时称为小于连接；当 θ 为 ">" 时称为大于连接。

在实际应用中最常用的连接是一个称为自然连接（Natural Join）的特例。它满足下面的条件：

① 两关系间有公共域。

② 通过公共域的相等值进行连接。

设有关系 R、S，R 有域 $A_1, A_2, \cdots, A_n$，S 有域 $B_1, B_2, \cdots, B_m$，并且，$A_{i1}, A_{i2}, \cdots, A_{ij}$ 与 $B_1, B_2, \cdots, B_j$ 分别为相同域，此时它们自然连接可记为：

$$R\bowtie S$$

自然连接的含义可用下式表示：

$$R\bowtie S=\pi_{A_1, A_2, \ldots, A_n, B_{j+1}, \ldots, B_m}\left(\sigma_{A_{i1}= B_1 \wedge A_{i2}=B_2 \wedge \ldots \wedge A_{ij}= B_j}(R \times S)\right)$$

设关系 R、S 如图 5.43（a）和图 5.43（b）所示，则 $T=R\bowtie S$ 如图 5.43（c）所示。

R			
A	B	C	D
1	2	4	5
2	4	2	6
3	1	4	7

S	
D	E
8	6
6	5
7	2

T				
A	B	C	D	E
2	4	2	6	5
3	1	4	7	2

（a）　　　　　　　　　　（b）　　　　　　　　　　（c）

图 5.43　关系 R、S 及 $T= R\bowtie S$

在以上运算中最常用的是投影运算、选择运算、自然连接运算、并运算及差运算。

真题链接

1. 有两个关系 *R*、*S* 如下:

R		
A	*B*	*C*
a	3	2
b	0	1
c	2	1

S	
A	*B*
a	3
b	0
c	2

由关系 *R* 通过运算得到关系 *S*, 则所使用的运算为 (   )。

    A) 选择   B) 投影   C) 插入   D) 连接

    答案: B。

2. 有两个关系 *R* 和 *T* 如下:

R		
A	*B*	*C*
a	1	2
b	2	2
c	3	2
d	3	2

T		
A	*B*	*C*
c	3	2
d	3	2

则由关系 *R* 得到关系 *T* 的操作是 (   )。

    A) 选择   B) 投影   C) 交   D) 并

    答案: A。

3. 有 3 个关系 *R*、*S* 和 *T* 如下:

R		
A	*B*	*C*
a	1	2
b	2	1
c	3	1

S	
A	*D*
c	4

T			
A	*B*	*C*	*D*
c	3	1	4

则由关系 *R* 和 *S* 得到关系 *T* 的操作是 (   )。

    A) 自然连接   B) 交   C) 投影   D) 并

    答案: A。

5.3.4 数据库设计

数据库设计 (Database Design) 是指对于一个给定的应用环境, 构造最优的数据库模式,建立数据库及其应用系统，使之能够有效地存储数据，满足各种用户的应用需求（信息要求和处理要求）。在数据库领域内，常常把使用数据库的各类系统统称为数据库应用系统。

本节重点介绍数据库的需求分析、概念设计及逻辑设计 3 个阶段。

1. 数据库设计概述

数据库设计目前一般采用生命周期（Life Cycle）法，即将整个数据库应用系统的开发分解成目标独立的若干阶段。它们是：需求分析阶段、概念设计阶段、逻辑设计阶段、物理设计阶段、编码阶段、测试阶段、运行阶段、进一步修改阶段。在数据库设计中采用上面几个阶段中的前 4 个阶段，并且重点以数据结构与模型的设计为主线，如图 5.44 所示。

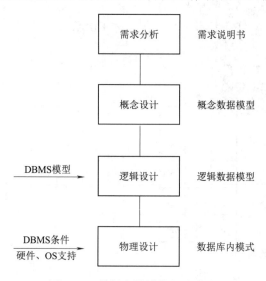

图 5.44　数据库设计的四个阶段

2. 数据库设计的需求分析

需求收集和分析是数据库设计的第一阶段，这一阶段收集到的基础数据和一组数据流图（Data Flow Diagram，DFD）是下一步概念设计的基础。

需求分析阶段的任务是通过详细调查现实世界要处理的对象（组织、部门、企业等），充分了解原系统的工作概况，明确用户的各种需求，然后在此基础上确定新系统的功能。新系统必须充分考虑今后可能的扩充和改变，不能仅按当前应用需求来设计数据库。

3. 数据库概念设计

数据库概念设计的目的是分析数据间内在语义关联，在此基础上建立一个数据的抽象模型。数据库概念设计的方法有以下两种：

①集中式模式设计法：这是一种统一的模式设计方法，它根据需求由一个统一机构或人员设计一个综合的全局模式。这种方法设计简单方便，它强调统一与一致，适用于小型或并不复杂的单位或部门，而对大型的或语义关联复杂的单位则并不适合。

②视图集成设计法：这种方法是将一个单位分解成若干个部分，先对每个部分做局部模式设计，建立各个部分的视图，然后以各视图为基础进行集成。在集成过程中可能会出现一些冲突，这是由于视图设计的分散性形成的不一致所造成的，因此需要对视图进行修正，最终形成全局模式。

视图集成设计法是一种由分散到集中的方法，它的设计过程复杂但能较好地反映需求，适合于大型与复杂的单位，避免设计的粗糙与不周到，目前此种方法使用较多。

4. 数据库的逻辑设计

数据库的逻辑设计主要工作是将 E-R 图转换成指定 RDBMS 中的关系模式。首先，从 E-R 图到关系模式的转换是比较直接的，实体与联系都可以表示成关系，E-R 图中的属性也可以转换成关系的属性。实体集也可以转换成关系。E-R 模型与关系间的转换如表 5.3 所示。

表 5.3　E-R 模型与关系间的比较表

E-R 模型	关系	E-R 模型	关系
属性	属性	实体集	关系
实体	元组	联系	关系

5. 数据库的物理设计

数据库物理设计的主要目标是对数据库内部物理结构进行调整并选择合理的存取路径，以提高数据库访问速度及有效利用存储空间。在现代关系数据库中已大量屏蔽了内部物理结构，因此留给用户参与物理设计的余地并不多，一般的 RDBMS 中留给用户参与物理设计的内容大致有如下几种：索引设计、集簇设计和分区设计。

6. 数据库的建立与维护

数据库是一种共享资源，它需要维护与管理，这种工作称为数据库管理，而实施此项管理的人则称为数据库管理员（Database Administrator，DBA）。数据库管理一般包含如下一些内容：数据库的建立、数据库的调整、数据库的安全性控制与完整性控制、数据库的故障恢复、数据库的监控和数据库的重组。

真题链接

1. 在数据库设计中，将 E-R 图转换成关系数据模型的过程属于（　　　）。

　A）需求分析阶段　　　B）概念设计阶段　　　C）逻辑设计阶段　　　D）物理设计阶段

答案：C。

2. 数据库设计中，用 E-R 图来描述信息结构但不涉及信息在计算机中的表示，它属于数据库设计的（　　　）。

　A）需求分析阶段　　　B）逻辑设计一阶段　C）概念设计阶段　　　D）物理设计阶段

答案：C。

课　后　习　题

一、选择题

1. 下列叙述正确的是（　　　）。

　A）一个算法的空间复杂度大，则其时间复杂度也必大

　B）一个算法的空间复杂度大，则其时间复杂度必定小

C）一个算法的时间复杂度大，则其空间复杂度必定小

D）上述 3 种说法都不对

2. 算法的空间复杂度是指（　　　）。

A）算法在执行过程中所需要的计算机存储空间

B）算法所处理的数据量

C）算法程序中的语句或指令条数

D）队头指针可以大于队尾指针，也可以小于队尾指针

3. 下列叙述中正确的是（　　　）。

A）程序执行的效率与数据的存储结构密切相关

B）程序执行的效率只取决于程序的控制结构

C）程序执行的效率只取决于所处理的数据量

D）以上 3 种说法都不对

4. 下列数据结构中，能够按照"先进先出"原则存取数据的是（　　　）。

A）循环队　　　　　B）栈　　　　　C）队列　　　　　D）二叉树

5. 下列叙述中正确的是（　　　）。

A）在栈中，栈中元素随栈底指针与栈顶指针的变化而动态变化

B）在栈中，栈顶指针不变，栈中元素随栈底指针的变化而动态变化

C）在栈中，栈底指针不变，栈中元素随栈顶指针的变化而动态变化

D）上述 3 种说法都不对

6. 下列叙述中正确的是（　　　）。

A）循环队列有队头和队尾两个指针，因此，循环队列是非线性结构

B）在循环队列中，只需要队头指针就能反应队列中元素的动态变化情况

C）在循环队列中，只需要队尾指针就能反应队列中元素的动态变化情况

D）循环队列中元素的个数是由队头和队尾指针共同决定

7. 一个栈的初始状态为空。现将元素 1、2、3、4、5、A、B、C、D、E 依次入栈，然后再依次出栈，则元素出栈的顺序是（　　　）。

A）12345ABCDE　　　　　　　　B）EDCBA54321

C）ABCDE12345　　　　　　　　D）54321EDCBA

8. 下列叙述中正确的是（　　　）。

A）顺序存储结构的存储一定是连续的，链式存储结构的存储空间不一定是连续的

B）顺序存储结构只针对线性结构，链式存储结构只针对非线性结构

C）顺序存储结构能存储有序表，链式存储结构不能存储有序表

D）链式存储结构比顺序存储结构节省存储空间

9. 下列叙述中正确的是（　　　）。

A）栈是"先进先出"的线性表

B）队列是"先进后出"的线性表

C）循环队列是非线性结构

D）有序线性表既可以采用顺序存储结构，也可以采用链式存储结构

10. 某二叉树中有 n 个度为 2 的结点，则该二叉树中的叶子结点为（　　　）。

　　A）$n+1$　　　　　　B）$n-1$　　　　　　C）$2n$　　　　　　D）$n/2$

11. 在长度为 n 的有序线性表中进行二分查找，最坏情况下需要比较的次数是（　　　）。

　　A）$O(n)$　　　　　B）$O(n^2)$　　　　　C）$O(\log_2 n)$　　　　D）$O(n\log_2 n)$

12. 下列数据结构中，能用二分法进行查找的是（　　　）。

　　A）顺序存储的有序线性表　　　　　　　B）线性链表

　　C）二叉链表　　　　　　　　　　　　　D）有序线性链表

13. 软件是指（　　　）。

　　A）程序　　　　　　　　　　　　　　　B）程序和文档

　　C）算法加数据结构　　　　　　　　　　D）程序、数据和相关文档的集合

14. 软件按功能可以分为：应用软件、系统软件和支撑软件（或工具软件）。下面属于应用软件的是（　　　）。

　　A）编译程序　　　　B）操作系统　　　　C）教务管理系统　　　　D）汇编程序

15. 下列选项中不属于软件生命周期开发阶段任务的是（　　　）。

　　A）软件测试　　　　B）概要设计　　　　C）软件维护　　　　D）详细设计

16. 在软件开发中，需求分析阶段产生的主要文档是（　　　）。

　　A）可行性分析报告　　　　　　　　　　B）软件需求规格说明书

　　C）概要设计说明书　　　　　　　　　　D）集成测试计划

17. 在软件开发中，需求分析阶段可以使用的工具是（　　　）。

　　A）N-S 图　　　　　B）DFD 图　　　　　C）PAD 图　　　　　D）程序流程图

18. 两个或两个以上模块之间关联的紧密程度称为（　　　）。

　　A）耦合度　　　　　　　　　　　　　　B）内聚度

　　C）复杂度　　　　　　　　　　　　　　D）数据传输特性

19. 软件设计中模块划分应遵循的准则是（　　　）。

　　A）低内聚低耦合　　　　　　　　　　　B）高内聚低耦合

　　C）低内聚高耦合　　　　　　　　　　　D）高内聚高耦合

20. 下列叙述中，不符合良好程序设计风格的是（　　　）。

　　A）程序的效率第一，清晰第二　　　　　B）程序的可读性好

　　C）程序中有必要的注释　　　　　　　　D）输入数据前要有提示信息

21. 下列选项中不符合良好程序设计风格的是（　　　）。

　　A）源程序要文档化　　　　　　　　　　B）数据说明的次序要规范化

　　C）避免滥用 goto 语句　　　　　　　　D）模块设计要保证高耦合、高内聚

22. 在面向对象方法中，不属于"对象"基本特点的是（　　　）。

　　A）一致性　　　　　B）分类性　　　　　C）多态性　　　　　D）标识唯一性

23. 下列叙述中正确的是（　　　）。

　　A）软件测试的主要目的是发现程序中的错误

　　B）软件测试的主要目的是确定程序中错误的位置

　　C）为了提高软件测试的效率，最好由程序编制者自己来完成软件测试的工作

D）软件测试是证明软件没有错误

24. 软件调试的目的是（　　　）。

    A）发现错误　　　　　　　　　　　　B）改正错误

    C）改善软件的性能　　　　　　　　　D）验证软件的正确性

25. 数据库设计的根本目标是要解决（　　　）。

    A）数据共享问题　　　　　　　　　　B）数据安全问题

    C）大量数据存储问题　　　　　　　　D）简化数据维护

26. 数据库系统的核心是（　　　）。

    A）数据模型　　　B）数据库管理系统　　　C）数据库　　　　　　D）数据库管理员

27. 在数据管理技术发展的 3 个阶段中，数据共享最好的是（　　　）。

    A）人工管理阶段　　　　　　　　　　B）文件系统阶段

    C）数据库系统阶段　　　　　　　　　D）3 个阶段相同

28. 数据库应用系统中的核心问题是（　　　）。

    A）数据库设计　　　　　　　　　　　B）数据库系统设计

    C）数据库维护　　　　　　　　　　　D）数据库管理员培训

29. 数据库管理系统是（　　　）。

    A）操作系统的一部分　　　　　　　　B）在操作系统支撑下的系统软件

    C）一种编译系统　　　　　　　　　　D）一种操作系统

30. 用树状结构表示实体之间联系的模型是（　　　）。

    A）关系模型　　　　　　　　　　　　B）网状模型

    C）层次模型　　　　　　　　　　　　D）以上 3 个都是

31. 一间宿舍可住多个学生，则实体宿舍和学生之间的联系是（　　　）。

    A）一对一　　　　B）一对多　　　　C）多对一　　　　D）多对多

32. 设有如下关系表：

	R				S				T		
A	B	C		A	B	C		A	B	C	
1	1	2		3	1	3		1	1	2	
2	2	3						2	2	3	
								3	1	3	

则下列操作中正确的是（　　　）。

    A）$T=R\cap S$　　　B）$T=R\cup S$　　　C）$T=R\times S$　　　D）$T=R/S$

33. 设有如下 3 个关系表：

R		S			T		
A		B	C		A	B	C
m		1	3		m	1	3
n					n	1	3

下列操作中正确的是（　　　）。

    A）$T=R\cap S$　　　B）$T=R\cup S$　　　C）$T=R\times S$　　　D）$T=R/S$

34. 有 3 个关系 R、S 和 T 如下：

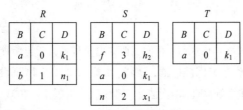

	R			S				T	
B	C	D	B	C	D		B	C	D
a	0	k_1	f	3	h_2		a	0	k_1
b	1	n_1	a	0	k_1				
			n	2	x_1				

由关系 R 和 S 通过运算得到关系 T，则所使用的运算为（   ）。

  A）并   B）自然连接   C）笛卡儿积   D）交

35. 在下列关系运算中，不改变关系表中的属性个数但能减少元组个数的是（   ）。

  A）并   B）交   C）投影   D）笛卡儿乘积

36. 有 3 个关系 R、S 和 T 如下：

	R		S			T	
A	B	B	C		A	B	C
m	1	1	3		m	1	3
n	2	3	5				

由关系 R 和 S 通过运算得到关系 T，则所使用的运算为（   ）。

  A）笛卡儿积   B）交   C）并   D）自然连接

37. 数据库设计的 4 个阶段是：需求分析、概念设计、逻辑设计和（   ）。

  A）编码设计   B）测试阶段   C）运行阶段   D）物理设计

答案：DAACC DBADA CADCC BBABA DAABA BCABC BBCDB DD

参 考 文 献

[1] 汤小丹. 计算机操作系统[M]. 3 版. 西安：西安电子科技大学出版社，2007.

[2] 塔能鲍姆. 现代操作系统[M]. 陈向群，等译. 北京：机械工业出版社，2009.

[3] 尤晋元. Windows 操作系统原理[M]. 北京：机械工业出版社，2001.

[4] 王珊. 数据库系统概论[M]. 4 版. 北京：高等教育出版社，2006.

[5] 徐国爱. 网络安全[M]. 北京：北京邮电大学出版社，2004.

[6] 张赵管. 计算机应用基础（Windows7+Office2010）[M]. 天津：南开大学出版社，2013.

[7] 龚沛曾. 大学计算机基础[M]. 北京：高等教育出版社，2013.

[8] 王移芝. 大学计算机基础[M]. 北京：高等教育出版社，2012.

[9] 赵丕锡. 大学计算机基础教程[M]. 北京：中国铁道出版社，2009.

[10] 冯博琴. 大学计算机基础[M]. 3 版. 北京：中国铁道出版社，2010.

[11] 侯冬梅. 计算机应用基础教程（Windows7+Office2010）[M]. 北京：中国铁道出版社，2012.

[12] 张宁. 玩转 Office 轻松过二级[M]. 北京：清华大学出版社，2019.

[13] 徐彬. Office 高级应用[M]. 上海：上海交通大学出版社，2019.

[14] 于玉海. 大学计算机应用基础[M]. 北京：中国铁道出版社，2015.